高职交通运输与土建类专业规划教材

工程力学（上）

GONG CHENG LI XUE

主　编　王建中
副主编　王秀丽

人民交通出版社
China Communications Press

内 容 提 要

本书为高职交通运输与土建类专业规划教材之一。全书内容共分为两篇：第一篇为静力学，主要研究物体的受力平衡规律；第二篇为材料力学，主要研究各种构件在荷载作用下的变形和破坏规律。

本书适于高职高专院校及成人教育等铁道工程技术、道路与桥梁工程技术、建筑工程技术、工程测量等交通运输与土建类相关专业学生选作教材使用，也可供工程技术人员参考使用。

图书在版编目（CIP）数据

工程力学. 上 / 王建中主编. —北京：人民交通出版社，2011.2
高职交通运输与土建类专业规划教材
ISBN 978-7-114-08838-4

Ⅰ.①工… Ⅱ.①王… Ⅲ.①工程力学-高等学校：技术学校-教材 Ⅳ.①TB12

中国版本图书馆 CIP 数据核字（2011）第 017444 号

书　　名：	工程力学（上）
著 作 者：	王建中
责任编辑：	杜　琛
出版发行：	人民交通出版社股份有限公司
地　　址：	（100011）北京市朝阳区安定门外外馆斜街3号
网　　址：	http://www.ccpress.com.cn
销售电话：	（010）59757973
总 经 销：	人民交通出版社股份有限公司发行部
经　　销：	各地新华书店
印　　刷：	北京市密东印刷有限公司
开　　本：	787×1092　1/16
印　　张：	18.75
字　　数：	450 千
版　　次：	2011年2月第1版
印　　次：	2016年8月第3次印刷
书　　号：	ISBN 978-7-114-08838-4
定　　价：	34.00 元

（有印刷、装订质量问题的图书由本社负责调换）

前言 Preface

本书是高职交通运输与土建类专业规划教材之一。根据教育部对高职高专土建类专业力学课程的基本要求,本书在编写中侧重实用性、针对性和可操作性,在讲清、讲透基本理论的基础上,强调实践操作能力的培养。本书在介绍基本概念时,配合有相应的例子进行说明,以加深学生的印象和理解。每一章节均安排有相应的案例分析,其解题过程严谨、层次分明、逻辑性强,并加强典型工程实例分析,以增强实践技能的培养。

本书主要内容分为两篇:第一篇为静力学,主要研究物体的受力平衡规律;第二篇为材料力学,主要研究各种构件在荷载作用下的变形和破坏规律。根据当前高职高专教学改革的特点,本书在内容上融合、贯通,有机地连成一体。每章后面均设有小结、思考题和习题,以培养学生的思维能力和创新能力。

本书由王建中主编并统稿,具体编写分工如下:王建中(绪论、第一章、第二章、第三章、第五章、第六章、第九章、第十章、第十一章、第十四章),王秀丽(第四章、第七章、第十三章),谭小蓉(第八章),徐金锋(第十五章),冷鑫(第十二章)。

在本书编写过程中,作者参考了部分有关理论力学、材料力学和工程力学方面的教材,在此对这些教材的作者表示衷心的感谢。

鉴于编者水平有限,书中难免有不妥之处,敬请同行和读者批评指正。

编 者
2010 年 12 月

目录 Contents

绪论 ··· 1

第一篇　静　力　学

第一章　静力学基本知识 ·· 11
第一节　静力学基本概念 ·· 11
第二节　静力学基本公理 ·· 12
第三节　约束与约束反力 ·· 15
第四节　物体的受力分析 ·· 18
小结 ··· 22
思考题 ··· 23
习题 ··· 23

第二章　静力学计算基础 ·· 25
第一节　力在坐标轴上的投影·合力投影定理 ·· 25
第二节　力对点之矩·合力矩定理 ·· 27
第三节　力偶及其基本性质 ·· 30
小结 ··· 31
思考题 ··· 32
习题 ··· 32

第三章　平面力系 ··· 34
第一节　平面基本力系 ··· 35
第二节　平面一般力系的简化 ·· 38
第三节　平面一般力系的平衡 ·· 43
小结 ··· 56
思考题 ··· 58
习题 ··· 58

第四章　空间力系 ····· 62
第一节　力在空间直角坐标轴上的投影·力对轴之矩 ····· 62
第二节　空间力系的平衡条件·平衡方程 ····· 65
第三节　重心和形心 ····· 66
小结 ····· 70
思考题 ····· 70
习题 ····· 70

第二篇　材 料 力 学

第五章　基本概念 ····· 77
第一节　变形固体及其基本假设 ····· 77
第二节　外力、内力及应力的概念 ····· 78
第三节　杆件的基本变形形式 ····· 81
小结 ····· 82
思考题 ····· 84
习题 ····· 84

第六章　轴向拉伸和压缩 ····· 85
第一节　轴向拉(压)的实例和计算简图 ····· 85
第二节　轴向拉(压)杆的内力·轴力图 ····· 86
第三节　截面上的应力 ····· 88
第四节　轴向拉(压)杆的变形 ····· 93
第五节　材料在拉伸和压缩时的力学性能 ····· 98
第六节　拉(压)杆的强度计算 ····· 104
第七节　应力集中的概念 ····· 107
小结 ····· 109
思考题 ····· 110
习题 ····· 111

第七章　剪切 ····· 113
第一节　剪切的概念及实例 ····· 113
第二节　剪切与挤压的实用计算 ····· 114
第三节　切应力互等定理·剪切胡克定律 ····· 119

小结 ··· 120
思考题 ·· 121
习题 ··· 122

第八章　扭转 ·· 123

第一节　扭转的概念及实例 ·· 123
第二节　外力偶矩·扭矩·扭矩图 ·· 123
第三节　扭转时的应力和强度条件 ·· 126
第四节　圆轴扭转时的变形和刚度条件 ·· 132
小结 ··· 135
思考题 ·· 135
习题 ··· 136

第九章　截面的几何性质 ·· 138

第一节　静矩和形心 ·· 138
第二节　惯性矩、惯性半径、极惯性矩和惯性积 ····································· 142
第三节　平行移轴公式、组合截面的惯性矩和惯性积、转轴公式 ············· 145
第四节　形心主惯性轴和形心主惯性矩 ·· 149
小结 ··· 149
思考题 ·· 150
习题 ··· 151

第十章　弯曲内力 ··· 153

第一节　梁的平面弯曲的概念和计算简图 ··· 153
第二节　梁的内力——剪力和弯矩 ·· 155
第三节　内力方程法绘制剪力图和弯矩图 ··· 158
第四节　用微分关系法绘制剪力图和弯矩图 ··· 162
第五节　用区段叠加法绘制弯矩图 ·· 167
小结 ··· 172
思考题 ·· 173
习题 ··· 173

第十一章　弯曲应力及强度计算 ··· 175

第一节　概述 ··· 175
第二节　梁横截面上的正应力 ··· 176
第三节　梁横截面上的切应力 ··· 182

第四节　梁的强度计算 ································· 187
小结 ··· 193
思考题 ······································· 194
习题 ··· 194

第十二章　弯曲变形 ································· 197

第一节　概述 ····································· 197
第二节　挠曲线近似微分方程 ························· 198
第三节　用积分法求梁的变形 ························· 199
第四节　用叠加法求梁的变形 ························· 201
第五节　梁的刚度计算 ······························ 206
小结 ··· 208
思考题 ······································· 209
习题 ··· 209

第十三章　应力状态分析与强度理论 ··················· 211

第一节　应力状态的概念 ···························· 211
第二节　平面应力状态分析 ·························· 214
第三节　空间应力状态分析简介 ······················ 221
第四节　梁的主应力迹线、广义胡克定律 ··············· 223
第五节　强度理论及其简单应用 ······················ 226
小结 ··· 234
思考题 ······································· 236
习题 ··· 236

第十四章　组合变形 ································· 238

第一节　组合变形的概念及其分析方法 ················ 238
第二节　拉伸(压缩)与弯曲的组合变形 ················ 239
第三节　斜弯曲 ··································· 243
第四节　偏心压缩(拉伸) ···························· 248
第五节　弯曲与扭转组合变形简介 ···················· 254
小结 ··· 255
思考题 ······································· 257
习题 ··· 258

第十五章　压杆稳定 ································· 259

第一节　压杆稳定的概念 ···························· 259

第二节　细长压杆的临界压力 ………………………………………… 260
第三节　压杆的稳定计算 ………………………………………………… 267
第四节　提高压杆稳定性的措施 ………………………………………… 270
小结 …………………………………………………………………………… 271
思考题 ………………………………………………………………………… 272
习题 …………………………………………………………………………… 273

附录　型钢规格表 ……………………………………………………… 274

参考文献 …………………………………………………………………… 287

绪 论

一　工程力学的研究对象

土建类专业以工程结构和构件为研究对象,研究它们的受力、平衡、运动、变形等方面的基本规律。

所谓结构,是指在构筑物中承受和传递荷载,起着骨架作用的部分。例如,房屋建筑中的墙、柱、梁、楼板等构成了建筑的结构,而门、窗等起到围护或划分空间的部分则不能称为结构。所谓构件,是指结构的组成部分,如一根梁、一根柱或一块楼板就是一个构件。

构件的形状是多种多样的,根据其几何形状可分为:杆件[构件一个方向的尺寸远大于另外两个方向的尺寸,见图 0.1a)、图 0.1b)]、薄壁构件(构件两个方向的尺寸远大于另外一个方向,也称为壳体或薄壳,见图 0.1c)和实体构件[三个方向的尺寸相差不多,见图 0.1d)]。如果结构中的构件均为杆件,则称为杆系结构。

工程力学是土建类专业一门重要的专业基础课,其研究对象是运动速度远小于光速的宏观物体。对于土建类专业来讲,杆系结构是工程力学的主要研究对象。

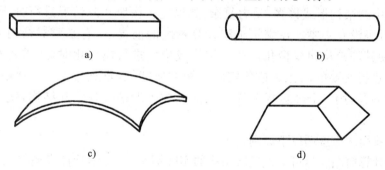

图 0.1

二　工程力学的主要任务和内容

在荷载作用下,工程中的结构或杆件体系会引起周围物体对它们的反作用。例如,桥梁架在桥墩上,桥梁对桥墩有作用力,而桥墩对桥梁起支撑作用。因此,任何一个构件在设计、施工时,首先要弄清楚它们受到哪些荷载的作用,以及周围物体对它们有些什么反作用力。另一方面,在构件受到各种作用力的同时,构件本身还会发生变形,并且存在着失效的可能。为了保证每一构件和结构始终能够正常工作而不致失效,在使用过程中,要求构件和结构不发生破坏,即具有足够的强度;要求构件和结构的变形在工程允许的范围内,即具有足够的刚度;要求构件和结构维持其原有的平衡形式,即具有足够的稳定性。结构构件本身具有的这种能力,称为构件的承载能力。这种承载能力的大小与构件的材料性质、截面的几何形状及尺寸、受力性质、工作条件、结构的几何组成等情况密切相关。在结构和构件的设计中,首先要保证其具有足够的承载能力;同时,还要选用合适的材料,以尽可能地少用材料,节省资金、减轻自重,达到既安全、实用,又经济的目的。工程力学的任务就是为结构和构件的设计提供必要的理论依据。

依据知识的传继性和学习规律,工程力学将所研究的内容分为静力学、材料力学、结构力学三个部分来讨论。

静力学以刚体为研究对象,主要研究结构中各构件及构件之间作用力的问题。由于土建类工程中的结构或构件几乎都是相对地球处于静止不动的平衡状态,因此构件上所受到的各种力都要符合使物体保持平衡状态的条件。在静力学中,便是以研究力之间的平衡关系作为主题,并把它应用到结构的受力分析中去。

材料力学则是以变形固体为研究对象,主要研究构件受力后发生变形时的承载能力问题。在明确力之间的平衡关系后,进一步对构件变形大小问题及构件会不会破坏问题深入讨论,并为设计既安全又经济的结构构件选择适当的材料、截面形状和尺寸,使我们掌握构件承载能力的计算方法。

结构力学研究对象是平面杆件结构体系,研究其合理组成及在外力作用下杆系结构的内力、变形计算,以便在后续课程中对工程结构进行强度、刚度计算,使结构安全经济地工作。

三 结构的计算简图

工程实践中的结构形式繁多、受力复杂,如果完全按照实际情况进行分析,不仅非常困难和繁杂,而且也没有必要。在满足工程计算精度的前提下,有必要对结构或构件进行合理简化,进而使其理论化和模型化。在对结构或构件进行模型化时,就需要对构件、约束、支座及荷载等进行必要的简化。抓住实际结构主要特征,重点考虑产生影响的主要因素,忽略某些次要问题,用一个经过提炼简化了的结构图形来代替实际结构,便形成结构的计算简图。

结构的计算简图应遵循以下原则:

①结构的计算简图应尽可能地反映结构的实际情况,使力学计算模型与工程结构具有一致性,从而使计算结果达到精度要求;

②忽略某些次要因素,重点考虑主要因素的影响,简化分析和计算。

1. 构件及结点的简化

工程力学的研究对象是杆件,杆件有两个主要的几何特征:横截面和轴线。横截面是与杆件长度方向垂直的截面;轴线是杆件横截面几何形心的连线。轴线与横截面垂直。一般在计算简图中以轴线来表示杆件。

结点是指杆件与杆件联结的地方,一般有铰结点、刚结点和组合结点三种类型。

(1)铰结点

铰结点是指用一圆柱形的销钉将两个或更多的杆件联结在一起的装置。铰也称圆柱铰链,它允许被联结的杆件在结点处绕铰的几何中心转动,如图0.2a)、图0.2b)所示。其计算简图可以用小圆圈连接杆件表示,如图0.2c)所示。门窗上的合页就是典型的铰联结。

(2)刚结点

刚结点是指杆件间的联结比较坚固,被联结的构件间不能产生相互运动。例如,钢材与钢材间的焊接,钢筋混凝土现浇构件间的联结均属于此种类型,如图 0.3a)、图 0.3b)所示。图 0.3c)表示了刚结点的计算简图。

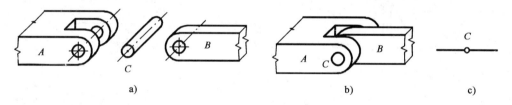

图 0.2

(3)组合结点

组合结点是指在同一结点上,某些杆件间的联结采用刚结方式,而另外一些杆件的联结则采用铰结的方式,这种结点不是完全铰结,也不是完全刚结。该类结点在后面的梁和刚架中比较常见。其计算简图如图 0.4 所示。

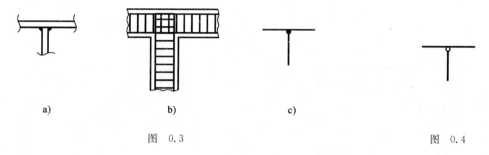

图 0.3 图 0.4

2. 支座的简化

支座是指用来把结构与地基联系起来的装置。支座的构造形式很多,在力学计算简图中,根据支座对结构或构件所产生的作用不同,可以将支座归纳成下列几种类型。

(1)可动铰支座

可活动铰支座也称为活动铰支座。这种支座的构造如图 0.5a)、图 0.5b)所示,桥梁中使用的辊轴支座和摇轴支座都属于此种类型。可动铰支座允许构件在支撑处转动和沿平行于支撑面的方向移动,但限制构件垂直于支撑面方向的移动。其计算简图如图 0.5c)所示。通常可动铰支座也用一根链杆来代替,如图 0.5d)所示。

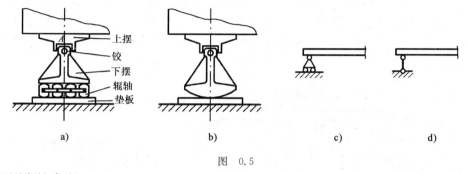

图 0.5

(2)固定铰支座

固定铰支座构造如图 0.6a)所示。它只允许结构绕铰 A 的几何中心转动,不允许构件进行水平和竖直方向的移动。其计算简图如图 0.6b)、图 0.6c)所示。

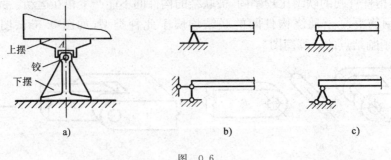

图 0.6

(3)固定端支座

固定端支座与构件坚固地联结在一起,不允许结构在支座处产生任何的移动和转动。例如,阳台的挑梁与圈梁的联结,如图 0.7a)所示。当只分析挑梁的受力时,其计算简图如图 0.7b)所示。柱与基础的联结大多也属于此类型,如图 0.7c)所示。当只分析柱的受力时,计算简图如图 0.7d)所示。

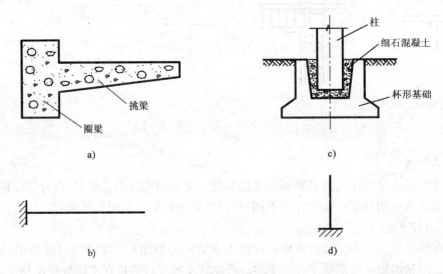

图 0.7

(4)滑动支座

滑动支座在土木工程中并不常用,机械工程中气缸对活塞的作用与之相当。它只允许杆件沿支承面平行的方向产生移动,而限制了构件垂直于支承面方向的移动,以及绕支座的转动。图 0.8a)所示推拉门上与滑轨相连的滑块,可视为滑动支座。其计算简图如图0.8b)所示。

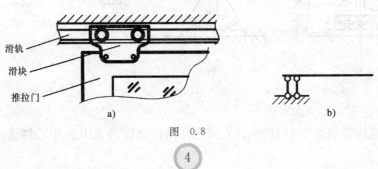

图 0.8

3.荷载的简化

(1)集中荷载

在物体的受力分析中,使物体产生运动或运动趋势的力称为主动力,在工程中通常称主动力为荷载。如果工程结构所受的荷载作用范围很小,可以认为作用在一个点上,称为集中荷载,在计算简图中用带箭头的线段来表示,如图0.9所示。

(2)分布荷载

当工程结构所受的荷载分布于某一体积上时,称为体分布荷载,简称体荷载(如构件的自重);荷载分布于某一面积上时,称为面分布荷载,简称面荷载(如风压力、雪压力、土压力、水压力等);荷载分布于构件的某一线段上时,称为线分布荷载,简称线荷载(如梁的自重)。由于工程上的构件一般都具有对称面或对称线,所以体荷载和面荷载通常可以简化为线荷载来进行计算。大小各处都相同的分布荷载又称为均布荷载,否则称为非均布荷载。例如,水池底所受的水压力为均布面荷载,并可以简化为均布线荷载,如图0.10a)所示;而水池壁所受的水压力为非均布面荷载,可以简化为非均布线荷载,如图0.10b)所示。这里讨论的荷载主要是其大小、方向和作用位置不随时间变化的静荷载。

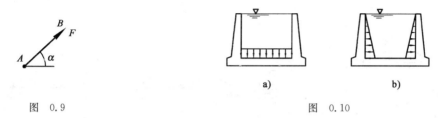

图 0.9　　　　　　　　　　图 0.10

上述的结构简化为计算简图中的基本问题。结构的计算简图是工程力学分析的基础,极为重要。对实际结构来说,确定其计算简图并不是一件容易的事情。特别是对一些比较复杂的结构,在进行结构简化时,需要有一定的专业知识和实践经验,并能够对结构的构造及各部分之间的受力情况和相互作用进行正确判断,甚至有时还需要利用模型试验和现场测试才能得出正确的结构计算简图。

4.结构计算简图示例

图0.11a)中一根梁架设在两个砖柱上,其上作用一重物。进行简化时,梁以其轴线代替;重物的作用范围相对于梁的长度很小,故可视为一个点,重物的作用效果就简化为一集中力;综合考虑砖柱与梁端的摩擦和梁沿轴线方向的可展开一定的伸长或缩短,将一端视为可动铰支座,另一端视为固定铰支座,便可得到图0.11b)所示的计算简图。

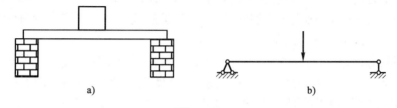

图 0.11

又如图0.12a)所示的工厂厂房,其主要构件是梁、柱、基础等,其中的每一横排的梁、柱、基础处于同一平面内,梁与柱、柱与基础的联结都非常牢固,可以把梁与柱的联结看成是刚性结点,柱与基础的联结看成是固定端支座,梁上的荷载简化为均布荷载,从而得到如图0.12b)

所示的计算简图。

再如图 0.13a)所示,为一钢筋混凝土屋架,考虑到杆件的主要受力特点,计算时可以采用图 0.13b)所示的计算简图,即假定每个杆件的联结均为铰结。这样虽然与实际情况有出入,但可以使计算大大简化,而且计算结果的精度能满足工程所需。如果将杆件间的联结改为刚结,如图 0.13c)所示,虽然计算结果非常精确,但这样就会使计算变得十分复杂。

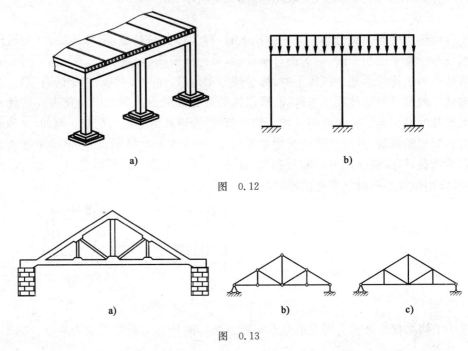

图 0.12

图 0.13

★ 四 工程力学的发展概况、研究方法(阅读材料)

1. 工程力学的发展概况

力学是物理学中发展最早的一个分支,而物理科学的建立则始于力学,也就是从人类对力的认识开始的。它和人类的生活与生产联系最为密切。

力学知识最早起源于人类对自然现象的观察和在生产劳动中的经验。有关静力学的知识主要是从杠杆的平衡开始的。人们在建筑、灌溉等劳动中使用杠杆、斜面、汲水器具,逐渐积累起对平衡物体受力情况的认识。古希腊的阿基米德对杠杆平衡、物体重心位置、物体在水中受到的浮力等作了系统研究,确定了它们的基本规律,虽然这些知识尚属力学科学的萌芽,但它初步奠定了静力学即平衡理论的基础。

古代人还从对日、月运行的观察和弓箭、车轮等的使用中了解一些简单的运动规律,如匀速的移动和转动。但是对力和运动之间的关系,是在欧洲文艺复兴时期以后才逐渐有了正确的认识。16 世纪以后,由于航海、战争和工业生产的需要,力学的研究得到了真正的发展。例如,钟表工业形成了匀速运动的理论,水磨机械促进了摩擦和齿轮传动的研究,火炮的运用推动了抛射体的研究。特别是天体运行的规律提供了机械运动最单纯、最直接、最精确的数据资料,使得人们有可能排除摩擦和空气阻力的干扰,得到运动规律的认识。天文学的发展为力学找到了一个最理想的"实验室"——天体,牛顿继承和发展前人的研究成果,提出物体运动三定律;而伽利略在实验研究和理论分析的基础上,最早阐明自由落体运动的规律,提出加速度的概念。牛顿、伽利略奠定了动力学的基础,形成了系统的理论,取得了广泛的应用并发展出了流体力学、弹性力学和分析力学等分支,使得力学逐渐脱离物理学而成为独立学科。

此后,力学与数学及工程实践更加紧密地结合,创立了许多新的理论,同时也解决了工程技术中大量的关键性问题,力学便蓬勃发展起来。到 20 世纪 60 年代,电子计算机应用日益广泛,与计算机的结合使力学无论在应用上或理论上都有了新的进展。

力学在中国的发展经历了一个特殊的过程。与古希腊几乎同时,中国古代对平衡和简单的运动形式就已具备相当水平的力学知识,不同的是没有建立起如同阿基米德那样的理论系统。在文艺复兴前的约一千年时间内,整个欧洲的科学技术进展缓慢,而中国科学技术的综合性成果堪称卓著,其中有些在当时居于世界领先地位。这些成果反映出丰富的力学知识,但终未形成系统的力学理论。到明末清初,中国科学技术已明显落后于欧洲。经过曲折的过程,到 19 世纪中叶,牛顿力学才由欧洲传入中国。此后,中国力学的发展便随同世界潮流前进。

2. 力学的研究方法

力学研究方法遵循认识论的基本法则:实践—理论—实践。从观察、实践出发,经过抽象、概括、综合、归纳、建立公理,再利用数学演绎和逻辑推理的方法得到定理和结论,形成理论体系,然后再回到实践中去解决实践问题并验证理论的正确性。正如毛主席在《实践论》中指出的:"理论的基础是实践,有反过来为实践服务。"

力学的研究经历了漫长的过程。从希腊时代算起,整个过程几乎长达两千年之久。其所以会如此漫长,一方面是由于人类缺乏经验,弯路在所难免,只有在研究中自觉或不自觉地摸索到了正确的研究方法,才有可能得出正确的科学结论。另一方面是生产水平低下,没有适当的仪器设备,无从进行系统的实验研究,难以认识和排除各种干扰。例如,摩擦力和空气阻力对力学实验来说恐怕是无处不在的干扰因素。如果不加以分析,只凭直觉进行观察,往往得到的是错误结论。而伽利略和牛顿对物理学的功绩,就是把科学思维和实验研究正确的结合在一起,从而为力学的发展开辟了一条正确的道路。

同时力学与数学在发展中始终相互推动,相互促进。一种力学理论往往和相应的一个数学分支相伴产生,如运动基本定律和微积分,运动方程的求解和常微分方程,弹性力学及流体力学的基本方程和数学分析理论等。

3. 学习方法

工程力学的理论概念性较强、分析方法典型、解题思路清晰,在学习力学时,要重点理解基本概念,对每一理论的各个细节都要搞懂吃透。注意理论与实践相结合,注意观察生活。力学渗透在我们日常生活和工作的方方面面,它所研究的问题其实也是我们生活体验的一部分,一定要将"学以致用"作为学习的原则和动力。

(1)首先要深刻理解力学的基本概念,基本概念是一切理论推导与演绎分析的基础。

(2)要结合例证,深入掌握并灵活应用力学的定理、定律和计算方法,逐步培养解决工程实际中力学问题的能力。

(3)注意领悟理论之间的逻辑关系,培养严谨求实的科学作风,锻炼应用理论知识分析问题和解决问题的能力。

(4)数学是研究力学不可缺少的工具,在学习中要做到数学推理严谨,数值计算准确。

第一篇

静力学

第一章 静力学基本知识

本章将介绍静力学的基本概念、静力学公理,具体分析工程实际中常见的几种典型约束的特点和约束反力的性质,最后介绍物体受力分析的基本方法及受力图的画法。它是解决力学问题的重要环节,必须予以充分重视。

第一节 静力学基本概念

 刚体的概念

结构或构件在正常使用情况下产生的变形极为微小,这种微小变形对于研究物体的平衡问题影响很小,因而可以将物体视为不变形的理想物体——刚体。刚体是指在外界任何力的作用下形状和大小都始终保持不变的物体。

显然,刚体是一种理想化的力学模型,现实的刚体是不存在的。任何物体在力的作用下,总是或多或少地发生一些变形。在材料力学中,进一步研究物体在力的作用下的变形和破坏时,就必须将物体看成变形体。在静力学中,如不作特殊说明,则所有物体均被认为是刚体。

 力的概念

1. 力的定义

力的概念是从劳动中产生的。人们在生活和劳动中,由对肌肉紧张收缩的感觉,逐渐产生了对力的感性认识。随着生产的发展,又逐渐认识到:物体运动状态的改变和物体的变形,都是由于其他物体对该物体施加力的结果。这样,由感性到理性逐步建立了力的概念。

力是物体间的相互机械作用。这种作用,一般有两种情况:一种是通过物体间的直接接触产生的,如机车牵引车厢的拉力、物体之间的压力、摩擦力等;另一种是通过"场",如地球引力场对物体产生的重力,电场对电荷产生的引力或斥力等。在工程中以直接作用的力为主。

2. 力的效应

力对物体作用的效果称为力的效应。力的效应可分为两类:一类是力使物体运动状态发生变化,称为力的运动效应或外效应;另一类是力使物体形状发生变化,称为力的变形效应或内效应。静力学把物体都视为刚体,因而只研究力的运动效应。

3.力的三要素

大量实践证明,力对物体的效应取决于三个要素,即:力的大小、力的方向、力的作用点。

力的大小表示物体间机械作用的强弱。在国际单位制中,力的单位为牛顿(牛,N)或千牛(千牛,kN)。

力的方向包含方位和指向两层含义。例如,重力的方向"竖直向下",其中"竖直"是方位,"向下"是指向。

力的作用点就是力作用在物体上的位置。

由此可知,力是既有大小又有方向的量,是矢量。

4.集中力和分布力

如果力作用的范围很小时,可以视为作用于一点上。这种作用于物体上某一点处的力称为集中力。对于集中力,我们可以用一个带箭头的线段来表示(见图1.1)。该线段的长度 AB 按一定比例尺绘出表示力的大小;该线段方位和箭头的指向表示力的方向;线段的始端(点 A) 或终端(点 B) 表示力的作用点;线段 AB 所在的直线表示力的作用线(见图1.1上的虚线)。规定用黑体字母 $\boldsymbol{F}$ 表示力的矢量,而普通字母 F 表示力的大小。

物体之间相互接触时,其接触处多数情况下并不是一个点,而是一个面。因此,无论是施力物体还是受力物体,其接触处所受的力都是作用在接触面上的,这种分布在一定面积上的力称为分布力。分布力的大小用力的集度表示,例如,水对容器壁的压力是作用在一定面积上的分布力,其大小用面积集度表示,单位为 N/m² 或 kN/m²。分布在狭长面积或体积上的力可看作线分布力,其集度单位为 N/m 或 kN/m。

图1.2表示在梁 AB 上沿长度方向作用着向下的均匀分布力,其集度 $q=2\text{kN/m}$。

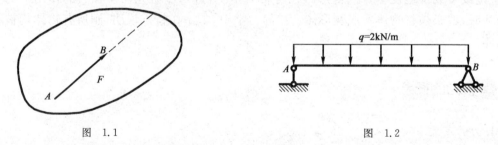

图 1.1　　　　　　　　　　　　　图 1.2

三　力系、平衡力系、等效力系、合力的概念

作用于一个物体或物体系上的若干个力称为力系。如果作用于物体上的力系使该物体处于平衡状态,则称该力系为平衡力系。作用于物体上的力系可用另一个力系代替,而不改变原力系对物体产生的效应,则称两个力系为等效力系。如果一个力与一个力系等效,则称这个力为该力系的合力,而该力系中的每一个力称为此合力的分力。由各分力求合力的过程叫做力的合成,而由合力求分力的过程叫做力的分解。

第二节　静力学基本公理

公理是人类经过长期的观察和经验积累而得到的结论,可以在实践中得到验证而为大家所公认。静力学公理是人们关于力的基本性质的概括和总结,是静力学全部理论的基础。

一 公理一:二力平衡公理

作用于刚体上的两个力,使刚体保持平衡的必要和充分条件是:该两个力的大小相等、方向相反且作用于同一直线上。即

$$F_1 = -F_2 \tag{1.1}$$

二力平衡公理说明了作用于物体上最简单的力系平衡时所必须满足的条件。对于刚体来说,这个条件是充分与必要的。图1.3表示了满足公理一的两种情况。这个公理是今后推导、论证平衡条件的基础。

工程上常遇到只受两个力作用而平衡的构件,称为二力构件。如果上述构件是杆件则称为二力杆。根据二力平衡公理,二力构件上的两个力必定等值、反向、共线,且必沿作用点的连线。

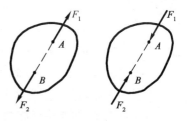

图 1.3

二 公理二:加减平衡力系公理

在作用于刚体的任意力系上,加上或减去任一个平衡力系,并不改变原力系对刚体的作用效应。

加减平衡力系公理是研究力系等效变换的重要依据。注意此公理只适用于刚体,而不适用于变形体。根据上述公理可以导出下列推论。

推论1 力的可传性原理

作用于刚体上某点的力,可以沿其作用线移到刚体内的任一点,而不改变该力对刚体的作用效应。

证明:设有力 F 作用在刚体上的 A 点,如图1.4a)所示。根据加减平衡力系原理,可在力的作用线上任取一点 B,并加上两个相互平衡的力 F_1 和 F_2,使 $F = F_1 = -F_2$,如图1.4b)所示。于是,力系(F_1, F_2, F)与 F 等效。由于力 F 和 F_2 也是一个平衡力系,故可减去,这样只剩下一个力 F_1,如图1.4c)所示。故力 F_1 与 F 等效,即原来的力 F 沿其作用线移到了点 B,而且没有改变对刚体的效应。

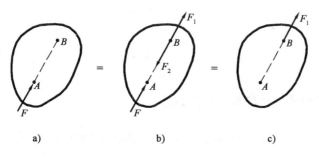

图 1.4

由此可见,对于刚体来说,力的作用点已不是决定力的作用效应的要素,它已被力的作用线代替。这样,作用于刚体上的力不再是定位矢量,而是滑移矢量。

三 公理三：力的平行四边形法则

作用于物体上同一点的两个力，可以合成为一个合力。合力的作用点仍在该点，合力的大小及方向由这两个力所构成的平行四边形的对角线来确定。

设在物体的 A 点作用有力 F_1 和 F_2，如图 1.5a)所示，若以 F_R 表示它们的合力，则可以写成矢量表达式为

$$F_R = F_1 + F_2 \tag{1.2}$$

即合力 F_R 等于两分力 F_1 与 F_2 的矢量和。

力的平行四边形法则反映了力的方向性的特征。矢量相加与代数量相加不同，必须用平行四边形的关系确定，它是力系简化的重要基础。

因为合力 F_R 的作用点亦为 A 点，求合力的大小及方向实际上无需作出整个平行四边形，可用下述简单的方法来代替：从任选点 a 作 ab 表示力矢 F_1，在其末端 b 作 bc 表示力矢 F_2，则 ac 即表示合力矢 F_R，如图 1.5b)所示。由只表示力的大小及方向的分力矢和合力矢所构成的三角形 abc 称为力三角形，这种求合力矢的作图规则称为力的三角形法则。力三角形图只表示各力的矢，并不表示其作用位置。若先作 ad 表示 F_2 再作 dc 表示 F_1，同样可得表示 F_R 的 ac，如图 1.5c)所示，这说明合力矢与分力矢的作图先后次序无关。

推论 2 三力平衡汇交定理

刚体在三个力作用下处于平衡状态，若其中两个力的作用线汇交于一点，则第三个力的作用线也通过该汇交点，且此三力的作用线必在同一平面内。

证明： 如图 1.6 所示，在刚体的 A、B、C 三点上，分别作用有 F_1、F_2、F_3 三个力，已知刚体在三力作用下平衡。根据力的可传性，将力 F_1 和 F_2 移到汇交点 D，然后根据力的平行四边形法则，得合力 F_{12}，则力 F_3 应与 F_{12} 平衡。由于两个力平衡必须共线，所以力 F_3 必定与力 F_1 和 F_2 共面，且通过力 F_1 与 F_2 的交点 D。

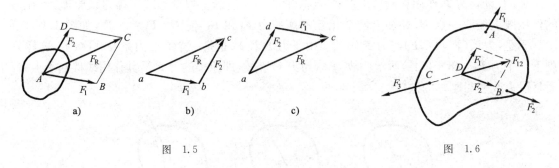

图 1.5　　　　　　　　　　　　　图 1.6

四 公理四：作用力与反作用力公理

两物体间相互作用的力总是同时存在，且大小相等、方向相反、沿同一直线，分别作用在两个物体上。

如将相互作用力之一视为作用力，而另一力视为反作用力，一般用 F' 表示力 F 的反作用力。

作用力与反作用力公理概括了自然界中物体间相互作用的关系，表明作用力与反作用力

总是同时存在同时消失，没有作用力也就没有反作用力。根据这个公理，已知作用力则可知反作用力，它是分析物体受力时必须遵循的原则，为研究由一个物体过渡到多个物体组成的物体系统奠定了基础。必须注意，作用与反作用力是分别作用在两个物体上的，不能错误地与二力平衡公理混同起来。

第三节　约束与约束反力

如果一个物体不受任何限制，可以在空间自由运动（如可在空中自由飞行的飞机），则此物体称为自由体；反之，如一个物体受到一定的限制，使其在空间沿某些方向的运动成为不可能（如绳子悬挂的物体），则此物体称为非自由体。

在力学中，把这种对于物体的运动起限制作用的其他物体称为约束体，简称为约束。机械的各个构件如不按照适当的方式相互联系从而受到限制，就不能恰当地传递运动实现所需要的动作；工程结构如不受到某种限制，便不能承受载荷以满足各种需要。约束是以物体相互接触的方式构成的。例如，沿轨道行驶的车辆，轨道限制车辆的运动，所以轨道就是车辆的约束体；摆动的单摆，绳子限制小球的运动，所以绳子就是小球的约束体；门被合页固定于门框，合页限制门的运动，所以合页就是门的约束体。

在物体的受力中荷载一般为已知条件，它是使物体产生运动或运动趋势的主动力。而约束体阻碍并限制物体的自由运动，改变物体的运动状态，因此约束体必须承受物体的作用力，同时给予物体以等值、反向的反作用力，这种力称为约束反力或约束力，简称为反力。约束反力属于被动力。

我们将工程中常见的约束理想化，归纳为几种基本类型，并根据各种约束的特性分别说明其约束反力。掌握约束反力要从对力的三要素的分析把握入手，力的三要素有大小、方向、作用点，因为现在受力分析仅是定性的研究，没有定量的计算，所以其大小暂不考虑。一般先找到约束反力的作用点，因为在力的绘制及表述中都习惯先从作用于何处画起、说起；然后找到力的方位，也即力的作用线；最后确定力的指向。

一　柔体约束

属于柔体约束的有绳索、皮带、链条等。这类约束的特点是只能限制物体沿着柔体伸长方向的运动，它只能承受拉力，而不能承受压力和抗拒弯曲。所以柔体的约束反力作用于与物体的接触点，沿着柔体的轴线，指向是背离研究对象，即为拉力。一般用 F 或 F_T 表示，如图 1.7 所示。

二　光滑接触面约束

对光滑接触面约束，我们忽略接触面间的摩擦，视为理想光滑。其特点是只能限制物体沿两接触表面在接触处的公法线而趋向支承接触面的运动，不论支承接触表面的形状如何，它只能承受压力，不能承受拉力。所以光滑接触面的约束反力作用于两物体的接触点，沿着过接触点处两接触面的公法线方位，指向为指向研究对象。因反力沿法线方向，故又称为法向反力，一般用 F_N 表示，如图 1.8 所示。

图 1.7　　　　　　　　　　　　　　图 1.8

三、光滑圆柱铰链约束

实际工程中,经常遇到两个构件通过光滑圆柱销钉连接,这种约束称为光滑圆柱铰链约束,简称铰链或铰约束。绪论中提到的铰结点即是这种约束,如门上的合页。对这类约束我们忽略摩擦,如图 1.9a)和图 1.9b)所示,其计算简图如图 1.9c)所示。这类约束的特点是只能限制物体的任意径向移动,不能限制物体绕圆柱销钉轴线的转动,由于圆柱销钉与圆柱孔是光滑曲面接触,则约束反力应是沿接触线上的一点到圆柱销钉中心的连线且垂直于销钉轴线,因为接触线的位置不能预先确定,所以约束反力的方向也不能预先确定,如图 1.9d)所示。因此,铰链约束反力作用在垂直于圆柱销钉轴线的平面内,通过圆柱孔中心,其方位任意,指向待定。在进行计算时,为了方便通常将任意方位的力沿坐标轴方向分解,表示为作用于圆柱孔中心也是铰中心的两个正交分力 F_x 与 F_y,两分力的指向是假定的。即光滑圆柱铰链约束的约束反力为作用于铰中心的两个互相垂直的约束反力,其指向未定,如图 1.9e)所示。

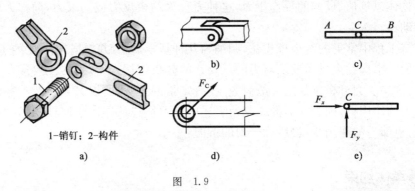

图 1.9

四、链杆约束

两端铰联结,自重不计、中间不受力且平衡的直杆称为链杆。链杆常被用来作为拉杆或撑杆而形成链杆约束,如图 1.10a)所示的 CD 杆。根据光滑铰链的特性,杆在铰链 C、D 处受有两个约束力 F_C 和 F_D,这两个约束反力必定分别通过铰链 C、D 的中心,方向暂不确定。考虑到杆 CD 只在 F_C、F_D 二力作用下平衡,根据二力平衡公理,这两个力必定沿同一直线,且等值、反向。由此可确定 F_C 和 F_D 的作用线应沿铰链中心 C 与 D 的连线,可能为拉力,也可能为压力,如图 1.10c)所示。

由此可见,链杆为二力杆,链杆约束的反力作用于链杆与被约束物体的接触点(忽略铰的尺寸可看作作用于连接处铰的中心),沿链杆两端铰链中心的连线(也是链杆的轴线)方位,指向未定,如图 1.10b)所示。

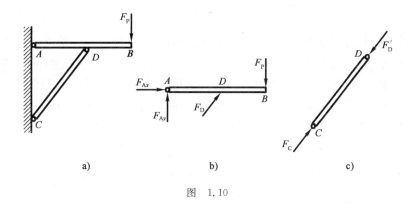

图 1.10

五 支座约束

支座是指用来把结构与基础联系起来的装置,支座对物体有着限制、约束的作用。在绪论的计算简图分析中对支座已做过介绍,现在我们再来分析一下这些支座的约束反力,简称支反力。

1. 固定铰支座

固定铰支座就是用铰将物体和基础相连在一起,所以其支反力与铰约束的约束反力相同,为作用于铰的中心的两个互相垂直的约束反力,其指向未定,如图 1.11 所示。

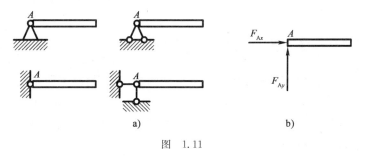

图 1.11

2. 可动铰支座

这种支座的约束反力根据不同的计算简图类型略有不同。如果简图采用滑块式简图则只能限制构件沿垂直于支承面方向的移动,所以此种简图对应的可动铰支座的约束反力垂直于支承面,通过圆柱铰链中心,指向待定,如图 1.12a)所示。而我们经常采用连杆来表示可动铰支座,此时的约束就视为链杆约束,为作用于链杆与被约束物体的接触点,沿链杆的轴线方位,指向未定,如图 1.12b)所示。这种支座的约束反力一般用 F_R 表示。

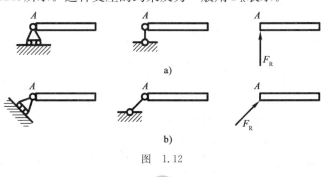

图 1.12

3.固定端支座

这种支座使构件既不能水平移动,又不能竖直移动,也不能转动。根据这些特点我们可理解:构件不能水平移动,那么水平方向一定有约束反力,竖直方向不能移动,同样也应有竖直方向约束反力,不能转动则是因为有约束转动的力偶作用(固定端支座的约束反力中一些概念,如力偶及平面一般力系的知识将在后面的内容中讲解),即固定端支座的约束反力为两个相互垂直的分力和一个转向待定的力偶,如图1.13所示。

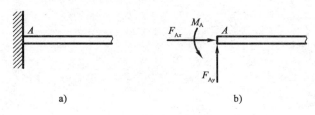

图 1.13

除了以上介绍的几种约束外,还有一些其他形式的约束。在实际问题中所遇到的约束有些并不一定与上面所介绍的形式完全一样,这时就需要对实际约束的构造及其性质进行分析,分清主次,略去一些次要因素,将实际约束简化为上述约束形式之一。

第四节　物体的受力分析

 研究对象与受力图的概念

在工程实际中,通常将作用于物体上的力分为两类:一类是能主动使物体运动或有运动趋势的力,称为主动力或荷载;另一类是约束对于物体的约束反力,是未知的被动力。未知的约束反力一般需要根据已知的力求出。为此应该分析物体受到哪些力的作用,其中哪些是已知的,哪些是未知的,这种分析过程称为物体的受力分析。

在解决力学问题时,首先要选定需要进行研究的物体,即确定研究对象,然后分析它的受力情况。为了清晰地表示物体的受力情况,须将研究对象受到的约束全部予以解除,把它从周围的物体中单独分离出来,单独画出其简单的几何形状,这种被解除了约束的物体称为分离体或隔离体。单独画出它的简图,并把研究对象所受的主动力和约束反力全部画到简图上,这样得到的图称为物体的受力图。受力图形象地说明了研究对象的受力情况,是解决力学问题的基础和进行力学计算的依据。

 画受力图的步骤及注意事项

1.画受力图的步骤

正确地画出受力图,是求解静力学问题的关键。画受力图时,应按下述步骤进行:
(1)根据题意选取研究对象,并将其单独画出;
(2)画出作用于研究对象上的全部主动力(已知力);
(3)确定物体上的约束,根据约束类型画出作用于研究对象上的全部约束反力。

2.画受力图的注意事项

在画受力图时的要注意以下几点。

(1)如果研究对象是由几个物体组成的系统,只画系统外的物体对它的作用力(称为外力),而不画系统内各物体之间的相互作用力(称为内力),但内力与外力的关系是相对的,取决于选取的研究对象。如分别取系统内各物体为研究对象时,系统内其他物体对其的作用力又成为外力,必须画在受力图上。

(2)系统内各物体之间的相互作用力互为作用力与反作用力,在受力图上要画为反向共线。作用力的方向一经确定(或假定),则反作用力的方向必与之相反,不能再任意假设它的方向。

(3)如果结构体系中有二力构件,在受力分析时一定要正确判断,把二力构件分析出来。大多数二力构件的构造形式为,以构件上的两个铰来与其他物体相连接,且构件上没有其他外力。此时的铰就不能按铰约束来分析了,而要把构件统一起来看待,分析为二力杆。根据二力平衡公理,二力的作用线应沿两力作用点的连线,指向相对或背离。

(4)对于平面内受三个力作用处于平衡状态的构件,若已知两个力的作用线汇交于一点,根据三力平衡汇交定理,可确定第三个力作用线的方位。

正确地画出物体的受力图,是求解静力学问题的关键,读者应熟练掌握。下面举例说明受力图的画法。

【例 1.1】 均质球重 W,用绳系住并靠于光滑的斜面上,如图 1.14a)所示。试分析球的受力情况,并画出受力图。

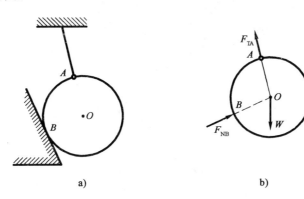

图 1.14

【解题分析】 据题目要求,研究对象为球,观察分析其上的主动力是自重,在 A、B 两点有两处约束,一处为绳索约束,一处为光滑接触面约束。按约束类型,抓住特点分析即可。

【解】 (1)取球为研究对象,并绘出其分离体。

(2)主动力分析:画出作用于球上的主动力 W。作用于球心 O,方向竖直向下。

(3)约束反力分析:画约束反力。A 点为柔体约束,其约束反力 F_{TA} 方向沿柔体中心线,背离球。B 处为光滑接触面约束,约束反力 F_{NB} 方向为沿接触点公法线方向指向球。此球受三个力而平衡,故满足三力平衡汇交定理。

其受力图如图 1.14b)所示。

【例 1.2】 水平简支梁 AB 如图 1.15a)所示,在 C 处作用一集中荷载 F,梁自重不计,画出梁 AB 的受力图。

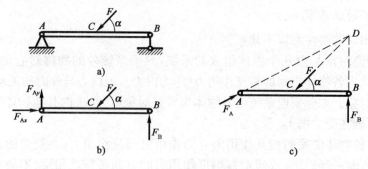

图 1.15

【解题分析】 以梁 AB 为研究对象,不考虑自重,主动力是荷载 F。约束是固定铰支座和可动铰支座两个支座,明确约束类型后,按支座的约束特点分析即可。

【解】 (1)取梁 AB 为研究对象,并绘出其分离体。

(2)主动力分析,作用于梁上的 C 点处集中荷载 F,其方位与 AB 梁成 α 角。

(3)约束反力分析,A 端为固定铰支座,反力为作用于 A 点的两个相互垂直的约束力用 F_{Ax} 与 F_{Ay} 表示。B 端为可动铰支座,反力 F_B 沿 B 链杆的方向,垂直于支承面,指向假定为向上。其受力图如图 1.15b)所示。

在此题中,如果把 A 铰约束的两个相互垂直的分力合成,分析为一个任意方向的合力 F_A,此时梁上只有三个力,且梁处于平衡。据三力平衡汇交定理,则此三力必汇交于力 F 与 F_B 交点 D。从而确定反力 F_A 沿 A、D 两点连线,其受力图如图 1.15c)所示。由于后续计算中要用解析计算,此受力分析方法并不方便,所以较少采用。

【例 1.3】 如图 1.16a)所示,水平梁 AB 用斜杆 CD 支撑,A、C、D 三处均为光滑铰链联结。均质梁重 W_1,其上放置一重为 W_2 的电动机。不计杆 CD 的自重,试分别画出杆 CD 和梁 AB(包括电动机)的受力图。

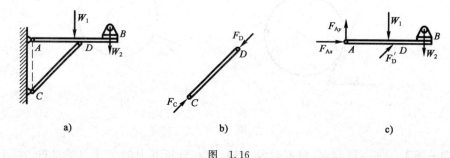

图 1.16

【解题分析】 这是一个由两个构件组成的物体系统。在对物体系统进行受力分析时,应注意二力杆的判别。题意要求分别画出杆 CD 和梁 AB(包括电动机)的受力图,所以应分别取各构件为研究对象进行分析。要注意此题的 CD 杆是二力杆,这是该题的关键。

【解】 (1)分析杆 CD 的受力

①取杆 CD 为研究对象,并绘出其分离体。

②受力分析:由于斜杆 CD 的两端为光滑铰链,自重不计,因此杆仅在 C、D 两处受力 F_C、F_D,则 CD 杆为二力杆。所受两力大小相等,方向相反,沿 C、D 两点连线作用,指向未定,可由经验假定受压力,其受力图如图 1.16b)所示(注意:由于 CD 杆为二力杆,故此题 C、D 处的约束就不能简单的按铰约束去分析)。

(2)分析梁 AB 的受力

①取梁 AB（包括电动机）为研究对象，并绘出其分离体。

②主动力分析。它受有 W_1、W_2 两个主动力的作用。

③约束反力分析：梁在 D 处受有二力杆 CD 给它的约束反力 F'_D 的作用。根据作用和反作用公理，F'_D 与 F_D 方向相反。固定铰支座 A 的约束反力由两个互相垂直的约束反力 F_{Ax} 和 F_{Ay} 表示。其受力图如图 1.16c) 所示。

【例 1.4】 如图 1.17a) 所示，梯子的两部分 AB 和 AC 在 A 点铰接，又在 D、E 两点用水平绳连接。梯子放在光滑水平面上，自重不计，在 AB 的中点 H 处作用一竖向荷载 F。试分别画出绳子 DE 和梯子 AB、AC 部分，以及整个系统的受力图。

【解题分析】 这是一个由三个构件组成的物体系统，题意要求分别画出绳子 DE 和梯子 AB、AC 部分，以及整个系统的受力图，所以应分别取各构件及整体为研究对象进行分析，分别绘出四个受力图。应当注意，在取整个系统为研究对象时，左右两部分在铰链 A 处所受的力互为作用力与反作用力关系，即 $F_{Ax}=-F'_{Ax}$，$F_{Ay}=-F'_{Ay}$；绳子与梯子连接点 D 和 E 所受的力也分别互为作用力与反作用力关系，即 $F_D=-F'_D$，$F_E=-F'_E$，这些力都是系统内各物体之间相互作用的力，为物体系统的内力，内力成对地作用在整个系统内，它们对系统的作用效应相互抵消，因此可以除去，并不影响整个系统的平衡。故内力在受力图中不必画出，也不应画出。在受力图中只需画出系统以外的物体给系统的作用力，这种力为外力。

【解】 (1)分析绳 DE 的受力

取绳 DE 为研究对象，绘其分离体。绳子为柔体约束，两端 D、E 分别受到梯子对它的拉力 F_D、F_E 的作用。也可视其为二力构件，其受力图如图 1.17b) 所示。

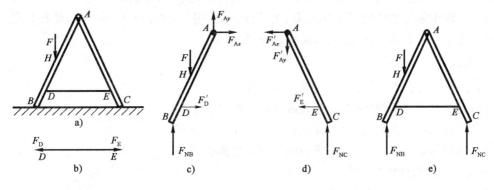

图 1.17

(2)分析梯子 AB 部分的受力

①取梯子的 AB 部分为研究对象，并绘出其分离体。

②主动力分析。H 处的荷载为 F。

③约束反力分析。约束反力共有三处：A 处铰链的约束反力为 F_{Ax} 和 F_{Ay}，D 处受柔体约束 F'_D（与 F_D 互为作用力和反作用力），B 点受光滑接触面约束反力 F_{NB}。

AB 部分的受力图如图 1.17c) 所示。

(3)分析梯子的 AC 部分的受力

①取梯子的 AB 部分为研究对象，并绘出其分离体。

②该构件无主动力，画出全部约束反力即可。共有三处，A 处铰链的约束反力 F'_{Ax} 和 $-F'_{Ay}$；E 处受柔体约束 F'_E（与 F_E 互为作用力和反作用力）；C 点受光滑接触面约束反力 F_{NC}。

AC 部分的受力图如图 1.17d)所示。

(4)分析整个系统的受力

①取整个系统为研究对象,并绘出其分离体。

②主动力分析。对整个系统来说只有载荷 F 一个主动力。

③约束反力分析。前面分析的 F_{Ax}、F'_{Ax};F_{Ay}、F'_{Ay};F_D、F'_D;F_E、F'_E 等力,都是系统内各物体之间相互作用的内力,不应画出。对整个系统只有 B、C 两处外部约束,其约束反力 F_{NB}、F_{NC}。整个系统的受力图如图 1.17e)所示。

注意:这里内力与外力的区分不是绝对的。例如,当我们把梯子的 AC 部分作为研究对象时,F'_{Ax}、F'_{Ay} 和 F'_E 均属外力,但取整体为研究对象时,F'_{Ax}、F'_{Ay} 和 F'_E 又成为内力。可见,内力与外力的区分,只有相对于某一确定的研究对象才有意义。

◀ 小　结 ▶

1. 基本概念

(1)刚体,在外力作用下,几何形状、尺寸的变化可忽略不计的物体。

(2)力的三要素,对刚体而言,力的三要素为:力的大小、力的方向、力的作用线。

(3)平衡,物体在力系作用下,相对于地球静止或做匀速直线运动。

(4)约束,对非自由体起限制作用的周围物体称为约束。阻碍物体运动或运动趋势的力称为约束反力。约束反力的方向必与该约束所能阻碍的运动方向相反。

(5)工程中常见的约束有柔体约束、光滑接触面约束、光滑圆柱铰链约束、链杆约束。

(6)常见支座有固定铰支座、可动铰支座、固定端支座。

2. 基本公理

(1)二力平衡公理,最简单的力系平衡条件。

(2)力的平行四边形法则,力系合成和分解的基本法则。

(3)加减平衡力系公理,力系等效代换和简化的基本基础。

(4)作用与反作用定律,揭示了力的存在和传递方式。

推论1　力的可传性原理

推论2　三力平衡汇交定理

3. 物体受力分析的基本方法——画受力图

在研究对象上画出全部的约束反力和主动力的简图称为受力图。正确画出受力图是力学计算的基础。

(1)画受力图的步骤:

①根据题意选取研究对象,并将其单独画出;

②画出作用于研究对象上的全部主动力(已知力);

③确定物体上的约束,根据约束类型画出作用于研究对象上的全部约束反力。

(2)画受力图时要注意的几点:

①如果研究对象是由几个物体组成的系统,注意外力、内力的关系;

②注意系统内各物体之间的相互作用力互为作用力与反作用力;

③正确判断出二力构件。

思考题

1. "合力一定比分力大"这种说法对否,试画图说明。
2. 力的概念是什么?举例说明改变力的三要素中任一要素都会影响力的作用效果。
3. 简述二力平衡公理和作用与反作用定律的区别。
4. 二力构件的概念是什么?构件两端用铰链连接的就是二力构件吗?二力构件受力与构件的形状有无关系?
5. 常见的约束类型有哪些?各种约束反力有何特点?
6. 画受力图的步骤有哪些?
7. 画受力图应注意些什么?

习题

1-1 指出图 1.18 中哪些是二力杆,哪些是作用力与反作用力?

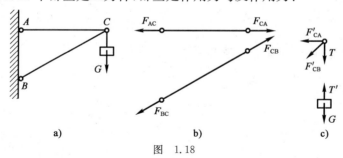

图 1.18

1-2 指出图 1.19 中的二力杆(杆自重不计)。

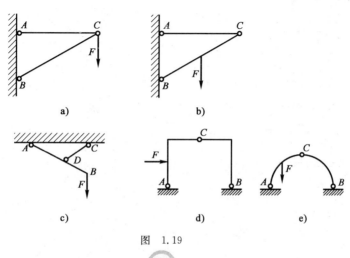

图 1.19

1-3 画出图 1.20 中各球的受力图。

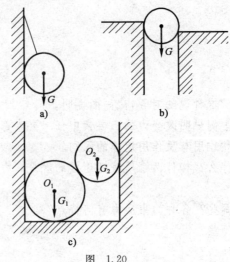

图 1.20

1-4 画出图 1.21 中各杆的受力图(杆自重不计)。

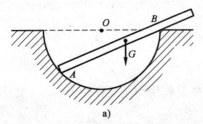 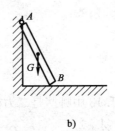

图 1.21

1-5 画出图 1.22 中指定部分的受力图。

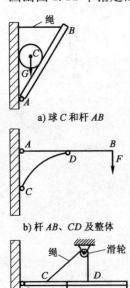

a) 球 C 和杆 AB

b) 杆 AB、CD 及整体

c) 杆 AB

图 1.22

第二章　静力学计算基础

第一节　力在坐标轴上的投影·合力投影定理

一　力在直角坐标轴上的投影

力 F 在坐标轴上的投影定义为：由力矢 F 的始端 A 和末端 B 分别向坐标轴作垂线，如图 2.1 所示，垂足分别为 a_1、b_1 和 a_2、b_2。线段 a_1b_1、a_2b_2 的长度分别为力 F 在 x 轴和 y 轴上的投影，记作 X（或 F_x）和 Y（或 F_y）。

$$F_x = X = \pm a_1b_1, \quad F_y = Y = \pm a_2b_2$$

投影的正负号规定为：从 a_1 到 b_1（或 a_2 到 b_2）的指向与坐标轴正向相同时取正，相反时取负。也可以把力的箭头投影下来观察其箭头指向与坐标轴的指向，方向一致时符号为正，相反时为负。投影的符号一般可直观判断。

由图 2.1 可见，若已知力 F 的大小，以及力 F 与 x 轴所夹的锐角 α，则有

$$\left.\begin{aligned} F_x = X = \pm F\cos\alpha \\ F_y = Y = \pm F\sin\alpha \end{aligned}\right\} \tag{2.1}$$

反之，若已知力 F 在 x、y 轴上的投影，则可求出力 F 的大小和方向

$$\left.\begin{aligned} F = \sqrt{F_x^2 + F_y^2} \\ \tan\alpha = \left|\frac{F_y}{F_x}\right| \end{aligned}\right\} \tag{2.2}$$

力沿坐标轴分解时，分力由力的平行四边形法则确定。在直角坐标系中，力在轴上的投影和力沿该轴的分力的大小相等，而投影的正负号可表明分力的指向，如图 2.1 所示。必须注意，力的投影与力的分解是两个不同的概念，两者不可混淆。力在坐标轴上的投影 X、Y 为代数量，而力沿坐标轴的分量 F_x 和 F_y 为矢量。当 Ox、Oy 两轴不相垂直时，分力 F_x、F_y 和力在轴上的投影 X、Y 在数值上也不相等，如图 2.2 所示。力 F 沿平面直角坐标轴分解的表达式为

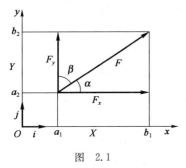

图　2.1

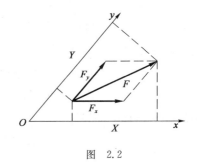

图　2.2

$$F = F_x + F_y = Xi + Yj \tag{2.3}$$

式中：i、j——坐标轴 x、y 正向的单位矢量。

二 合力投影定理

由于力的投影是代数量，故可对各力在同一轴的投影进行代数运算，由图 2.3 不难看出，F_1 和 F_2 的合力 F_R 在任一坐标轴（x 轴）上的投影为

$$F_{Rx} = ad = ab + bd = ab + ac = F_{1x} + F_{2x}$$

对于多个力组成的力系以此推广，可得

$$\left. \begin{aligned} F_{Rx} &= F_{1x} + F_{2x} + \cdots + F_{nx} = \sum_{i=1}^{n} F_{ix} \\ F_{Ry} &= F_{1y} + F_{2y} + \cdots + F_{ny} = \sum_{i=1}^{n} F_{iy} \end{aligned} \right\} \tag{2.4}$$

式(2.4)称为合力投影定理，它表明，力系的合力在某轴上的投影等于力系中各分力在同一轴上投影的代数和。

由式(2.4)可得合力的大小及方向分别为

$$\left. \begin{aligned} F_R &= \sqrt{(F_x)^2 + (F_y)^2} \\ \tan\alpha &= \frac{\sum F_y}{\sum F_x} \end{aligned} \right\} \tag{2.5}$$

【例 2.1】 已知力 F_1、F_2、F_3、F_4 汇交于 O 点，如图 2.4 所示。分别求 F_1、F_2、F_3、F_4 在各坐标轴上的投影。

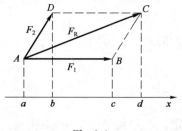

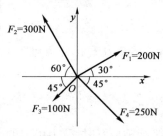

图 2.3   图 2.4

【解题分析】 直接运用力在坐标轴上的投影公式，计算出各力在坐标轴上的投影。该例主要培养对投影概念的认识及投影正负号的判别。

【解】 （1）F_1 在坐标轴上的投影

$$\begin{cases} F_{1x} = F_1 \cos 30° = 200 \times \cos 30° = 173.21\text{N} \\ F_{1y} = F_1 \sin 30° = 200 \times \sin 30° = 100\text{N} \end{cases}$$

（2）F_2 在坐标轴上的投影

$$\begin{cases} F_{2x} = -F_2 \cos 60° = -300 \times \cos 60° = -150\text{N} \\ F_{2y} = F_2 \sin 60° = 300 \times \sin 60° = 259.81\text{N} \end{cases}$$

（3）F_3 在坐标轴上的投影

$$\begin{cases} F_{3x} = -F_3 \cos 45° = -100 \times \cos 45° = -70.71\text{N} \\ F_{3y} = -F_3 \sin 45° = -100 \times \sin 45° = -70.71\text{N} \end{cases}$$

(4) F_4 在坐标轴上的投影

$$\begin{cases} F_{4x} = F_4\cos 45° = 250 \times \cos 45° = 176.78\text{N} \\ F_{4y} = -F_4\sin 45° = 250 \times \sin 45° = -176.78\text{N} \end{cases}$$

【例 2.2】 试求出图 2.5 中各力的合力在 x 轴和 y 轴上的投影。已知 $F_1=20\text{kN}$,$F_2=40\text{kN}$,$F_3=50\text{kN}$,各力方向如图 2.5 所示。

【解题分析】 先求出各分力在 x 轴和 y 轴上的投影,利用合力投影定理,得合力在各坐标轴上的投影。

【解】 由合力投影定理可得

$$F_{Rx} = \sum F_x = -F_2 + F_3 \times \frac{3}{\sqrt{3^2+4^2}}$$
$$= -40 + 50 \times \frac{3}{5} = -10\text{kN}$$

$$F_{Ry} = \sum F_y = F_1 - F_3 \times \frac{4}{\sqrt{3^2+4^2}}$$
$$= 20 - 50 \times \frac{4}{5} = -20\text{kN}$$

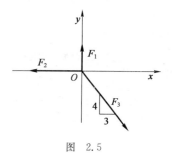

图 2.5

第二节 力对点之矩·合力矩定理

力对刚体作用的效应有移动效应和转动效应。由经验可知,力使刚体绕某点转动的效应,不仅与力的大小及方向有关,而且与此点到该力的作用线的距离有关。例如,用扳手拧紧螺母时,扳手绕螺母中心 O 转动(如图 2.6 所示),如果手握扳手柄端,并沿垂直于手柄的方向施力,则较省劲;如果手离螺母中心较近,或者所施的力不垂直于手柄,则较费劲。拧松螺母时,则反向施力,扳手也反向转动。由此,我们引入平面内力对点之矩的概念,用以度量力使物体绕一点转动的效应。

一、力对点之矩

如图 2.7 所示,平面内作用一力 F,在该平面内任取一点 O,点 O 称为力矩中心,简称矩心,矩心 O 到力作用线的垂直距离 d 称为力臂。则平面力对点之矩的定义如下:力对点之矩是一个代数量,其大小等于力与力臂的乘积。正负号规定如下:力使物体绕矩心逆时针转向转动时为正,反之为负。

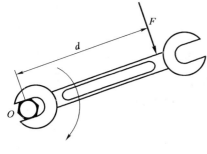

图 2.6

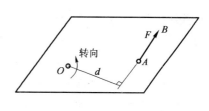

图 2.7

以 $M_O(\boldsymbol{F})$ 表示力 $\boldsymbol{F}$ 对于点 O 之矩,简称力矩。则
$$M_O(\boldsymbol{F}) = \pm F \cdot d \tag{2.6}$$

根据力矩的定义可知:

(1)力 $\boldsymbol{F}$ 对点 O 之矩,与矩心的位置有关,矩心的位置不同,一般情况下力矩会随之改变;

(2)力 $\boldsymbol{F}$ 对任一点的矩,不因 $\boldsymbol{F}$ 沿其作用线的移动而改变。

力的大小等于零,或者力的作用线通过矩心,则力矩等于零。力矩的常用单位为 N·m 或 kN·m。

二 合力矩定理

由于一个力系的合力产生的效应和力系中各分力产生的总效应相同,因此合力对平面内任一点之矩等于各分力对同一点之矩的代数和。这就是合力矩定理,即

$$M_O(\boldsymbol{F}_R) = M_O(\boldsymbol{F}_1) + M_O(\boldsymbol{F}_2) + \cdots + M_O(\boldsymbol{F}_n) = \sum_{i=1}^{n} M_O(\boldsymbol{F}_i) \tag{2.7}$$

三 力矩的计算及合力矩定理的应用

力对点之矩的计算是力学计算的基础。计算的方法有两种:一种是用力矩的定义式计算。使用该方法应当注意:力臂是矩心 O 到力作用线的垂直距离。初学者容易误将力的作用点到矩心的距离当作力臂,所以计算时请注意力臂的分析,同时注意符号的判定。另一种方法是应用合力矩定理进行计算。在计算力矩时,有时力臂值未直接在图上标出,计算也较繁琐。可将力沿图上标注尺寸的方向作正交分解,分别计算各分力的力矩,然后相加得出原力对该点之矩,这样可以简化力矩的计算。

【例 2.3】 在图 2.8 中,已知:$AB=0.1\mathrm{m}$,$BC=0.08\mathrm{m}$,若力 $F=10\mathrm{N}$,$\alpha=30°$。试分别计算力 $\boldsymbol{F}$ 对 A、B、C、D 各点的矩。

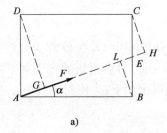
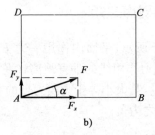

图 2.8

【解题分析】 该题应用两种方法求解,通过对两种方法的分析对比,体会何时用何种方法计算力对点之矩更为简捷。方法一:直接应用力对点之矩的定义进行求解。关键是找出力臂(力矢到矩心的垂直距离)。如图 2.8a)所示,将力 $\boldsymbol{F}$ 的作用线延长,分别过 A、B、C、D 点向力 $\boldsymbol{F}$ 的作用线作垂线,利用平面几何关系求出每个力偶臂,即可用力对点之矩的定义进行求解。方法二:应用合力矩定理求解。首先将力沿 x、y 轴分解,求出各分力对点之矩,然后判别各分力之矩的正负,求代数和即可得到合力对同一点之矩。

【解】 方法一:直接应用力对点之矩的定义式(2.6)进行求解,各力臂如图 2.8a)所示。

(1)对 A 点的矩：$M_A(\boldsymbol{F}) = \pm F \cdot d = F \times 0 = 0$

(2)对 B 点的矩：
$$M_B(\boldsymbol{F}) = -F \times BL = -F \times AB\sin30° = 10 \times 0.1 \times \sin30° = -0.5\text{N}\cdot\text{m}$$

(3)对 C 点的矩：
$$BE = AB\tan30° = 0.1 \times \tan30° = 0.0577\text{m}$$
$$CE = BC - BE = 0.08 - 0.0577 = 0.0223\text{m}$$
$$M_C(\boldsymbol{F}) = F \times CH = F \times CE\cos30° = 10 \times 0.0223 \times \cos30° = 0.19\text{N}\cdot\text{m}$$

(4)对 D 点的矩：
$$M_D(\boldsymbol{F}) = F \times DG = F \times AD\cos30° = 10 \times 0.08 \times \cos30° = 0.69\text{N}\cdot\text{m}$$

方法二：应用合力矩定理式(2.7)求解，如图 2.8b)所示，首先将力沿 x、y 轴分解。
$$F_x = F\cos30° = 10 \times \cos30° = 8.66\text{N}$$
$$F_y = F\sin30° = 10 \times \sin30° = 5.0\text{N}$$

(1)对 A 点的矩：
$$M_A(\boldsymbol{F}) = M_A(F_x) + M_A(F_y) = F_x \times 0 - F_y \times 0 = 0$$

(2)对 B 点的矩：
$$M_B(\boldsymbol{F}) = M_B(F_x) + M_B(F_y) = 0 - F_y \times AB = -5.0 \times 0.1 = -0.5\text{N}\cdot\text{m}$$

(3)对 C 点的矩：
$$M_C(\boldsymbol{F}) = M_C(F_x) + M_C(F_y) = F_x \times BC - F_y \times AB$$
$$= 8.66 \times 0.08 - 5.0 \times 0.1 = 0.19\text{N}\cdot\text{m}$$

(4)对 D 点的矩：
$$M_D(\boldsymbol{F}) = M_D(F_x) + M_D(F_y) = F_x \times BC - F_y \times 0 = 8.66 \times 0.08 = 0.69\text{N}\cdot\text{m}$$

【**例 2.4**】 如图 2.9 所示，圆柱直齿轮受啮合力 $\boldsymbol{F}_n$ 的作用。设 $\boldsymbol{F}_n = 1\text{kN}$，压力角 $\alpha = 20°$，齿轮的节圆(啮合圆)半径 $r = 60\text{mm}$，试计算力 $\boldsymbol{F}_n$ 对轴 O 的力矩。

【**解题分析**】 该题仍可用上例的两种方法求解，繁简程度相差不大，可视个人喜好选择。也不妨两种方法都用，以加深对上例的体会。

【**解**】 直接应用力对点之矩的定义式(2.6)进行求解。由图 2.9 有
$$M_O(\boldsymbol{F}_n) = Fh = Fr\cos\alpha = 1000 \times 0.06\cos20° = 56.38\text{N}\cdot\text{m}$$

【**例 2.5**】 图 2.10 所示每 1m 长挡土墙所受土压力的合力 $\boldsymbol{F}_R$，若 $\boldsymbol{F}_R = 150\text{kN}$，方向如图 2.10 所示，求土压力使挡土墙倾覆的力矩。

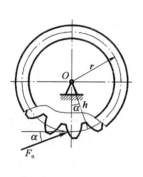

图 2.9

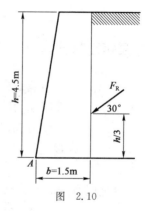

图 2.10

【解题分析】 土压力 F_R 的作用,使挡土墙有绕 A 点倾覆的可能,故求土压力 F_R 使墙倾覆的力矩,就是求力 F_R 对 A 点的力矩。由已知尺寸求力臂 d 不方便,将 F_R 分解为两个力 F_{Rx} 和 F_{Ry},利用合力矩定理,则可求得 F_R 对 A 点的力矩。

【解】 利用合力矩定理,由图 2.8 可知

$$M_A(F_R) = M_A(F_{Rx}) + M_A(F_{Ry})$$
$$= F_R\cos30° \times \frac{h}{3} - F_R\sin30° \times b$$
$$= 150 \times \frac{\sqrt{3}}{2} \times 1.5 - 150 \times \frac{1}{2} \times 1.5$$
$$= 82.35 \text{kN} \cdot \text{m}$$

第三节 力偶及其基本性质

一 力偶的概念

大小相等、方向相反但不共线的两个平行力组成的特殊力系,称为力偶。如图 2.11 所示,力 F 和 F' 组成一个力偶,记作 (F, F')。力偶中两力作用线之间的垂直距离 d 称为力偶臂,力偶所在的平面称为力偶作用面。

在日常生活与生产实践中,经常见到在物体上作用力偶的情况,如用两个手指拧水龙头或转动钥匙,手指对水龙头或钥匙施加的两个力;汽车驾驶员用双手转动转向盘(如图 2.12 所示)等。在力偶中,两力等值反向且相互平行,其矢量和显然等于零,所以,力偶对物体不产生移动效应。但是由于它们不共线,不满足二力平衡条件,不能相互平衡,将使物体产生转动效应。

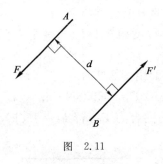

图 2.11

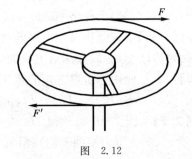

图 2.12

二 力偶矩及其计算

力偶是由两力组成的特殊力系,它对物体只产生转动效应。这种转动效应如何度量呢?

设力偶 (F, F') 的力偶臂为 d,如图 2.13 所示。力偶对平面内任意点 O 之矩,等于力偶的两个力对点 O 的矩的代数和,即

$$M_O(F) + M_O(F') = F(x+d) - F'x = Fd$$

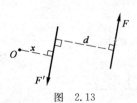

图 2.13

由于矩心 O 是任意选取的,可以看出,力偶对平面内任一点的转动效应,只取决于力的大

小和力偶臂的长短,而与矩心的位置无关。于是用力偶的任一力的大小与力偶臂的乘积并冠以正负号作为力偶使物体转动效应的度量,称为力偶矩,用 M 表示。即

$$M = \pm Fd \tag{2.8}$$

式中的正负号表示力偶的转向。通常规定,力偶使物体逆时针转动时为正,反之为负。

由于力偶使物体转动的效应,完全由力偶矩的大小、转向、力偶的作用面决定,所以这三者称为力偶的三要素。

力偶矩的单位与力矩的单位相同,也是 N·m 或 kN·m。

三 力偶的性质

性质 1 力偶没有合力,本身又不平衡,是一个基本的力素。

由于力偶中的两个力大小相等、方向相反,故力偶在任一轴上的投影的代数和恒等于零。因此力偶对于物体只有转动效应,没有移动效应。

力偶不能合成为一个力,或用一个力来等效替换;力偶也不能用一个力来平衡,力偶只能和力偶平衡。因此,力和力偶是两个非零的最简单力系,它们是静力学的两个基本要素。

性质 2 力偶对其作用面内任一点之矩均等于力偶矩,而与矩心的位置无关。

性质 3 在同一平面内的两个力偶,只要它们的力偶矩大小相等、转向相同,则这两个力偶等效。这称为力偶的等效性。如图 2.14 中表示的各力偶均等效。

推论 根据以上力偶的性质可知:只要保持力偶矩不变,力偶可在其作用面内任意移动和转动,并可任意改变力的大小和力偶臂的长短,而不改变它对刚体的作用效应,如图 2.14 所示。

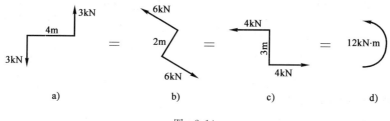

图 2.14

因此,力的大小和力偶臂都不是力偶的特征量,只有力偶矩才是力偶作用效应的唯一量度,故常用图 2.14d)所示的符号表示力偶。

◀ 小　结 ▶

本章是学习静力学部分必须重点掌握的内容,包括力在坐标轴上的投影、合力投影定理,力矩及合力矩定理,和力偶的概念及性质。它们都是力学计算的基本概念和定理,为研究平面力系的简化和求解工程构件的平衡问题提供计算基础。

1. 力的投影和合力投影定理

（1）力的投影

沿力 F 的两端向坐标轴作垂线,垂足 a、b 在轴上截下的线段 ab 就称为力在坐标轴上的投

影。投影是代数量,有正负之分。

(2)合力投影定理

合力在直角坐标轴上的投影(F_{Rx},F_{Ry})等于各分力在同一轴上投影的代数和,即

$$\begin{cases} F_{Rx} = F_{1x} + F_{2x} + \cdots + F_{nx} = \sum_{i=1}^{n} F_{ix} \\ F_{Ry} = F_{1y} + F_{2y} + \cdots + F_{ny} = \sum_{i=1}^{n} F_{iy} \end{cases}$$

2.力矩和合力矩定理

(1)力对点之矩是一个代数量,其大小等于力与力臂的乘积。正负号规定如下:力使物体绕矩心逆时针转向转动时为正,反之为负。

(2)合力矩定理。

合力对平面内任一点的矩等于各分力对同一点的矩的代数和。即

$$M_O(\boldsymbol{F}_R) = M_O(\boldsymbol{F}_1) + M_O(\boldsymbol{F}_2) + \cdots + M_O(\boldsymbol{F}_n) = \sum_{i=1}^{n} M_O(\boldsymbol{F}_i)$$

3.力偶的性质

(1)力偶是大小相等、方向相反但不共线的两个平行力组成的力系,是基本的力素。力偶在任一轴上的投影的代数和恒等于零。

(2)力偶对其作用面内任一点之矩均等于力偶矩,而与矩心的位置无关。

(3)力偶只能和力偶等效。

推论:只要保持力偶矩不变,力偶可在其作用面内任意移动和转动,并可任意改变力的大小和力偶臂的长短,而不改变它对刚体的作用效应。

思考题

1.什么情况下力在坐标轴上的投影为零?

2.力在正交坐标轴上的投影与力沿这两个轴的分力有何区别?又有何关系?

3.什么情况下力对点的矩为零?

4.二力平衡公理中的两个力,作用与反作用定律中的两个力,构成力偶的两个力各有什么不同?

5.试比较力矩与力偶矩的异同点。

6.理解并熟记力偶的性质及推论。

7.叙述合力投影定理、合力矩定理。

习题

2-1 分别求出图 2.15 中各力在 x 轴和 y 轴的投影。

已知:$F_1 = F_2 = F_3 = F_4 = F_5 = F_6 = 10\text{N}$

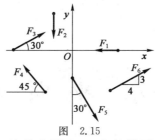

图 2.15

2-2 力偶不能和一个力平衡,为什么图 2.16 中的轮子却能平衡呢?

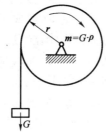

图 2.16

2-3 计算图 2.17 中力 F 对 O 点之矩。

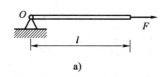 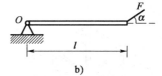

图 2.17

2-4 求图 2.18 中各力的合力。

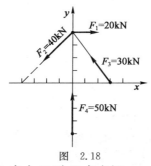

图 2.18

2-5 用两种方法求出图 2.19 中力 F 对 O 点之矩。

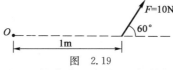

图 2.19

2-6 如图 2.20 所示,若 F_1 和 F_2 的合力 F_R 对 A 点的矩 $M_A(F_R)=60\text{N}\cdot\text{m}$,$F_1=10\text{N}$,$F_2=40\text{N}$,杆 AB 长 2m。求 F_2 和杆 AB 的夹角 α。

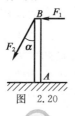

图 2.20

第三章 平面力系

所谓平面力系,是指力系中所有力的作用线均处于同一平面的力系。

在实践中,各种物体上的受力情况千差万别,形式多样。一般这些物体上所作用的力系其实是在空间分布的,称为空间力系。但很多物体在经过结构的简化和力系的简化后,其所受的力系就可视为作用在同一平面内的平面力系。例如,忽略了"人"字形屋架的厚度,其结构就被视为平面结构,如图3.1a)所示,其受到屋顶上构件传来的竖向荷载及侧向的风荷载还有支座的约束反力都处于屋架平面内,组成平面力系,如图3.1b)所示;再如,结构及其承受的荷载具有共同对称面的楼板,如图3.2a)所示,可将其上的受力向对称面简化,也形成平面力系如图3.2b)所示;还有梁、汽车等的受力情况均可如此分析。

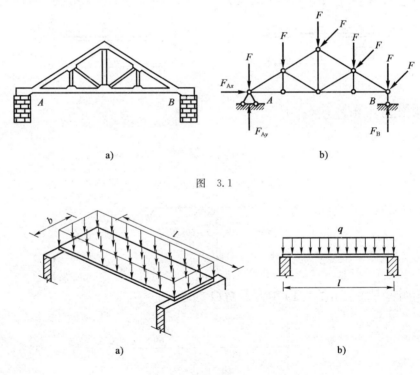

图 3.1

图 3.2

根据平面力系中各力作用线的分布情况,平面力系可划分为平面汇交力系、平面力偶系和平面一般力系。所谓平面汇交力系,是指各力的作用线位于同一平面内且汇交于一点的力系。平面力偶系,是指作用面都位于同一平面内的若干个力偶。平面汇交力系和平面力偶系是平面一般力系简化计算的基础。所以,又称这两个力系为平面基本力系。平面一般力系,是指力系中各力作用线在同一平面任意分布,即由作用线位于同一平面内,但不完全相交于一点,也不完全相互平行的一些力所组成的力系,也称为平面任意力系,简称平面力系。相对于平面一般力系,有些力系具有特殊的平面分布形式,如平面汇交力系、平面力偶系、平面平行力系等,又称为平面特殊力系。

本章将重点研究平面汇交力系、平面力偶系和平面一般力系的简化与平衡问题。

第一节 平面基本力系

一 平面汇交力系

1. 平面汇交力系的合成

设有平面汇交力系 F_1、F_2、$F_3 \cdots F_n$ 于物体上 A 点,如图3.3所示。

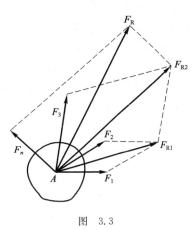

图 3.3

应用力的平行四边形法则,采用两两逐个合成的方法,最终可合成为一个合力 F_R。即

$$F_R = F_1 + F_2 + F_3 + \cdots + F_n = \sum F \quad (3.1)$$

由式(3.1)可知,平面汇交力系合成的结果为一个合力 F_R,合力等于力系中各力的矢量和,合力的作用线通过力系的汇交点。

式(3.1)是平面汇交力系合力的矢量计算式。为方便计算,利用力在坐标轴上的投影及合力投影定理,可得合力的大小及方向分别为

$$\left.\begin{array}{l} F_R = \sqrt{(\sum F_x)^2 + (\sum F_y)^2} \\ \tan\alpha = \dfrac{\sum F_y}{\sum F_x} \end{array}\right\} \quad (3.2)$$

2. 平面汇交力系的平衡

由于平面汇交力系的合成结果为一个合力,故平面汇交力系平衡的充分且必要条件是合力等于零。即

$$F_R = \sum F = 0$$

由式(3.2)可得

$$\begin{cases} \sum F_x = 0 \\ \sum F_y = 0 \end{cases} \quad (3.3)$$

式(3.3)称为平面汇交力系的平衡方程。平面汇交力系有两个独立的平衡方程,可以求解两个未知量。解题时未知力的指向可预先假设,若计算结果为正值,则表示所设指向与力的实际指向相同;若计算结果为负值,则表示所设指向与力的实际指向相反。

3. 平衡方程的应用

应用平面汇交力系的平衡方程,可以求解平面汇交力系问题中的未知量。其解题的一般步骤如下。

(1)选取研究对象

选取恰当的研究对象是正确解题的关键。一般所选取的研究对象上应该既包含已知条

件,也包含未知量,还要方便列方程计算,这样才便于对问题进行分析求解。

(2)绘制受力图

受力图的绘制,要在明确研究对象的基础之上,取出分离体,在分离体上绘出全部主动力和约束反力。

(3)建立坐标系

根据物体的受力情况,选取适当的坐标系,尽量使坐标轴与较多的未知力作用线垂直或平行,以使计算简捷。

(4)列平衡方程求解

【例3.1】 如图3.4所示平面支架,由杆 AB、AC 构成,A、B、C 三处都是铰链联结。在 A 处作用有一集中力 $F=80\text{kN}$,杆的自重不计,试求 AB、AC 杆所受的力。

【解题分析】 解题的关键是研究对象的选取。所取研究对象的受力应包含已知力和未知力才便于求解。由于 A、B、C 三处都是铰链联结,所以 AB、AC 杆均为二力杆,不宜作研究对象。取整体或结点 A 作受力分析,均含有已知力和未知力,可作为研究对象;再建立通过某一个未知力的平面直角坐标系(以简便计算)即可求解。

【解】 (1)取结点 A 为研究对象。

(2)结点 A 的受力图,如图3.4b)所示。

(3)建立坐标系,如图3.4b)所示。

(4)列出平衡方程求解。

即
$$\begin{cases} \sum F_x = 0 \\ \sum F_y = 0 \end{cases}$$
$$\begin{cases} -F_{AC} \cdot \sin 60° - F \cdot \cos 30° = 0 \\ F_{AB} + F_{AC} \cdot \cos 60° - F\sin 30° = 0 \end{cases}$$

将 $F=80\text{kN}$ 代入解得:$F_{AC}=-80\text{kN}$,$F_{AB}=160\text{kN}$

求得 F_{AC} 为负值,表明力 F_{AC} 的指向与假定指向相反,即 AC 杆受压;F_{AB} 为正值,表明力 F_{AB} 的指向与假定指向相同,即 AB 杆受拉。

【例3.2】 起重架可借绕过滑轮 A 的绳索将重为 $G=2\text{kN}$ 的重物吊起,滑轮 A 用 AB 及 AC 两杆支承,如图3.5a)所示。A、B、C 三处均为铰链联结。不考虑滑轮的摩擦,不计滑轮的大小、重力及 AB、AC 杆的重力,试求 AB 和 AC 杆的受力。

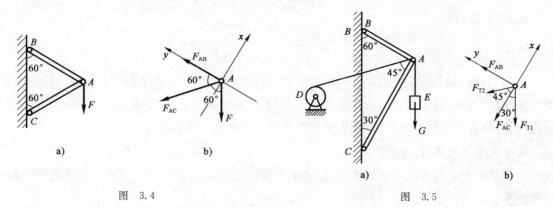

图 3.4   图 3.5

【解题分析】 此题的关键在于研究对象的选取。虽是求 AB 和 AC 杆的受力,但由于 AB 和 AC 杆都是二力杆,如果只选取 AB 或 AC 杆为研究对象,很显然是不行的。如将杆 AB、AC

作用于滑轮 A 的力求出,则两杆所受的力即可求出(互为作用力与反作用力)。在忽略了滑轮的大小后,选取滑轮(即 A 结点)为研究对象,则滑轮的受力为一平面汇交力系的平衡问题。为解题方便,建立沿力 F_{AB}、F_{AC} 方向的倾斜平面直角坐标系。

【解】 (1)取滑轮 A 为研究对象。

(2)滑轮的受力图,如图 3.5b)所示。

作用于滑轮 A 上的力有:绳索 AE 的拉力 F_{T1},$F_{T1}=G$;绳索 AD 的拉力 F_{T2},因不计滑轮摩擦,则 $F_{T2}=F_{T1}=G$。杆 AB、AC 作用于滑轮的力 F_{AB}、F_{AC} 分别沿杆的轴线(AB 和 AC 杆是二力杆),指向假定。因滑轮的大小不计,所以这四个力可看成平面汇交力系。

(3)建立坐标系,如图 3.5b)所示。

(4)列出平衡方程求解。

即
$$\begin{cases} \sum F_x = 0, \\ \sum F_y = 0, \end{cases}$$
$$\begin{cases} -F_{AC} - F_{T2}\cos 45° - F_{T1}\cos 30° = 0 \\ F_{AB} + F_{T2}\sin 45° - F_{T1}\sin 30° = 0 \end{cases}$$

得
$$\begin{cases} F_{AC} = -3.15\text{kN} \\ F_{AB} = -0.41\text{kN} \end{cases}$$

F_{AB}、F_{AC} 为负值,表明力 F_{AB}、F_{AC} 的指向与假定指向相反,即杆 AB、AC 均受压。

二 平面力偶系

1. 平面力偶系的合成

设在刚体某一平面内作用有两个力偶 M_1、M_2,如图 3.6a)所示。根据力偶的等效性质,将 M_1、M_2 的力偶臂分别旋转为水平方位,如图 3.6b)所示,并令 M_1、M_2 取相同的力偶臂 d,则

$$F_1 = \frac{M_1}{d}, F_2 = \frac{M_2}{d}$$

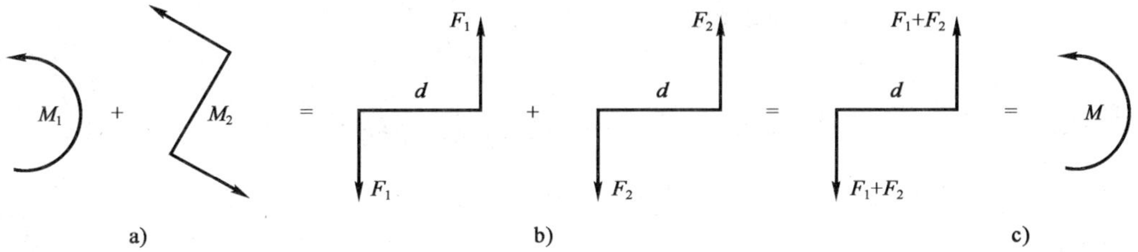

图 3.6

于是,力偶 M_1 与 M_2 可合成为一个合力偶,如图 3.6c)所示,其矩为

$$M = (F_1 + F_2) \cdot d = M_1 + M_2$$

将上式推广到任意多个力偶合成的情况可得:平面力偶系可合成为一个合力偶,合力偶的矩等于力偶系中各力偶矩的代数和,即

$$M = M_1 + M_2 + \cdots + M_n = \sum M \qquad (3.4)$$

2. 平面力偶系的平衡

若平面力偶系的合力偶的矩为零,则刚体在该力偶系作用下将不转动而处于平衡;反之,若刚体在平面力偶系作用下处于平衡,则该力偶系的合力偶的矩为零。所以,平面力偶系平衡的必要且充分条件是合力偶的矩等于零,即

$$\sum M = 0 \qquad (3.5)$$

式(3.5)称为平面力偶系的平衡方程。平面力偶系只有一个独立的平衡方程,只能求解一个未知量。

【**例 3.3**】 如图 3.7a)所示的水平外伸梁受两个力偶作用,其力偶矩的大小分别为 $M_1 = 225\text{kN} \cdot \text{m}$、$M_2 = 130\text{kN} \cdot \text{m}$,力偶的转向及各部分尺寸、角度如图 3.7a)所示。不计梁的自重,试求 A、B 两支座的反力。

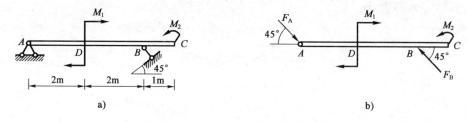

图 3.7

【**解题分析**】 构件上所受的外力均为力偶,根据力偶只能和力偶平衡的性质可知,当把 A 处固定铰支座的反力以一个合力的形式来分析时,则反力 F_A 与 B 处可动铰支座的反力 F_B 必构成一个力偶。F_A 的方位可以确定,且大小与 F_B 相等,即 $F_A = F_B$。设 F_A 和 F_B 的指向如图 3.7b)所示,坐标系可略。

【**解**】 (1)取梁为研究对象。
(2)画受力图,如图 3.7b)所示。
(3)列平衡方程求解。

$$\sum M = 0, 即 4 \cdot F_A \cdot \sin 45° - M_1 + M_2 = 0$$

得 $\qquad F_A = 33.6\text{kN}, F_B = F_A = 33.6\text{kN}$

第二节 平面一般力系的简化

 力的平移定理

对"杂乱无章"的平面一般力系进行分析,其思路就是要进行"整理",就是要把力"搬家"——对力进行平移。

如图 3.8a)所示,在刚体 A 点处作用有一个力 F,要将此力平移到此物体上任一点 O,可在 O 点处加一对平衡力 F' 和 F'',此两力大小相等且等于力 F 的大小,方向相反且其作用线与力 F 平行,如图 3.8b)所示。据加减平衡力系公理,加上此两力不影响刚体的运动效果。这时

的力 F 与 F'' 构成一个力偶,其力偶矩大小为 $M=F \cdot d$,即等于原力 F 对 O 点的力矩 $M_O(F)$。此时作用在 O 点的力 F' 大小方向均与原力 F 相同,即相当于把原力 F 从点 O 平移到点 A。但同时还要附加一个力偶 M,如图 3.8c)所示。

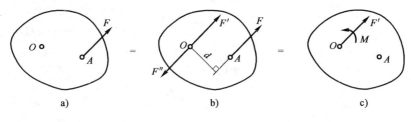

图 3.8

力的平移定理:作用在刚体上某点 A 上的力 F 可平行移动到同一刚体上任一点 O,但必须同时附加一个力偶,以保持平移后的力对刚体的作用效果不变,其力偶矩等于原力对新作用点之矩。

注意:力可以向平面内任意一点平移,平移后力的大小、方向不变,但附加力偶矩的大小和转向则与平移点的位置相关。

力的平移定理是将一个力化为一个力和一个力偶。反之,在同一平面内的一个力和一个力偶也可以化为一个合力,其过程是上面分析过程的逆运算。

可以看出,力的平移定理既是研究一般力系简化的理论依据,也是分析力对物体作用效果的一个重要方法。如图 3.9 所示,我们可以试着运用力的平移定理解释在足球场上运动员踢出的"香蕉球",或乒乓球中的"弧旋球"。

图 3.9

二 平面一般力系向一点的简化

1. 平面一般力系向一点的平移

解决平面一般力系向一点的平移的思路就是化复杂为简单,把若干个力平移到一点后再进行分析。假设在某刚体上作用有一平面一般力系 F_1、F_2、F_3……F_n,如图 3.10a)所示。首先在平面内任意选取一点 O,O 点称为简化中心。根据力的平移定理,可以将此力系中任意分布的所有力向点 O 平移,得到平面汇交力系 F_1'、F_2'、F_3'……F_n' 和平面力偶系 M_1、M_2、M_3……M_n,如图 3.10b)所示,且有

$$F_1' = F_1, M_1 = M_O(F_1),$$

$$F_2' = F_2, M_2 = M_O(F_2),$$

$$\cdots\cdots$$

$$F_n' = F_n, M_n = M_O(F_n)$$

将所得平面汇交力系合成,则得到作用于 O 点的一个力 F_R',称为原力系的主矢;将平面力偶系合成为合力偶矩 M_O,称为原力系的主矩,如图 3.10c)所示,此即为平面一般力系向平面内任意一点简化的结果。

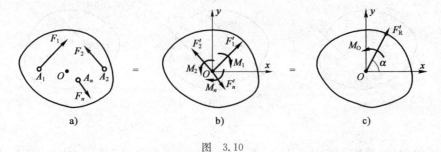

图 3.10

2. 主矢和主矩的计算

主矢 F_R' 是平面汇交力系的合力,即

$$F_R' = F_1' + F_2' + \cdots + F_n' = F_1 + F_2 + \cdots + F_n = \sum F \tag{3.6}$$

在平面直角坐标系中,据合力投影定理及力的解析计算,可求得主矢的大小和方向

$$\begin{cases} F_R' = \sqrt{(\sum F_x)^2 + (\sum F_y)^2} \\ \tan\alpha = \left|\dfrac{\sum F_y}{\sum F_x}\right| \end{cases} \tag{3.7}$$

显然,主矢 F_R' 的大小和方向与简化中心 O 点位置的选取无关。

主矩 M_O 是力系平移时各力的附加力偶矩的合力偶矩,即

$$M_O = M_1 + M_2 + \cdots + M_n = \sum M = \sum M_O(F) \tag{3.8}$$

主矩 M_O 等于原力系中各力对简化中心之矩的代数和,主矩一般情况下与简化中心的位置有关。

3. 简化结果的讨论

平面一般力系向平面内任一点简化,得到一个主矢 F_R' 和一个主矩 M_O。我们对此结果再进一步讨论如下。

(1) 当 $F_R' \neq 0$、$M_O \neq 0$ 时,根据力的平移定理的逆运算,可将 F_R' 和 M_O 进一步合成为一个合力 F_R,如图 3.11a)、图 3.11b)所示。此合力即为该平面一般力系的合力 F_R,其大小、方向与主矢相同,合力作用线不通过简化中心,如图 3.11c)所示。合力 F_R 的作用线到简化中心 O 的距离为

$$d = \left|\dfrac{M_O}{F_R'}\right| \tag{3.9}$$

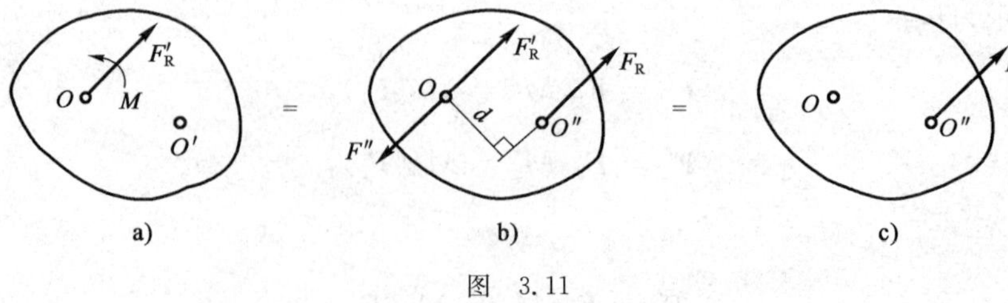

图 3.11

(2)当 $F'_R \neq 0$，$M_O = 0$ 时，此时原力系与一个力等效，即力系可简化为一个合力。合力大小等于主矢，合力的作用线通过简化中心。

(3)当 $F'_R = 0$，$M_O \neq 0$ 时，此时原力系与一个力偶等效，即力系可简化为一个合力偶，合力偶矩等于主矩。此时主矩与简化中心位置无关。

(4)当 $F'_R = 0$，$M_O = 0$ 时，此时力系处于平衡状态。

综上所述，平面一般力系简化的结果有三种情况：一是力系可简化为一个力，物体平动；二是力系可简化为一个力偶，物体转动；三是力系的主矢和主矩同时为零，力系处于平衡状态。

【例 3.4】 已知挡土墙自重 $G = 400\text{kN}$，土压力 $F_P = 320\text{kN}$，水压力 $F_Q = 176\text{kN}$，各力的方向与作用线位置如图 3.12a)所示。试将这三个力向底面 O 点简化，并求其最后的简化结果。

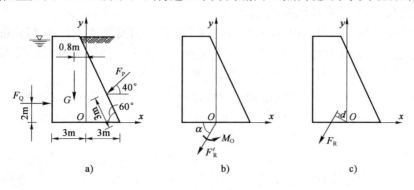

图 3.12

【解题分析】 平面一般力系向平面内任意一点简化的结果为一个主矢和一个主矩，可直接应用式(3.7)和式(3.8)计算主矢和主矩。当主矢和主矩都不为零时，再根据力的平移定理进行逆运算，最终合成为一个合力。

【解】 (1)计算主矢和主矩

以 O 点为简化中心，取坐标系 Oxy，如图 3.12b)所示，由式(3.7)可求得 F'_R 的大小和方向

$$\sum F_x = F_Q - F_P \cdot \cos 40° = 176\text{kN} - 320\text{kN} \times 0.766 = -69\text{kN}$$

$$\sum F_y = -F_P \sin 40° - G = -320\text{kN} \times 0.643 - 400\text{kN} = -606\text{kN}$$

$$F'_R = \sqrt{(\sum F_x)^2 + (\sum F_y)^2} = \sqrt{(-69\text{kN})^2 + (-606\text{kN})^2} = 610\text{kN}$$

$$\tan\alpha = \left|\frac{\sum F_y}{\sum F_x}\right| = \frac{606\text{kN}}{69\text{kN}} = 8.78$$

$$\alpha = 83°30'$$

由于 $\sum F_x$ 和 $\sum F_y$ 均为负，故 F'_R 指向第三象限。

再由式(3.8)可求得主矩为

$$M_O = \sum M_O(F)$$
$$= -F_Q \cdot 2 + F_P \cos 40° \cdot 3 \cdot \sin 60° - F_P \cdot \sin 40° \cdot (3 - 3\cos 60°) + G \cdot 0.8$$
$$= -176\text{kN} \times 2\text{m} + 320\text{kN} \times 0.766 \times 3\text{m} \times 0.866 - 320\text{kN} \times 0.643 \times$$
$$\quad (3\text{m} - 3\text{m} \times 0.5) + 400\text{kN} \times 0.8\text{m}$$
$$= 296.18\text{kN} \cdot \text{m}$$

(2)最后的简化结果

由于主矢 $F'_R \neq 0$，主矩 $M_O \neq 0$，如图 3.12b)所示，因此还可以进一步合成为一个合力 F_R，其大小、方向与主矢 F'_R 相同。由式(3.9)可得合力 F_R 的作用线与 O 点距离为

$$d = \left| \frac{M_O}{F'_R} \right| = \frac{296\text{mm}}{610\text{mm}} = 0.485\text{m}$$

由于 M_O 为正,故 $M_O(F_R)$ 也为正,即合力 F_R 应在 O 点左侧,如图 3.12c)所示。

三 分布荷载的抽象和简化

在工程实际中,作用在物体上的力系都是处于三维空间的分布状态,力的作用较为复杂。但在我们为分析、运算而建立的力学模型中,需要对力系进行必要的抽象和简化。例如,一个人站在地面上,虽然人的脚与地面有一定的接触面积,但在分析时把人对地面的作用力简化为作用于一点的集中力,忽略接触面积。

在工程结构所承受的荷载中,还有很多荷载不能简单的简化到一点,它们分布于物体中或物体的表面,也可以是在物体上沿一条线的方向分布,我们称其为分布荷载。分布荷载根据其分布范围的不同分为体分布荷载、面分布荷载、线分布荷载。

对分布荷载的度量我们用"荷载集度"的概念表达,荷载集度表示分布荷载的密集程度,用符号 q 表示。体分布荷载 q_t 的单位为 kN/m^3,面分布荷载 q_m 的单位为 kN/m^2,线分布荷载 q 的单位为 kN/m。

线分布荷载是平面力系问题中常见的一种荷载形式,如果在其分布范围内各处荷载大小均相同的分布荷载称为线均匀分布荷载,简称均布荷载,如图 3.13a)所示;否则为非均布荷载,如图 3.13b)、图 3.13c)所示。

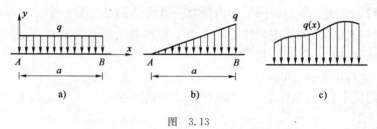

图 3.13

在运算中分布荷载常需要用到其合力,线分布荷载的合力大小等于荷载集度图的面积,合力的作用线通过荷载集度图的几何形状中心。当求解均布荷载的投影及对点之矩时,以合力投影定理、合力矩定理为依据进行计算。

如图 3.13a)所示构件上均布荷载,荷载集度 $q=10\text{kN/m}$ 的作用范围 $a=2\text{m}$,则此均布荷载的合力 $F_R=q \cdot a=20\text{kN}$,合力作用线位于均布荷载分布范围的中间。则此均布荷载在 x 轴上的投影,也就是合力 F_R 在 x 轴上的投影为 $F_x=0$;此均布荷载在 y 轴上的投影,就是合力 F_R 在 y 轴上的投影为 $F_y=-20\text{kN}$;此均布荷载对 A 点的力矩,也就是合力 F_R 对 A 点的力矩

$$M_A(q) = -(q \cdot a) \cdot \frac{a}{2} = -\frac{qa^2}{2} = -20\text{kN} \cdot \text{m}$$

式中,$(q \cdot a)$ 表示均布荷载的合力大小;$a/2$ 为矩心 A 点到均布荷载合力的距离,即力臂;负号表示对该点之矩为顺时针。

又如图 3.13b)所示构件上三角形分布荷载,荷载集度值 $q=18\text{kN/m}$,表示三角形顶点处荷载集度值,作用范围为 a,则此均布荷载的合力 $F_R=qa/2=18\text{kN}$,合力作用线位于距 B 点 $a/3$ 位置处。此分布荷载对 A 点的力矩

$$M_A(q) = -\left(\frac{q \cdot a}{2}\right) \cdot \frac{2a}{3} = -\frac{qa^2}{3} = -24\text{kN} \cdot \text{m}$$

式中,$(q \cdot a/2)$ 三角形分布荷载的合力大小;$2a/3$ 为矩心 A 点到三角形分布荷载合力的距离,即力臂;负号表示对该点之矩为顺时针。

【例3.5】 如图3.14a)所示为一块预应力钢筋混凝土屋面预制板,宽度为 $b=1.49\text{m}$,厚度为 $h=0.16\text{m}$,跨度(长)$l=5.97\text{m}$,材料的重度为 $\gamma=25.5\text{kN/m}^3$,设屋面防水层等形成的面均布荷载为 $q_m=1.2\text{kN/m}^2$,求沿跨度方向分布的线荷载集度 q 及其合力 F_R。

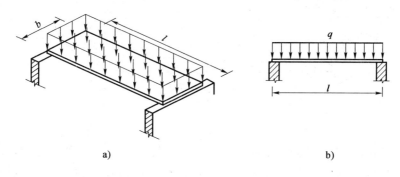

图 3.14

【解题分析】 在工程计算中往往需要将板面上受到的均布荷载[如图3.14a)所示],简化为沿跨度(轴线)方向均布的线荷载[如图3.14b所示]。重力对物体来讲是体分布荷载,构件材料的重度就是体荷载集度。该题是将体荷载转化为面荷载,面荷载简化为线荷载的示范。

【解】 构件材料的重度就是体荷载集度,乘以板的厚度即为自重形成的均布面荷载集度

$$q_{m1} = \gamma \cdot h = 25.5\text{kN/m}^3 \times 0.16\text{m} = 4.08\text{kN/m}^2$$

另外,已知屋面防水层等形成的均布面荷载为 $q_{m2}=1.2\text{kN/m}^2$,总计得面均布荷载集度为

$$q_m = q_{m1} + q_{m2} = 4.08\text{kN/m}^2 + 1.2\text{kN/m}^2 = 5.28\text{kN/m}^2$$

将面荷载集度乘以板的宽度即是沿板跨方向的均布线荷载集度:

$$q = q_m \cdot b = 5.28\text{kN/m}^2 \times 1.49\text{m} = 7.87\text{kN/m}$$

由前所述,均布线荷载合力的大小等于其矩形集度图的面积,且作用线通过该矩形的中心,即

$$F_R = q \cdot l = 7.87\text{kN/m} \times 5.97\text{m} = 46.98\text{kN}$$

作用于板跨的中点。

第三节 平面一般力系的平衡

一 平面一般力系的平衡

1. 平面一般力系的平衡条件及平衡方程的基本形式

由前一节的讨论可知,平面一般力系向任一点简化得到主矢 F_R' 和主矩 M_O,当两者都等于

零时,该力系平衡。反之,如果力系平衡,则必有 $F'_R=0$,且 $M_O=0$。所以,平面一般力系平衡的必要和充分条件为:力系的主矢和主矩都等于零。即

$$\begin{cases} F'_R = 0 \\ M_O = 0 \end{cases}$$

由式(3.6)可知对 $F'_R=0$,需且只须满足

$$\begin{cases} \sum F_x = 0 \\ \sum F_y = 0 \end{cases}$$

欲使 $M_O=0$,需且只需满足

$$\sum M_O(\boldsymbol{F}) = 0$$

故平面一般力系的平衡条件及平衡方程的基本形式为

$$\begin{cases} \sum F_x = 0 \\ \sum F_y = 0 \\ \sum M_O(\boldsymbol{F}) = 0 \end{cases} \tag{3.10}$$

根据上述分析,平面一般力系平衡的必要与充分条件为:力系中所有各力在两坐标轴中每一轴上的投影代数和都等于零;力系中所有各力对平面上任意一点的力矩代数和等于零。

式(3.10)称为平面一般力系平衡方程的基本形式。其中,前两个式子计算的是投影,称为投影方程或投影式,第三个式子计算的是力矩,称为力矩方程或力矩式。

为加强对平衡条件也即平衡方程的理解,对于投影方程可以理解为物体在力系作用下沿 x 轴或 y 轴方向不可能移动。对于力矩方程可以理解为物体在力系作用下不可能绕任一矩心转动。当物体所受的力满足这三个平衡方程时,物体既不能移动,也不能转动,只能处于平衡状态。

【例 3.6】 如图 3.15a)所示,梁 AB 的一端是固定端支座,另一端无约束。已知梁上荷载为 $q=5$kN/m,$M=20$kN·m,$F=10$kN,$\alpha=45°$。不计梁的自重,求支座 A 的反力。

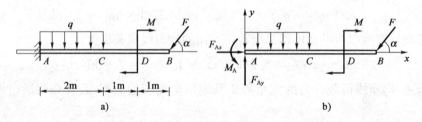

图 3.15

【解题分析】 此结构形式称为悬臂梁。支座 A 处为固定端约束,应有 F_{Ax}、F_{Ay}、M_A 三个约束反力。这是一个平面一般力系的平衡问题。欲求支座反力可取 AB 梁为研究对象,进行受力分析,通过列平衡方程进行求解。列平衡方程时应注意:力矩式宜选取 A 点为矩心,因为两未知力对 A 点之矩等于零,这样解题简便。由于力偶的两个力在任一轴上的投影代数和恒为零,故力偶在投影方程中不出现;由于力偶对其作用面内任一点之矩恒等于其力偶矩,而与矩心位置无关,故在力矩方程中可直接将该力偶矩列入。请注意,$\sum M_A(F)=0$ 与约束反力偶 M_A 之区别。

【解】 (1)取 AB 梁为研究对象,建立坐标系、画其受力图,如图 3.15b)所示。

其中,支座反力的指向是假定的,梁上所受的荷载和支座反力组成平面一般力系。

(2)列平衡方程求解。

$$\begin{cases} \sum F_x = 0 \\ \sum F_y = 0 \\ \sum M_A(F) = 0 \end{cases} \quad 即 \begin{cases} F_{Ax} - F\cos\alpha = 0 \\ F_{Ay} - F\sin\alpha - q \times 2m = 0 \\ M_A - F\sin\alpha \times 4m - M - q \times 2m \times 1m = 0 \end{cases}$$

解得 $\begin{cases} F_{Ax} = F \cdot \cos\alpha = 7.07\text{kN} \\ F_{Ay} = F \cdot \sin\alpha + ql = 17.07\text{kN} \\ M_A = F \cdot \sin\alpha \times 4 + M + q \times 2m \times 1m = 58.28\text{kN} \cdot \text{m} \end{cases}$

2. 平面一般力系平衡方程的其他形式

根据平面一般力系的平衡条件,对同一平面力系可通过改变坐标或选取不同的矩心,从而列出不同的平衡方程。如此可列出无数个平衡方程,但所列的平衡方程中只有三个独立的平衡方程,只能求解出三个未知量,其他平衡方程均为同解方程。同解方程不可能求解出新的未知量,但可以通过形式的变化列出平衡方程的其他形式,以使求解更为简便。

(1)两矩式平衡方程

$$\begin{cases} \sum F_x = 0 \\ \sum M_A(F) = 0 \\ \sum M_B(F) = 0 \end{cases} \quad (3.11)$$

使用条件:式中 A、B 两点连线不与 x 轴垂直。

(2)三矩式平衡方程

$$\begin{cases} \sum M_A(F) = 0 \\ \sum M_B(F) = 0 \\ \sum M_C(F) = 0 \end{cases} \quad (3.12)$$

使用条件:式中 A、B、C 三点不共线。

以上两种平衡方程形式均带有成立条件,其中原因可以举反例加以证明。

3. 平衡方程的应用

应用平面一般力系的平衡方程可以求解平面一般力系问题中的未知量,在实践中主要是求解构件的约束反力。平衡方程的应用是力学课程的基本功。其解题步骤如下。

(1)选取恰当的研究对象

选取恰当的研究对象是正确解题的关键。简单的问题一般是只有一个构件,比较容易明确研究对象。对于结构中有多个构件的物体系统问题,如何正确选取研究对象就显得特别重要。一般所选取的研究对象上应该既包含已知条件,同时也应该包含未知量,还要方便列方程计算,这样才能对问题进行分析求解。

(2)绘制受力图

受力图的绘制,要在明确研究对象的基础之上,取出分离体,在分离体上绘出全部主动力和约束反力。

(3)建立坐标系

根据物体的受力情况,选取适当的坐标系,尽量使坐标轴与较多的未知力作用线垂直或平行,以使计算简捷。

(4)列平衡方程求解

选取合适的平衡方程,列出平衡方程。

平衡方程形式的选取,以方程计算方便与否为原则。如果要选投影式,则所选投影轴尽量与较多未知力作用线垂直;如果要选力矩式,其矩心最好选在多个未知力的交点上。

选择平衡方程可以灵活多样,但在选用两矩式、三矩式时应注意满足平衡方程成立的条件。

在解题的形式上,为使解题思路、解题过程表达清晰,并使版面整洁,在列平衡方程求解过程中,建议采用三个大括号"{"的解题形式。

第一个大括号"{"可称之为概念式,列出为解决问题所须列出的平衡方程的各含义式。

如,列一般式 $\begin{cases} \sum F_x = 0 \\ \sum F_y = 0 \\ \sum M_O(F) = 0 \end{cases}$ 或两矩式 $\begin{cases} \sum F_x = 0 \\ \sum M_A(F) = 0 \\ \sum M_B(F) = 0 \end{cases}$ 就表明要用这样的方程形式来解题。概念式反映了解题思路。

第二个大括号"{"可称为表达式,列出概念式中平衡方程各含义式的具体表达。如 $\sum M_O(F) = 0$,表示力系中所有力对平面中 O 点的力矩代数和等于零。那么在表达式中就要一一列出力系中所有的力对 O 点的力矩,进行代数和计算,并使之等于零。

第三个大括号"{"列出求解结果。

(5)校核

可以再列出一个非独立的平衡方程对计算结果校核。

【例3.7】 一刚架,所受荷载及支承情况如图3.16a)所示,已知 $F=5\text{kN}$,$M=2\text{kN}\cdot\text{m}$,刚架自重不计,试求 A、B 处的支座反力。

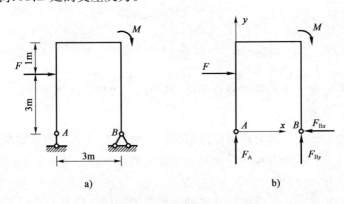

图 3.16

【解题分析】 此结构形式称为简支刚架,是一种常见的结构形式。这是一个平面一般力系的平衡问题,只需按平面一般力系解题步骤求解即可。根据受力和支座反力情况,该题宜选用两矩式平衡方程求解。投影式选在 x 轴上的投影,因为有两未知力在 x 轴上的投影等于零;力矩式选取 A、B 点为矩心,因为各有两未知力对 A、B 点之矩等于零,同时也满足 A、B 两点连线不与 x 轴垂直的条件。由下面的表达式可以看到,在每一个平衡方程中只含有一个未知量,达到了简化计算的目的。

【解】 (1)取刚架为研究对象。

(2)画受力图,如图3.16b)所示,作用于刚架上的荷载和支座反力组成平面力系。

(3)建立坐标系,如图3.16b)所示。

(4)建立平衡方程。

$$\begin{cases} \sum F_x = 0 \\ \sum M_A(F) = 0 \\ \sum M_B(F) = 0 \end{cases}$$

$$\begin{cases} -F_{Bx} + F = 0 \\ F_{By} \times 3\text{m} - F \times 3\text{m} - M = 0 \\ -F_A \times 3\text{m} - F \times 3\text{m} - M = 0 \end{cases}$$

得
$$\begin{cases} F_{Bx} = 5\text{kN} \\ F_{By} = 5.67\text{kN} \\ F_A = -5.67\text{kN} \end{cases}$$

结果中 $F_A = -5.67\text{kN}$，负号的意义是指计算结果与受力分析中的假设方向相反，实际指向为向下。如果在受力分析时就把此力假设为向下，结果就会是"+"值。所以，计算结果中不同符号的结果均可能是正确的，需要与受力图相印证。

(5) 校核。再列方程
$$\sum F_y = F_A + F_{By} = -5.67\text{kN} + 5.67\text{kN} = 0$$
证明解题正确。

【例 3.8】 车厢重 G，由绕过绞车的钢索牵引沿斜面向上匀速运动，如图 3.17a)所示。图中 a、b、α 为已知，钢索与斜面平行，不计车轮与斜面间的摩擦。试求车轮与斜面接触点 A、B 处的反力及钢索的拉力。

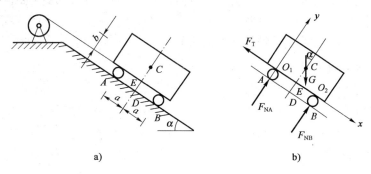

图 3.17

【解题分析】 解决此问题的关键是对车厢进行正确的受力分析。选取坐标系时考虑到车厢上多数力均与斜面平行或垂直，所以应选取与斜面平行与垂直的直角坐标系。平衡方程选用两矩式，并以图 3.17b)中的 O_1、O_2 为矩心，可使列出的每个平衡方程中只含有一个未知量。这些都是使解题简便的重要手段。

【解】 (1) 取车厢为研究对象。

(2) 画其受力图，如图 3.17b)所示，A、B 处视为光滑接触面约束，钢索是柔体约束，作用于车厢的四个力组成平面一般力系。

(3) 建立坐标系，如图 3.17b)所示。

(4) 建立两矩式平衡方程。
$$\begin{cases} \sum F_x = 0 \\ \sum M_{O_1}(F) = 0 \\ \sum M_{O_2}(F) = 0 \end{cases}$$

由图 3.17 可知，式中 O_1、O_2 的连线不与 x 轴垂直，故

$$\begin{cases} -F_T + G\sin\alpha = 0 \\ F_{NB} \cdot 2a - G\cos\alpha \cdot a - G\sin\alpha \cdot b = 0 \\ -F_{NA} \cdot 2a + G\cos\alpha \cdot a - G\sin\alpha \cdot b = 0 \end{cases}$$

得

$$\begin{cases} F_T = G\sin\alpha \\ F_{NB} = \dfrac{G}{2a}(a\cos\alpha + b\sin\alpha) \\ F_{NA} = \dfrac{G}{2a}(a\cos\alpha - b\sin\alpha) \end{cases}$$

(5)校核。

$$\begin{aligned} \sum F_y &= F_{NA} + F_{NB} - G\cos\alpha \\ &= \frac{G}{2a}(a\cos\alpha - b\sin\alpha) + \frac{G}{2a}(a\cos\alpha + b\sin\alpha) - G\cos\alpha \\ &= 0 \end{aligned}$$

可见上述计算正确。

二 平面特殊力系的平衡

在实践中有些力系相对于平面一般力系，具有特殊的平面分布形式，如平面汇交力系、平面力偶系、平面平行力系等，统称为平面特殊力系。平面汇交力系和平面力偶系的平衡前面已有讲述，这里不再重复，只讨论平面平行力系的平衡。

1. 平面平行力系的平衡方程

平面力系中所有力均互相平行的力系，称为平面平行力系。

由于力系中所有力互相平行，当我们建立 x 轴与各力垂直的平面直角坐标系时，方程中的 $\sum F_x \equiv 0$。即无论该力系平衡与否，方程中在 x 轴上的投影式永远成立，此式对解题无意义，所以平面平行力系的平衡方程为

$$\begin{cases} \sum F_y = 0 \\ \sum M_O(F) = 0 \end{cases} \tag{3.13}$$

平面平行力系的平衡方程还有两矩式形式

$$\begin{cases} \sum M_A(F) = 0 \\ \sum M_B(F) = 0 \end{cases} \tag{3.14}$$

式中的 A、B 两点连线不能与各力作用线平行。

平面平行力系有两个独立的平衡方程，最多可求解两个未知量。

【例 3.9】 塔式起重机如图 3.18 所示，起重机自重 $G=500\text{kN}$，作用于 C 点。最大起重力 $F_1=250\text{kN}$，其作用线距 B 轨的距离 $l=10\text{m}$。平衡锤重力 F_2 作用线距 A 轨的距离 $a=6\text{m}$。(1)欲使起重机在满载和空载时均不翻倒，求平衡锤重 F_2 的值。(2)若已知 $e=1.5\text{m}$、$b=3\text{m}$，当平衡锤重 $F_2=365\text{kN}$ 时，求满载时轨道对起重机轮子的约束反力。

【解题分析】 作用在起重机上的力有重力 G、F_1、F_2 及轨道对轮子的约束反力 F_A、F_B，这些力组成一个平面平行力系。本题问题(1)的关键是临界状态的受力分析。如图 3.18 所示，满载时起重机可能会绕 B 点向右翻倒，此时使起重机不绕 B 点翻倒的临界状态是起重机与 A

轨将分离而未分离时的平衡状态,此时F_A等于零。在这种状态下列平衡方程,可求解出平衡锤重达到允许的最小值$F_{2\min}$。以同样的思路分析空载状态,可求解平衡锤重达到允许的最大值$F_{2\max}$。

【解】 取起重机为研究对象,画其受力图如图3.18所示。

(1)要使起重机不翻倒,作用在起重机上的力应满足平衡方程。

首先,分析满载时($F_1=250\text{kN}$)的情况。不绕B点翻倒的临界状态是起重机与A轨将分离而未分离时的平衡状态,此时$F_A=0$。在这种状态下只需列平衡方程$\sum M_B(F)=0$。就可求平衡锤达到允许的最小值$F_{2\min}$。由$\sum M_B(F)=0$,即

$$F_{2\min}(a+b)-G\cdot e-F_1\cdot l=0$$

得:$F_{2\min}=\dfrac{G\cdot e+F_1\cdot l}{a+b}=\dfrac{500\text{kN}\times1.5\text{m}+250\text{kN}\times10\text{m}}{6\text{m}+3\text{m}}=361\text{kN}$

图 3.18

然后,分析空载时($F_1=0$)的情况。不绕A点翻倒的临界状态是起重机与B轨将分离而未分离时的平衡状态,此时$F_B=0$,这种状态对应平衡锤重达到允许的最大值$F_{2\max}$。

由$\sum M_A(F)=0$,即

$$F_{2\max}\cdot a-G\cdot(b+e)=0$$

得:
$$F_{2\max}=\dfrac{G(b+e)}{a}=\dfrac{500\text{kN}\times(3\text{m}+1.5\text{m})}{6\text{m}}=375\text{kN}$$

为保证起重机的安全,平衡锤重F的范围应是

$$361\text{kN}<F_2<375\text{kN}$$

(2)当平衡锤重$F_2=365\text{kN}$且满载时,起重机受力图依然如图3.18所示。列平衡方程求解(坐标系略)

即 $\begin{cases}\sum F_y=0\\ \sum M_A(F)=0\end{cases}$
$\begin{cases}F_A+F_B-F_2-G-F_1=0\\ F_B\cdot b+F_2\cdot a-G(b+e)-F_1(l+b)=0\end{cases}$

得 $\begin{cases}F_A=12\text{kN}\\ F_B=1103\text{kN}\end{cases}$

三 物体系统的平衡

在实践中,结构一般都不是仅由单个构件构成,而是由若干个物体通过一定的约束联系在一起,构成物体系统。工程实际结构如屋架、桥梁、三铰拱、组合刚架等都是物体系统,在这里我们主要研究各构件都处于同一平面的平面物体系统。

研究物体系统的平衡问题时,一般不仅要分析计算系统的外部约束反力,而且还要分析计算系统内各物体之间的相互作用力。在对物体系统受力分析时需要注意,当取系统整体或多个构件一起为研究对象时,研究对象以外的物体作用在物体上的力称为外力;研究对象内部各物体之间的相互作用力为内力,受力分析时内力是不反映出来的。

如图3.19a)所示的三铰拱,当取整体为研究对象时,三铰拱所受的荷载及A、C支座的支

反力为外力,而铰 B 处连接左、右两部分的相互作用力就是内力,在整体内是不反映的,图 3.19b)所示。

内力和外力的概念是相对的,是内力还是外力主要取决于所选取的研究对象。

如图 3.19c)、d)所示,取左或右半部分为研究对象时,构件所受荷载及 A、C 支座的支反力为外力,同时在铰 B 处所受到的另外半部分作用在本部分上的力同样也是外力,是要反映出来的。

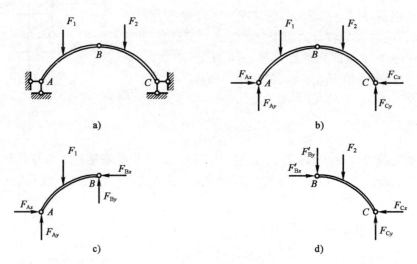

图 3.19

研究物体系统的平衡和单个构件物体的平衡一样,也要确定研究对象,进行受力分析,列平衡方程计算。但是物体系统中的构件多,约束的未知量多。同样,物体系统所能列出的独立平衡方程也多。单个构件的研究对象能列出 3 个独立的平衡方程,求解 3 个未知量。

由 n 个构件组成的平面物体系统则能列出 $3n$ 个独立的平衡方程,最多能求解 $3n$ 个未知量。

在分析计算物体系统的平衡问题时,研究对象的选取可以是灵活多样的,但解是唯一的。以使解题简便为原则,读者可以通过对一个题目采用选取不同研究对象的方法求解,对比解题过程的繁简程度,体会如何恰当地选取研究对象。

下面举例说明求解物体系统平衡问题的方法。

【例 3.10】 已知多跨静定梁所受荷载如图 3.20a)所示。已知 $F_1=30\mathrm{kN}$, $F_2=20\mathrm{kN}$,试求支座 A、B、D 及铰 C 处的约束反力。

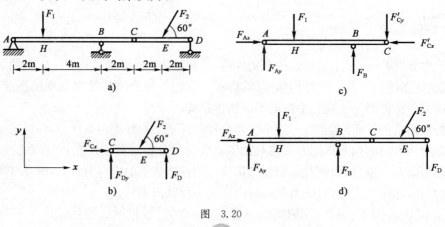

图 3.20

【解题分析】 此梁由 AC 和 CD 两段梁在 C 处用铰联结,属物体系统的平衡问题。在确定研究对象之前,应先对物体系统的各个构件及整体进行受力分析,为选择合适的研究对象提供依据。CD 梁、AC 梁及整体梁的受力图如图 3.20b)、图 3.20c)、图 3.20d)所示。若先取整体梁为研究对象,则共有 F_{Ax}、F_{Ay}、F_B、F_D 四个未知量,而独立的平衡方程只有 3 个,不能完全求解。若先取 AC 梁为研究对象,同样也不能完全求解。若先取 CD 梁为研究对象,就可以求出 F_{Cx}、F_{Cy} 和 F_D,然后,再研究 AC 梁或系统整体即可求解 F_{Ax}、F_{Ay}。

【解】 (1)先取 CD 梁为研究对象分析计算

①取 CD 梁为研究对象。

②画其受力图,如图 3.20b)。

③列平衡方程求解(坐标轴略)。

$$\begin{cases} \sum F_x = 0 \\ \sum F_y = 0 \\ \sum M_C(F) = 0 \end{cases}$$

即 $$\begin{cases} F_{Cx} - F_2 \cdot \cos 60° = 0 \\ F_{Cy} + F_D - F_2 \cdot \sin 60° = 0 \\ F_D \times 4 - F_2 \cdot \sin 60° \times 2 = 0 \end{cases}$$

得 $$\begin{cases} F_{Cx} = 10 \text{kN} \\ F_{Cy} = 8.66 \text{kN} \\ F_D = 8.66 \text{kN} \end{cases}$$

(2)再取 AC 梁为研究对象分析计算

①取 AC 梁为研究对象。

②受力图如图 3.20c)所示。

其中,F'_{Cx}、F'_{Cy} 分别与 F_{Cx}、F_{Cy} 互为作用力反作用力,数值相等。

③列平衡方程求解(坐标轴可略)。

$$\begin{cases} \sum F_x = 0 \\ \sum F_y = 0 \\ \sum M_A(F) = 0 \end{cases}$$

即 $$\begin{cases} F_{Ax} - F'_{Cx} = 0 \\ F_{Ay} + F_B - F_1 - F'_{Cy} = 0 \\ F_B \cdot 6 - F_1 \cdot 2 - F'_{Cy} \cdot 8 = 0 \end{cases}$$

得 $$\begin{cases} F_{Ax} = 10 \text{kN} \\ F_{Ay} = 17.11 \text{kN} \\ F_B = 21.55 \text{kN} \end{cases}$$

④校核。取整体梁,受力图如图 3.20d)所示。由于 F_{Cx} 与 F'_{Cx}、F_{Cy} 与 F'_{Cy} 是内力,彼此抵消,所以在整体梁受力图中没有反映出来。列出平衡方程。

$$\sum F_x = F_{Ax} - F_2 \cdot \cos 60° = 10 \text{kN} - 20 \text{kN} \times 0.5 = 0$$

$$\sum F_y = F_{Ay} + F_B + F_D - F_1 - F_2 \cdot \sin 60°$$
$$= 17.11 \text{kN} + 21.55 \text{kN} + 8.66 \text{kN} - 30 \text{kN} - 20 \text{kN} \times 0.866 = 0$$

可见解题正确。

【例 3.11】 如图 3.21a)所示,一个三铰刚架上作用有集度 $q=10\text{kN/m}$ 的线均布荷载,已知刚架跨度 $l=21\text{m}$,高 $h=11.4\text{m}$,刚架自重不计,求支座 A、B 及铰链 C 的约束反力。

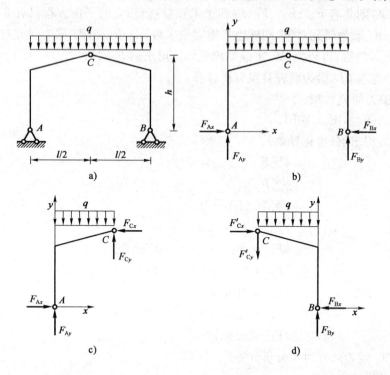

图 3.21

【解题分析】 三铰刚架由左、右两部分组成。整体及左、右两半部分的受力如图 3.21b)、c)、d)所示。不论先研究整体,还是先研究左、右半部分均有四个未知力。对于此题,先研究整体,利用结构特点以 A 或 B 为矩心,平衡方程中只出现一个未知量 F_{Ay} 或 F_{By},求出 F_{Ay}、F_{By} 后,再研究半部(左半部或右半部)较为简便。

【解】 (1)取整体为研究对象分析计算

①取三铰刚架整体为研究对象。

②受力图如图 3.21b)所示。

③(建立坐标系,可略)列平衡方程求解。

$$\begin{cases} \sum F_x = 0 \\ \sum M_A(F) = 0 \\ \sum M_B(F) = 0 \end{cases}$$

即

$$\begin{cases} F_{Ax} - F_{Bx} = 0 \\ F_{By} \cdot l - q \cdot l \cdot \dfrac{l}{2} = 0 \\ -F_{Ay} \cdot l + q \cdot l \cdot \dfrac{l}{2} = 0 \end{cases}$$

得 $\begin{cases} F_{Ax} = F_{Bx} \\ F_{Ay} = 105\text{kN} \\ F_{By} = 105\text{kN} \end{cases}$

(2) 取左半部分为研究对象分析计算

① 取左半部分为研究对象。
② 受力图如图 3.21c)所示。
③ (建立坐标系,可略)列平衡方程求解。

$$\begin{cases} \sum M_C(F) = 0 \\ \sum F_x = 0 \\ \sum F_y = 0 \end{cases}$$

即 $\begin{cases} F_{Ax} \cdot h - F_{Ay} \cdot \dfrac{l}{2} + \dfrac{l}{2}ql \cdot \dfrac{l}{4} = 0 \\ F_{Ax} - F_{Cx} = 0 \\ F_{Cy} + F_{Ay} - \dfrac{1}{2}ql = 0 \end{cases}$

解得 $\begin{cases} F_{Ax} = 48.36\text{kN} \\ F_{Cx} = 48.36\text{kN} \\ F_{Cy} = 0 \end{cases}$

将 F_{Ax} 之值代入整体研究对象的结果,即得 $F_{Bx}=F_{Ax}=48.36\text{kN}$。

④ 校核。由右半刚架的平衡得:

$$\sum F_x = F'_{Cx} - F_{Bx} = F_{Cx} - F_{Bx} = 48.36\text{kN} - 48.36\text{kN} = 0$$

$$\sum F_y = F_{By} - F'_{Cy} - q \cdot \dfrac{l}{2} = 105\text{kN} - 0 - 10\text{kN/m} \times \dfrac{21\text{m}}{2} = 0$$

$$\sum M_B(F) = F'_{Cy} \cdot \dfrac{l}{2} + q \cdot \dfrac{l}{2} \cdot \dfrac{l}{4} - F'_{Cx} \cdot h$$

$$= 0 + 19\text{kN/m} \times \dfrac{21\text{m}}{2} \times \dfrac{21\text{m}}{4} - 91.9\text{kN} \times 11.4\text{m} = 0$$

可见结果正确。

四 考虑摩擦时的物体平衡

在前面章节的讨论中,我们把所研究的物体之间的接触面均视为光滑,即忽略了接触面之间的摩擦,但完全光滑的表面实际是不存在的。当两个相互接触的物体有相对运动或有相对运动趋势时,两物体接触面之间就会产生摩擦。如果在实践中摩擦力较小,属于次要因素,则可以忽略不计。然而在诸如重力坝的抗滑稳定、车辆的加速与制动、尖劈顶重及土木建筑的桩基等工程问题中,摩擦力成为影响平衡的主要因素,这时就必须考虑摩擦的存在与作用。

关于摩擦可根据相互接触的物体之间产生的是相对滑动或是相对滚动,分为滑动摩擦和滚动摩擦。我们主要研究滑动摩擦的平衡问题。

1. 滑动摩擦和滑动摩擦力

当物体接触面之间有相对滑动或滑动趋势时,物体接触面间作用有阻碍相对滑动的力,称为滑动摩擦力,简称摩擦力。摩擦力作用于物体相互接触处,其方向与滑动或滑动趋势的方向相反。

滑动摩擦可根据物体间运动状态的不同分为静滑动摩擦和动滑动摩擦两种状态,根据物体间是否有良好的润滑剂又可分为干摩擦和湿摩擦。

(1) 静滑动摩擦

当物体间仅有相对滑动的趋势,但仍然保持相对静止状态,此刻物体间的摩擦为静滑动摩擦,且物体处于平衡状态。其静滑动摩擦力 $\boldsymbol{F}_f$ 的大小与主动力大小相关,由平衡条件确定。一旦两接触物体处于将要滑动而未滑动的临界状态时,其静滑动摩擦力达到最大值,称为最大静滑动摩擦力,简称最大静摩擦力,以 F_{fmax} 表示。

所以,静滑动摩擦力的大小随主动力的情况而变化,介于零与 F_{fmax} 之间,即

$$0 < \boldsymbol{F}_f < \boldsymbol{F}_{fmax} \tag{3.15}$$

而最大静滑动摩擦力 F_{fmax} 与两物体间的正压力(或法向反力)成正比

$$F_{fmax} = f_s \cdot F_N \tag{3.16}$$

式(3.16)称为静滑动摩擦定律,也称为库仑定律。式中,f_s 称为静滑动摩擦系数,简称静摩擦系数,该系数是由实验测定的。它与接触物体的材料和表面的粗糙度、温度、湿度等有关,无量纲。

需要指出,摩擦的物理实质是非常复杂的,式(3.16)只是一个近似公式,它远不能充分反映出摩擦的实际情况。但由于它形式简单,便于应用,且精度能够满足一般工程需要,所以在工程技术中被广泛采用。

(2) 动滑动摩擦

当滑动摩擦力已达到最大值时,若主动力继续增大,摩擦力已不能阻止物体间的相互运动,接触面间将出现相对滑动。此时,接触面之间仍然作用有阻碍相对滑动的阻力,这种阻力称为动滑动摩擦力,简称摩擦力,以 $\boldsymbol{F}_d$ 表示。实验得出的动滑动摩擦定律为:动滑动摩擦力的大小与两物体间的正压力(或法向反力)成正比

$$\boldsymbol{F}_d = f_d \cdot F_N \tag{3.17}$$

式中,f_d 称为动滑动摩擦系数,简称动摩擦系数,它与接触物体的材料和表面情况有关,相对速度不大时,可以认为与相对速度无关。该系数无量纲。f_d 略小于 f_s,当精度要求不高时,可以认为 f_d 与 f_s 相同。

2. 考虑摩擦时物体的平衡问题

考虑摩擦时物体的平衡问题,在受力分析时考虑摩擦力,就和求解没有摩擦的平衡问题一样。由于摩擦力的大小、方向会随着摩擦状态及物体间相对运动趋势不同,具有不确定性,所以其平衡状态不是唯一的,而具有一个平衡范围。因此,解决这类问题要分两种情况。

(1) 已知物体的受力情况,判断该物体是否平衡

对这类问题的求解,可以先求出各主动力在沿接触面切线方向上投影的代数和,然后将其绝对值与 F_{fmax} 进行比较;或先假设物体静止,应用平衡方程求解除"摩擦力"的大小,然后将其绝对值与 F_{fmax} 进行比较。若小于 F_{fmax},物体就是平衡的;反之,物体不平衡。

(2) 已知物体处于平衡状态,求其平衡范围

如求力的大小、作用线方向角或其作用位置的变化范围。对这类问题的求解,应分析临界平衡的受力情况,在研究对象的受力图上按实际情况画出 F_{fmax},然后根据受力图列出平衡方

程,并列出摩擦方程 $F_{fmax}=f_s \cdot F_N$,联立求解即可分析确定物体的平衡范围。

【例 3.12】 物块重 $G=1500N$,放在倾角为 $30°$ 的斜面上,它与斜面间的静摩擦系数 $f_s=0.2$,动摩擦系数 $f_d=0.18$。物块受水平力 $F_1=400N$ 的作用,如图 3.22a)所示。试问物体是否运动?并求此时摩擦力的大小。

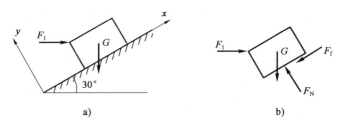

图 3.22

【解题分析】 本题为已知物体的受力情况,判断该物体是否平衡的问题。解决这类问题的思路是:先假设物体平衡,同时假设出摩擦力的方向,应用平衡方程求解,将求得的摩擦力 F_f 与 F_{fmax} 比较,若 $|F_f|<F_{fmax}$,物体静止;若 $|F_f|>F_{fmax}$,则物体运动。

【解】 (1)取物块为研究对象。

(2)分析受力如图 3.22b)所示,并假设摩擦力方向沿斜面向下。

(3)建立坐标系如图 3.22a)所示。

(4)列出平衡方程求解。

$$\begin{cases} \sum F_x = 0 \\ \sum F_y = 0 \end{cases}$$

即

$$\begin{cases} -G\sin30° + F_1\cos30° - F_f = 0 \\ -G\cos30° - F_1\sin30° + F_N = 0 \end{cases}$$

得

$$\begin{cases} F_f = -403.6N \\ F_N = 1499N \end{cases}$$

F_f 为负值,说明摩擦力方向与假设相反,应沿斜面向上。

(5)比较。

$$F_{fmax} = f_s \cdot F_N = 0.2 \times 1499N = 299.8N < |F_f| = |-403.6N|$$

所以物块不能静止,会向下滑动。此时的摩擦力为动滑动摩擦力,方向沿斜面向上。其大小为

$$F_d = f_d \cdot F_N = 0.18 \times 1499N = 269.8N$$

【例 3.13】 一柱体重 $G=480N$,放在水平面上,接触面间静摩擦系数 $f_s=0.33$,受到如图 3.23a)所示的力 F 作用。若 F 逐渐增大,试问柱体是先滑动还是先翻倒?并求出使其运动或翻倒所需施加力 F 的最小值 F_{min}。

【解题分析】 本题为判断物体是否翻倒的问题。解决问题的思路是:先假设物体处于翻倒的临界状态,由图 3.23b)可知,柱体若翻到将以 A 点为转动中心,临界时应有 $\sum M_A = 0$。

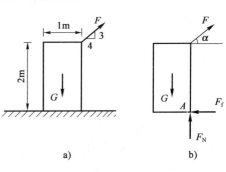

图 3.23

根据临界状态时的平衡条件,求得摩擦力 F_f,再与 F_{fmax} 比较,即可确定物体的运动形式。

【解】 （1）取柱体为研究对象。

（2）受力分析如图 3.23b)所示,图中 $\sin\alpha=3/5,\cos\alpha=4/5$。

（3）列出平衡方程求解(坐标系略)。

$$\begin{cases} \sum F_x = 0 \\ \sum F_y = 0 \\ \sum M_A(F) = 0 \end{cases} \quad 即 \quad \begin{cases} F\cos\alpha - F_f = 0 \\ -G + F_N + F\sin\alpha = 0 \\ G \times \dfrac{1}{2} - 2 \times F\cos\alpha = 0 \end{cases}$$

解得 $\begin{cases} F = 150\text{N} \\ F_f = 120\text{N} \\ F_N = 390\text{N} \end{cases}$

再计算最大静摩擦力

$$F_{fmax} = f_s \cdot F_N = 0.33 \times 390\text{N} = 128.7\text{N} > |F_f| = 120\text{N}$$

因为 $|F_f| < F_{fmax}$,所以柱体不会滑动,而是先翻倒,且 $F_{min}=150$N。

此题还有其他分析思路,请同学们思考。

五、静定、超静定的概念

在平衡计算中,选取一个研究对象只能建立三个独立的平衡方程,求解三个未知量。如图 3.24a)所示的简支梁,当我们选取梁 AB 为研究对象即可将其 A、B 支座的支反力求解。对于这类未知量的数目等于或少于独立平衡方程的系数,其全部未知量都可以通过静力平衡方程解出的问题称为静定问题,其对应的结构称为静定结构。

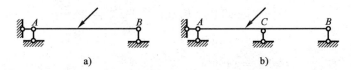

图 3.24

而图 3.24b)所示的结构比图 3.24a)结构多加了一个可动铰支座,其上的未知量数目变成了 4 个,但以梁 AB 为研究对象,只能建立三个独立的平衡方程,无法完全求解 4 个未知量。这样的未知量数目多于独立平衡方程的数目,仅用静力平衡方程无法求解全部未知量的问题称为超静定问题或静不定问题,其对应的结构称为超静定结构。

对超静定结构,可通过考虑结构变形等情况建立补充方程求解。有关内容将在后续的结构力学部分学习。

◀ 小　结 ▶

本章的主要内容是介绍平面力系的平衡条件和平衡方程。平衡条件及平衡方程是工程力学的重要内容,是以后对结构进行受力分析的基础知识,希望读者一开始就能正确理解。对平面力系的平衡方程要求能熟练掌握,灵活应用。现对本章的重点内容概括如下。

1. 力的平移定理

作用在刚体上某点 A 上的力 F 可平行移动到同一刚体上任一点 O，但必须同时附加一个力偶，以保持平移后的力对刚体的作用效果不变，其力偶矩等于原力对新作用点之矩。

力的平移定理是平面一般力系简化的依据。

2. 平面一般力系向平面内任一点简化

(1) 简化方法与结果(图 3.25)

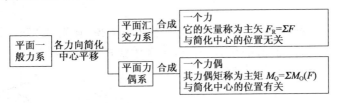

图 3.25

(2) 简化结果的讨论(表 3.1)

表 3.1

主矢与主矩	最后结果
1. $F'_R \neq 0, M_O \neq 0$	一个力。作用线与简化中心相距 $d = \left\| \dfrac{M_O}{F'_R} \right\|$ $F_R = F'_R$
2. $F'_R \neq 0, M_O = 0$	一个力。作用线通过简化中心，$F_R = F'_R$
3. $F'_R = 0, M_O \neq 0$	一个力偶。$M_O = \sum M_O(F)$
4. $F'_R = 0, M_O = 0$	平衡

3. 平面力系的平衡方程

(1) 各种力系的平衡方程(表 3.2)

表 3.2

力　系	平衡方程	使用条件	可求未知量数目
汇交力系	$\sum F_x = 0, \sum F_y = 0$		2个
力偶系	$\sum M = 0$		1个
平行力系	1. $\sum F_y = 0, \sum M_O = 0$		2个
	2. $\sum M_A = 0, \sum M_B = 0$	AB 连线不平行于各力作用线	
一般力系	1. $\sum F_x = 0, \sum F_y = 0, \sum M_O = 0$		3个
	2. $\sum F_x = 0, \sum M_A = 0, \sum M_B = 0$	AB 连线不垂直于 x 轴	
	3. $\sum M_A = 0, \sum M_B = 0, \sum M_C = 0$	A、B、C 三点不共线	

(2) 平衡方程的应用

应用平面力系的平衡方程，可以求解单个物体及物体系统的平衡问题。求解时要通过受力分析，恰当地选取研究对象，画出受力图。对于平面一般力系，还要选取合适的平衡方程形式，选择好矩心和投影轴，尽量做到一个方程只含有一个未知量，以便简化计算。

(3) 考虑摩擦时物体的平衡问题

由于摩擦力的大小、方向会随着摩擦状态及物体间相对运动趋势的不同，具有不确定性。所以其平衡状态不是唯一的，而具有一个平衡范围。因此，解决这类问题要分两种情况：①已知物体的受力情况，判断该物体是否平衡；②已知物体处于平衡状态，求其平衡范围。

思考题

1. 试分别说明力系的主矢、主矩与合力、合力偶的区别和联系。

2. 力系如图3.26所示,且 $F_1=F_2=F_3=F_4$。试求力系向A点和B点简化的结果?两种结果是否等效?

3. 驾驶员驾驶汽车时,有时用双手对方向盘施加一力偶,如图3.27a)所示;也有时用单手对转向盘施加一个力,如图3.27b)所示。问这两种方法产生的效果有什么异同?

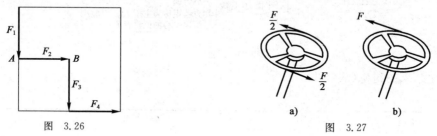

图 3.26　　　　　　　　　图 3.27

4. 为什么说平面一般力系只有三个独立的平衡方程?如图3.28中的梁,能否列出四个平衡方程将四个反力都求出?

5. 如图3.29所示物体系统处于平衡。试分别画出各部分和整体的受力图;若要求各支座的约束反力,研究对象应怎样选取?

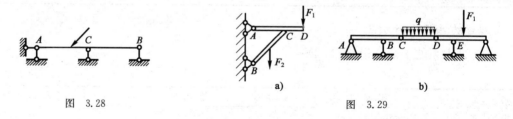

图 3.28　　　　　　　　　图 3.29

习题

3-1　能否根据力的平移定理,将图3.30所示力F从D点平移到E点,为什么?

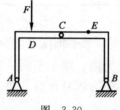

图 3.30

3-2　如图3.31所示,已知:$F_1=F_2=F_3=10\text{N}$,求:
(a)该力系分别向A点和B点简化的结果;
(b)该力系的合力。

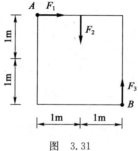

图 3.31

3-3 求图 3.32 中分布荷载在坐标轴上的投影及它们对 O 点之矩。

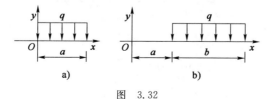

图 3.32

3-4 求图 3.33 所示各梁的支座反力。

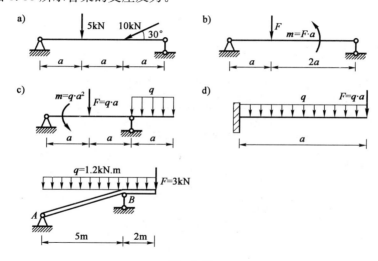

图 3.33

3-5 求图 3.34 所示刚架的支座反力。

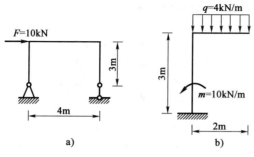

图 3.34

3-6 如图 3.35 所示，水平杆 AB 长 6m，A 端为固定铰支座，中部通过绳子挂在滑轮 C 上（滑轮与绳间无摩擦），杆上挂两重物 $G_1 = 1200\text{N}$，$G_2 = 1000\text{N}$。若不计杆重和绳重，求绳子的拉力和支座 A 处的反力。

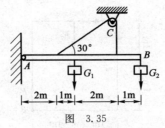

图 3.35

3-7 图 3.36 中两杆自重不计，AB 杆的 B 点挂有重 $G=600\text{N}$ 的物体。求铰链 A 处和 D 处的反力。

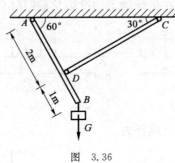

图 3.36

3-8 求如图 3.37 所示各梁的支座反力。

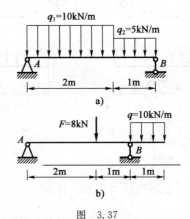

图 3.37

3-9 如图 3.38 所示四连杆机构，已知 $O_1A : O_2B = 2 : 3$。为保持此机构在图示位置平衡，力偶矩 m_1 和 m_2 的大小之比应为多少？

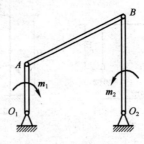

图 3.38

3-10 求图 3.39 所列多跨静定梁各支座及中间铰处的反力。

3-11 如图 3.40 所示，已知：$\alpha=30°$，$AB=5AD$，$G=100\text{N}$，绳与杆的自重都不计，各接触面均光滑。求：图 3.40 中铰链 A 处的反力，绳 BC 的拉力。

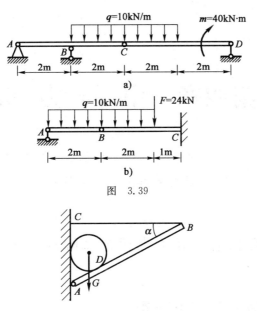

图 3.39

图 3.40

3-12 如图 3.41 所示,物块重 $G=100\text{N}$,与水平面间的静摩擦系数 $f_s=0.3$、动摩擦系数 $f_d=0.28$,问:当水平力 $F=10\text{N}$ 时,物体受多大的摩擦力?当水平力 $F=30\text{N}$ 时,物体受多大的摩擦力?当水平力 $F=50\text{N}$ 时,物体受多大的摩擦力?

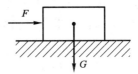

图 3.41

3-13 判断如图 3.42 所示结构的平衡问题是静定还是超静定。

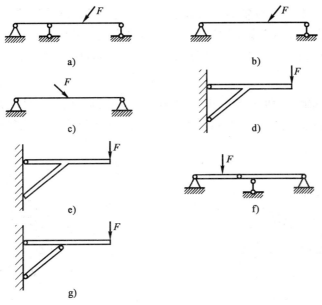

图 3.42

第四章 空 间 力 系

力系中各力的作用线不在同一平面,这种力系称为空间力系。

空间力系的分析研究方法与平面力系基本相同,是对平面力系问题中的概念、原理、理论方法的拓展和引申。

第一节 力在空间直角坐标轴上的投影·力对轴之矩

一 力在空间直角坐标轴上的投影

求力在空间直角坐标轴上的投影有两种方法:一次投影法和二次投影法。

1. 一次投影法

设有一力 F 作用在物体的 O 点(见图 4.1),力 F 与直角坐标轴 x、y、z 的正向之间的夹角分别为 α、β、γ,从力 F 的起点、终点向坐标轴引垂线,所得垂足间的距离,并加上正号或负号,就是力 F 在三个坐标轴上的投影 F_x、F_y、F_z。即

$$\begin{cases} F_x = F\cos\alpha \\ F_y = F\cos\beta \\ F_z = F\cos\gamma \end{cases} \quad (4.1)$$

通常在计算时力 F 与坐标轴的夹角取锐角,其投影的符号可以观察力的箭头投影下来的指向与坐标轴的指向之间的关系,当方向一致时符号为正,相反为负。

这种求力在坐标轴上的投影的方法称为一次投影法,也叫直接投影法。

2. 二次投影法

如果力 F 与坐标轴 z 的夹角 γ 已知,力 F 和 z 轴决定的平面与 x 轴的夹角 φ 已知,如图 4.2 所示,则可将该力先投影到轴 z 及坐标面 xOy 上。在 xOy 面上的投影为矢量 F_{xy}(力在平面上的投影是矢量),其大小为

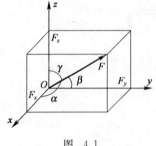

图 4.1

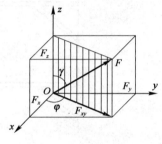

图 4.2

$$F_{xy} = F\sin\gamma$$

在 xOy 面内将 F_{xy} 再次投影到 x、y 轴上，于是力 F 在三个坐标轴的投影为

$$\begin{cases} F_x = F\sin\gamma\cos\varphi \\ F_y = F\sin\gamma\sin\varphi \\ F_z = F\cos\gamma \end{cases} \tag{4.2}$$

同样，计算中的角度 γ、φ 取锐角，而投影的符号直观判定。注意，力在坐标轴上的投影是标量，但在平面上的投影是矢量。

以上这种求力在坐标轴上的投影的方法称为二次投影法，也叫间接投影法。

反之，如果已知一个力 F 在三个坐标轴上的投影 F_x、F_y、F_z，则可求得该力的大小和方向余弦为

$$\begin{cases} F = \sqrt{F_x^2 + F_y^2 + F_z^2} \\ \cos\alpha = \dfrac{F_x}{F} \\ \cos\beta = \dfrac{F_y}{F} \\ \cos\gamma = \dfrac{F_z}{F} \end{cases} \tag{4.3}$$

三 力对轴之矩

在生活和生产实践中，经常遇到刚体绕定轴转动的情况，这是力对轴的转动效应的作用，即力对轴之矩。下面以门的开关为例来说明。

如图 4.3 所示，设开门的力 F 作用在 A 点，为了研究力 F 使门绕 z 轴转动的效应，现将 F 分解为 F_z 和 F_{xy} 两个分力，F_z 平行于 z 轴，F_{xy} 在垂直于 z 轴的 xOy 平面内。由于 F_z 平行于 z 轴，所以分力 F_z 不会使门绕 z 轴转动。能使门转动的只是分力 F_{xy}。故力 F 使门绕 z 轴转动的效应等于其分力 F_{xy} 使门绕 z 轴转动的效应。如图 4.3 所示，分力 F_{xy} 所在的垂直于 z 轴的平面和 z 轴交于 O 点，分力 F_{xy} 使门绕 z 轴转动的效应也就是该分力在 xOy 平面内对 O 点的转动效应，即

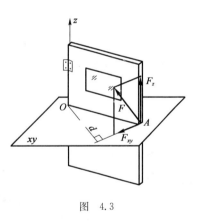

图 4.3

$M_O(F_{xy})$。设 d 为 xOy 平面上 O 点到力 F_{xy} 作用线的垂直距离，则力 F 对 z 轴之矩为

$$M_z(\boldsymbol{F}) = M_O(F_{xy}) = \pm F_{xy} \cdot d \tag{4.4}$$

上式表明：力对轴之矩，等于该力在垂直于该轴平面上的分力对该轴与此平面交点之矩。

力对轴之矩是标量，其转动方向由正负号表示。一般以右手螺旋法则判断，即以右手四指表示物体绕 z 轴转动的方向，若大拇指指向与 z 轴正向相同，则为正号；反之为负号。

当力的作用线与轴线相交或与轴线平行时，力对轴之矩为零。

三 合力矩定理

由于空间上力对轴之矩,实际就转化为平面上力点之矩的计算。所以,平面力系合力矩定理可推广到空间力系,即得空间力系的合力矩定理:空间力系的合力对某轴之矩等于空间力系中各分力对同一轴之矩的代数和。即

$$M_z(F_R)=M_z(F_1)+M_z(F_2)+\cdots+M_z(F_N)=\sum M_z(F) \tag{4.5}$$

【例 4.1】 曲拐轴受力如图 4.4a)所示,已知 $F=600\text{N}$,求力 F 对 x、y、z 轴之矩。

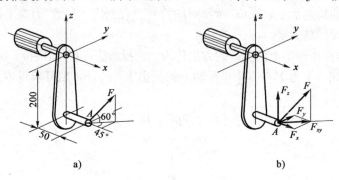

图 4.4 （单位:mm）

【解题分析】 根据本题已知条件,应采用二次投影法将力 F 沿坐标轴 x、y、z 方向分解为三个分力,然后应用合力矩定理求解。

【解】 (1)将力 F 沿坐标轴 x、y、z 方向分解为三个分力,此三个分力的大小为(如图 4.4b 所示)

$$\begin{cases} F_x=F_{xy}\cos45°=F\cos60°\cos45°=600\text{N}\times0.5\times0.707=212\text{N} \\ F_y=F_{xy}\sin45°=F\cos60°\sin45°=600\text{N}\times0.5\times0.707=212\text{N} \\ F_z=F\sin60°=600\text{N}\times0.866=520\text{N} \end{cases}$$

(2)根据合力矩定理,可求得 F 对 x、y、z 轴之矩为

$$M_x(F)=M_x(F_x)+M_x(F_y)+M_x(F_z)$$
$$=0+F_y\times0.2+0$$
$$=212\text{N}\times0.2\text{m}$$
$$=42.4\text{N}\cdot\text{m}$$

$$M_y(F)=M_y(F_x)+M_y(F_y)+M_y(F_z)$$
$$=-F_x 0.2+0-F_z\times0.05$$
$$=-212\text{N}\times0.2\text{m}-520\text{N}\times0.05\text{m}$$
$$=-68.4\text{N}\cdot\text{m}$$

$$M_z(F)=M_z(F_x)+M_z(F_y)+M_z(F_z)$$
$$=0+F_y\times0.05+0$$
$$=212\text{N}\times0.05\text{m}$$
$$=10.6\text{N}\cdot\text{m}$$

第二节 空间力系的平衡条件·平衡方程

一 空间力系的平衡条件、平衡方程

扩展平面一般力系的平衡条件可类推空间力系的平衡条件。物体在空间力系作用下处于平衡状态,换言之,物体沿3个坐标轴的方向都不能移动,同时,绕3个坐标轴又都不能转动,这就需要力系中所有各力在3个坐标轴上的投影代数和都等于零,以及力系中各力对这三个坐标轴之矩的代数和也都等于零。即

$$\begin{cases} \sum F_x = 0 \\ \sum F_y = 0 \\ \sum F_z = 0 \\ \sum M_x = 0 \\ \sum M_y = 0 \\ \sum M_z = 0 \end{cases} \quad (4.6)$$

该式即为空间力系的平衡方程,是物体在空间力系作用下处于平衡状态的必要充分条件。

式(4.6)中的6个平衡方程各自独立,求解空间一般力系的平衡问题时,最多可以解出6个未知量。由式(4.6)可以推导出空间力系的特殊情况的平衡方程。

(1)空间汇交力系的平衡方程为

$$\begin{cases} \sum F_x = 0 \\ \sum F_y = 0 \\ \sum F_z = 0 \end{cases} \quad (4.7)$$

即空间汇交力系平衡的必要与充分条件是:该力系中所有各力在三个坐标轴中的每一个坐标轴上投影的代数和都为零。空间汇交力系有3个独立的平衡方程,最多可求解出3个未知量。

(2)空间平行力系的平衡方程(设各力与z轴平行)

$$\begin{cases} \sum F_z = 0 \\ \sum M_x = 0 \\ \sum M_y = 0 \end{cases} \quad (4.8)$$

即空间平行力系平衡的必要与充分条件是:该力系中所有各力在与力的作用线平行的坐标轴上的投影代数和等于零,以及这些力对两个与力作用线垂直的坐标轴之矩的代数和也都等于零。空间平行力系有3个独立的平衡方程,最多可求解出3个未知量。

二 空间力系平衡方程的应用

求解空间力系平衡问题的方法与步骤同平面力系问题基本相同,下面举例说明空间力系平衡方程的应用。

【例4.2】 如图4.5所示,一厂房的牛腿柱下端固定,柱顶受屋架压力 F_1,牛腿上受吊车梁传来的压力 F_2 及制动力 F_3。已知 $F_1 = 120\text{kN}, F_2 = 300\text{kN}, F_3 = 25\text{kN}, h = 6\text{m}, e_1 = 0.1\text{m}, e_2 =$

0.34m。柱的重力 $G=40$kN，F_1、F_2、G 均位于柱子的对称面内，试求地基对柱的约束反力及约束反力偶矩。

【解题分析】 求地基对柱的约束反力及约束反力偶矩。取柱子为研究对象，画受力图时注意这是空间力系问题，固定端约束应有 6 个，即约束三个方向的移动和绕三个坐标轴的转动。

【解】 设坐标系如图 4.5 所示。由柱子的受力图可以看出，柱子所受到的荷载和反力组成一空间一般力系。6 个平衡方程如下。

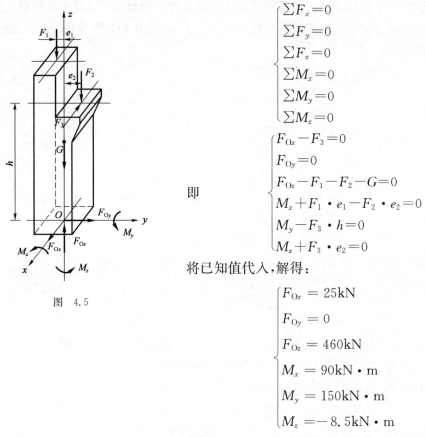

图 4.5

$$\begin{cases} \sum F_x=0 \\ \sum F_y=0 \\ \sum F_z=0 \\ \sum M_x=0 \\ \sum M_y=0 \\ \sum M_z=0 \end{cases}$$

即

$$\begin{cases} F_{Ox}-F_3=0 \\ F_{Oy}=0 \\ F_{Oz}-F_1-F_2-G=0 \\ M_x+F_1 \cdot e_1-F_2 \cdot e_2=0 \\ M_y-F_3 \cdot h=0 \\ M_z+F_3 \cdot e_2=0 \end{cases}$$

将已知值代入，解得：

$$\begin{cases} F_{Ox}=25\text{kN} \\ F_{Oy}=0 \\ F_{Oz}=460\text{kN} \\ M_x=90\text{kN} \cdot \text{m} \\ M_y=150\text{kN} \cdot \text{m} \\ M_z=-8.5\text{kN} \cdot \text{m} \end{cases}$$

正号表示约束反力、约束反力偶的假设方向与实际方向相同，负号表示方向相反。

第三节　重心和形心

重心及形心的位置在工程设计与施工及生活实践中都有十分重要的意义。例如，当土墙、水坝重心的位置关系到其抗倾覆的稳定性；飞机、起重机的设计必须了解其重心的位置；工程构件截面的重心（形心）位置将影响构件在荷载作用下的变形及内力分布。因此，我们必须了解重心、形心位置的计算。

 重心的概念

地球表面或表面附近的物体都会受到地心引力的作用。物体的每一部分所受到的地心引

力,由于距离地心很远,因此可近似看成是一组作用线相互平行的空间平行力系,其合力称为物体的重力。合力作用点即为物体的重心。

重心的位置取决于物体的形状及各部分的密度,与物体在空间所处的位置无关。也就是说,无论物体如何放置,其重心总是通过一个确定的点。当然,重心位置可以在物体之内,也可以在物体之外,如匀质圆环的重心就不在物体上。

二 重心坐标公式

设物体和坐标系固连在一起,如图 4.6 所示。物体重力为 G,重心的坐标为 x_C、y_C、z_C;在物体上取一微小部分,重力为 G_i,其作用点的坐标为 x_i、y_i、z_i。可知:$G=\sum G_i$。

分别对 x、y 轴应用合力矩定理有

$$\begin{cases} G \cdot y_C = \sum G_i \cdot y_i \\ G \cdot x_C = \sum G_i \cdot x_i \end{cases}$$

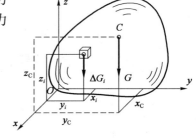

图 4.6

为求解 z_C 可将物体连同坐标系绕 x 轴转 90°,使各重力与 y 轴平行。之后再对 x 轴应用合力矩定理,得

$$G \cdot z_C = \sum G_i \cdot z_i$$

归纳上述结果得重心 C 的坐标公式为

$$\begin{cases} x_C = \dfrac{\sum G_i x_i}{G} \\ y_C = \dfrac{\sum G_i y_i}{G} \\ z_C = \dfrac{\sum G_i z_i}{G} \end{cases} \quad (4.9)$$

三 形心的概念及坐标公式

工程中遇到的物体通常可以认为是匀质的。对于匀质物体,其单位体积的重力 γ 是常量,设该物体的体积为 V,微小部分的体积为 V_i,于是有

$$G = \gamma \cdot V, G_i = \gamma \cdot V_i$$

代入式(4.9)可得

$$\begin{cases} x_C = \dfrac{\sum V_i x_i}{V} \\ y_C = \dfrac{\sum V_i y_i}{V} \\ z_C = \dfrac{\sum V_i z_i}{V} \end{cases} \quad (4.10)$$

该式表明,匀质物体的重心位置与物体重力无关,而完全取决于物体的几何形状。它表达的是物体的几何形状的中心,称为物体的形心。式(4.10)即为形心坐标公式。

等厚的匀质平薄板,其厚度相对于长、宽的尺寸要小得多,可以略去不计,所以其重心(形

心)必在平板所在平面内,可推导得坐标公式

$$\begin{cases} x_C = \dfrac{\sum A_i x_i}{A} \\ y_C = \dfrac{\sum A_i y_i}{A} \end{cases} \quad (4.11)$$

式中:A——薄板的面积。

略去厚度,平薄板即可视为一平面。该式表明,匀质平薄板的形心位置完全取决于薄板的平面几何形状,该公式计算的形心也即平面图形的几何形状中心,称为面积(或截面)形心,简称形心。

四 重心、形心的计算方法

1. 对称判别法

具有对称面、对称轴、对称中心的匀质物体,其重心(形心)必在相应的对称面、对称轴、对称中心上。对平面图形,如果有两个对称轴,则形心一定是两对称轴的交点。

2. 实验法

对于形状不规则或质量分布不均匀的物体,可以采用称重、悬吊等实验的方法找到重心。但此办法不适用于平面图形的形心计算。

3. 组合法

工程中有些物体的形状虽然比较复杂,但往往由一些简单的几何形体组合而成,其重心(形心)可通过把组合体分割成几个简单部分,再运用公式求得。

简单图形的形心位置可以在有关工程手册中查到。本书表4.1列出部分常见图形的重心、形心以供查阅。

简单几何形体的重心(形心) 表4.1

图形	形心坐标	图形	形心坐标
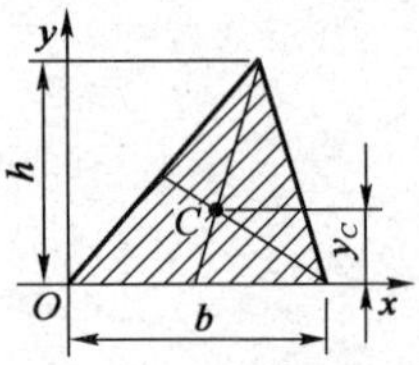 三角形	$y_C = \dfrac{1}{3}h$	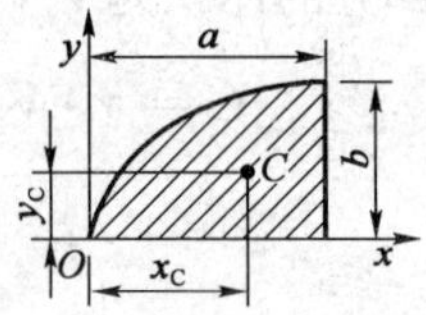 圆环扇形	$x_C = \dfrac{2(R^3 - r^3)\sin\theta}{3(R^2 - r^2)\theta}$
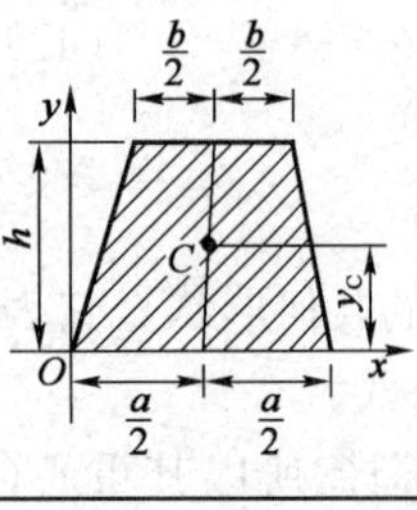 梯形	$y_C = \dfrac{h(a+2b)}{3(a+b)}$	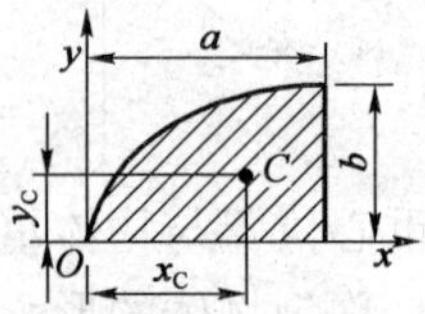 四分之一椭圆	$x_C = \dfrac{3}{5}a$ $x_C = \dfrac{3}{8}b$

续上表

图 形	形心坐标	图 形	形心坐标
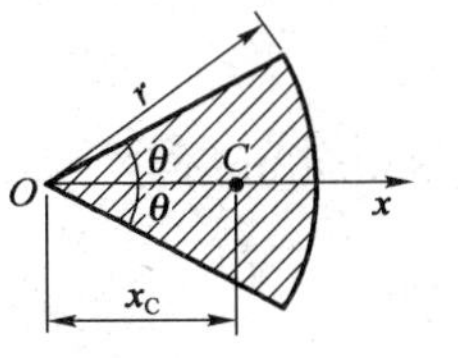 (扇形)	$x_C = \dfrac{2}{3}\dfrac{r\sin\theta}{\theta}$ (θ用弧度表示，下同) 对半圆，$\theta=\dfrac{\pi}{2}$，则 $x_C=\dfrac{4r}{3\pi}$	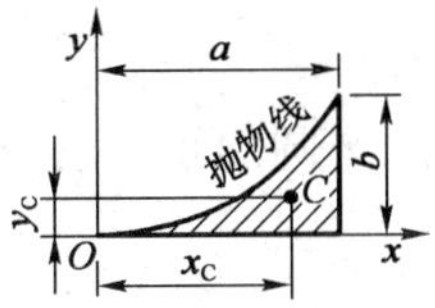 (抛物线形)	$x_C=\dfrac{3}{4}a$ $y_C=\dfrac{3}{10}b$
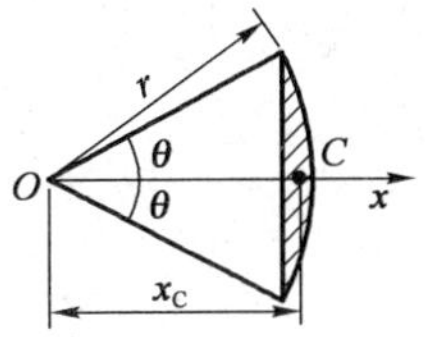 (弓形)	$x_C=\dfrac{2}{3}\dfrac{r^3\sin^3\theta}{A}$ 其中，弓形面积 $A=\dfrac{r^2(2\theta-\sin2\theta)}{2}$	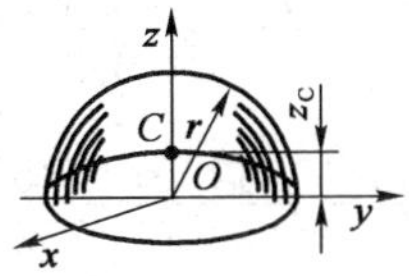 (半球)	$z_C=\dfrac{3}{8}r$
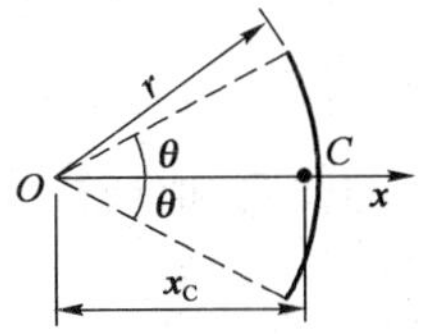 (圆弧)	$x_C=\dfrac{r\sin\theta}{\theta}$ 对于半圆弧 $\theta=\dfrac{\pi}{2}$，则 $x_C=\dfrac{2r}{\pi}$	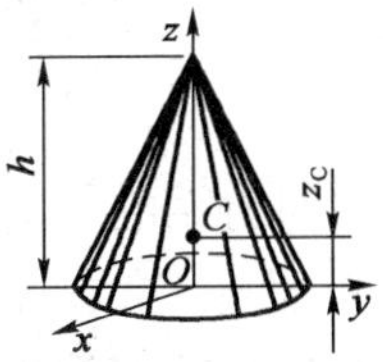 (圆锥)	$z_C=\dfrac{1}{4}h$

【例 4.3】 一构件为 L 形截面尺寸如图 4.7 所示，计算其在给定坐标系下的形心坐标。

【解题分析】 该图形可以分割为两个简单的矩形来分析。

【解】 将截面分割成图示两矩形 I 和 II，则
$A_1 = 120\text{mm} \times 50\text{mm} = 6000\text{mm}^2, z_1 = 60\text{mm}, y_1 = 25\text{mm}$
$A_2 = 50\text{mm} \times 50\text{mm} = 2500\text{mm}^2, z_2 = 25\text{mm}, y_2 = 75\text{mm}$
代入到形心坐标计算公式，得

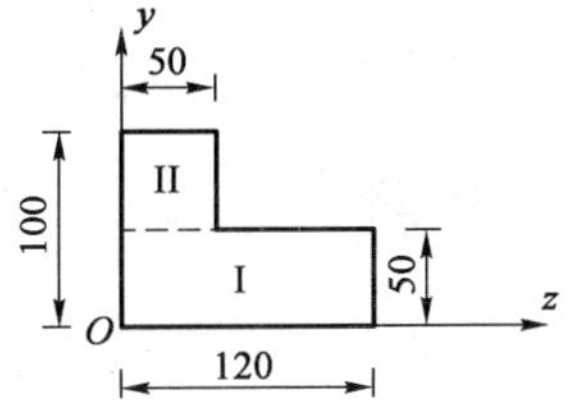

$$z_C = \frac{\sum A_i z_i}{A} = \frac{A_1 z_1 + A_2 z_2}{A_1 + A_2}$$

图 4.7 （尺寸单位：mm）

$$= \frac{6000\text{mm}^2 \times 60\text{mm} + 2500\text{mm}^2 \times 25\text{mm}}{(6000+2500)\text{mm}^2} = 49.71\text{mm}$$

$$y_C = \frac{\sum A_i y_i}{A} = \frac{A_1 y_1 + A_2 y_2}{A_1 + A_2}$$

$$= \frac{6000\text{mm}^2 \times 25\text{mm} + 2500\text{mm}^2 \times 75\text{mm}}{(6000+2500)\text{mm}^2} = 39.71\text{mm}$$

【例 4.4】 如图 4.8 所示的矩形截面，从中挖出一个半圆，且半圆直径与矩形的底边重合，计算其在给定坐标系下的形心坐标。

【解题分析】 该图形也可以分割为两个简单的图形来分析，一个为矩形，一个为半圆形。只不过半圆是被挖去的，其面积以负值计算。这种方法也称为负面积法。

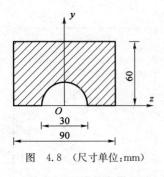

图 4.8（尺寸单位：mm）

【解】 由于 y 轴是对称轴，因此该截面形心在 y 轴上，则 $z_C=0$。

矩形　　　$A_1 = 90\text{mm} \times 60\text{mm} = 5400\text{mm}^2$

$$y_1 = 30\text{mm}$$

半圆面积　$A_2 = -\dfrac{\pi D^2}{8} = -\dfrac{\pi \times 30^2}{8} = -353.43\text{mm}^2$

$$y_2 = \dfrac{2D}{3\pi} = \dfrac{2\times 30}{3\pi} = 6.37\text{mm}$$

代入到形心坐标计算公式，得

$$y_C = \dfrac{\sum A_i y_i}{A} = \dfrac{A_1 y_1 + A_2 y_2}{A_1 + A_2}$$

$$= \dfrac{5400\text{mm}^2 \times 30\text{mm} - 353.43\text{mm}^2 \times 6.37\text{mm}}{(5400-353.43)\text{mm}^2} = 31.65\text{mm}$$

◀ 小　　结 ▶

本章的主要内容是介绍空间力系的平衡条件和平衡方程，及重心、形心的概念和计算。要求掌握以下内容：

(1) 了解空间力系中，力在坐标轴上的投影、力对轴之矩等计算；

(2) 掌握空间力系平衡的概念、力系的平衡条件和平衡方程；

(3) 掌握重心、形心的概念，熟悉形心计算方法及公式。

思考题

1. 计算空间的力在坐标轴上的投影有几种方法？怎样确定投影的正负？
2. 力在平面上的投影是标量还是矢量？为什么？
3. 如何计算力对轴之矩？
4. 确定匀质物体重心、形心的方法有哪几种？
5. 如何计算组合图形的形心位置？

习题

4-1　试分别求出图 4.9、图 4.10 中①各力在三个坐标轴上的投影及图；②各力对三个坐标轴之矩。

① $F_1=100\text{N}, F_2=60\text{N}, F_3=200\text{N}$

② $F_1=30\text{kN}, F_2=20\text{kN}, F_3=10\text{kN}$

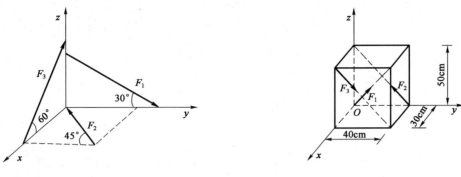

图 4.9　　　　　　　　　图 4.10

4-2　如图 4.11 所示，轻质杆 AB、AC、AD 长度相等，公共端用球形铰链 A 联结，另外一端分别用球形铰 B、C、D 与水平底座连接。今有一重 $G=10\text{kN}$ 的物体挂在 A 点。试求杆 AB、AC、AD 所受的力。

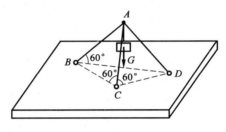

图 4.11

4-3　求下列平面图形的形心位置(图 4.12)。

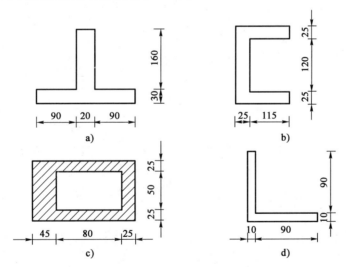

图 4.12　(尺寸单位:mm)

第二篇

材料力学

以上静力学部分介绍的是力对物体作用的外效应,具体研究了物体的受力分析及其平衡规律。在这类问题中,物体的微小变形对事物本质的影响很小,是可以忽略的次要因素。它的研究对象是刚体这个抽象的力学模型。以此为基础,现在开始学习材料力学。它主要研究力对物体作用的内效应,即研究外力与物体内力和变形之间的关系。因为研究的问题与物体的变形密切相关,在这类问题中,物体的变形虽然很小,但却是主要影响因素之一,必须要予以考虑而不能忽略。这时就必须将物体抽象为变形体这一力学模型。例如,在研究建筑工地上常见的塔式吊车的平衡问题时,可以忽略变形将它看作刚体;而为使其具有足够的承载能力,对零部件及整体进行结构设计及确定几何形状和尺寸时,就必须考虑其变形,不能再把它们看作刚体。

材料力学的研究对象是可变形固体。 具体说,就是由工程材料制成的、在荷载作用下的工程结构中的构件,以梁、杆、柱为主要研究对象,如下图所示。

在实际工程中,结构或构件工作时,各构件都将受到一定的外力(载荷)的作用,当受力过大时,会发生断裂破坏而造成事故;或者受力后产生过大的塑性变形(受力后,构件尺寸和形状的改变)而影响正常工作。例如,斜拉桥的钢缆索承受拉力,它若断裂或者伸长量过大,斜拉桥就不能正常工作;有些受压力作用的细长压杆,如斜拉桥的钢筋混凝土塔柱、千斤顶的螺杆等,当压力过大时,就会由原来的直线平衡状态突然变弯而丧失稳定。

这些情况在工程实际中是不允许出现的。因此我们设计或制作每一个构件时,都必须保证构件和零件具有足够的承担荷载的能力。只有这样才能保证整个结构和构件能够安全、正常地工作。在材料力学中,把构件抵抗破坏的能力称为强度;构件抵抗变形的能力称为刚度;构件抵抗失稳、维持原有平衡状态的能力称为稳定性。强度、刚度和稳定性即是构件的承载能力。研究表明:构件的强度、刚度和稳定性,与其本身的几何形状、尺寸大小、所用材料、荷载情况及工作环境等都有着非常密切的关系。众所周知,一般选用较好的材料,或者把构件的尺寸做得粗大些,可以提高构件的强度、刚度和稳定性,有利于保证构件安全正常工作。但是,这又可能造成材料的浪费和结构的笨重,安全却不经济。反之,选用低质廉价的材料,或者减小构件尺寸以减少用料,虽然比较经济,但却可能使构件工作时不安全。可见,安全与经济经常是矛盾的。材料力学的主要任务就是研究衡量构件承载能力的强度、刚度和稳定性。在满足强度、刚度和稳定性的要求下,为设计既经济又安全的构件,提供必要的理论基础和计算方法;以保证建筑物或工程结构在满足安全、可靠、适用的前提下,符合最经济的要求。

材料力学的研究方法是:实验→假设→理论分析→实验验证。研究构件的强度、刚度和稳定性时,应了解材料在外力作用下表现出的变形和破坏等方面的性能,即材料的力学性能,而材料的力学性能要由实验来测定;材料力学所研究的是工程中的实际问题,它们往往是非常复杂的。有些问题很难找到精确的理论解答,而只能得出符合工程实际要求的近似解。因而,在研究工作中,首先要进行实验来观察事物的具体现象,在大量实验的基础上,略去那些与所研究问题无关或影响不大的次要因素,保留与所研究问题有密切关系的主要因素,从而建立假设,把问题抽象化。用理想的力学模型来代替实际的问题,借助数学和力学等工具进行理论分析。理论分析所得出的结论,以及由这些结论所推导出来的计算方法、计算公式是否正确,还需要经过大量的实验验证和生产实践的考验。确实正确的方可以作为理论公式或经验公式,应用到工程实际中。

第五章 基本概念

第一节 变形固体及其基本假设

工程中使用的材料多种多样，其微观结构和力学性能也非常复杂。但却有一个共同的特点，即它们都是固体，而且在荷载作用下会发生变形——包括物体尺寸的改变和形状的改变。因此，这些材料统称为可变形固体。在材料力学中，研究用可变形固体材料做成的构件的强度、刚度和稳定性等问题时，为了突出问题的主要方面，常略去材料的次要性质，保留其主要属性，并根据其主要性质做出假设，简化为一种理想的力学模型，以便于进行理论分析。下面是对变形固体所作的几个基本假设。

一 连续性假设

认为组成变形固体的物质完全填满了固体所占有的几何空间而毫无间隙存在。

从微观的角度观察，组成固体材料的粒子之间存在着间隙，并不是完全紧密的，但这种间隙和构件的尺寸比起来极为微小，在研究固体的宏观性能时可以忽略不计。因而可以假设是紧密而毫无间隙存在。根据这个假设，在进行理论分析时，与构件性质相关的某些力学量可以看作是固体内点坐标的连续函数，从而可以应用高等数学的工具对其进行分析计算。

二 均匀性假设

认为构件中各点处具有完全相同的力学性能。

从微观的角度观察，组成构件材料的各个微粒或晶粒，彼此的性质不一定完全相同。但从宏观角度来看构件的尺寸远远大于微粒或晶粒的尺寸，构件所包含的微粒或晶粒的数目极多，且无序地排列在整个体积之内，而固体的力学性能是各晶粒力学性能的统计平均值。按照统计学的观点，材料的性质与其所在的位置无关，即材料是均匀的。按照这个假设，在进行理论分析时，可以从构件内任何位置取出无限小的部分进行研究，然后将研究结果应用于整个构件。

三 各向同性假设

认为构件中的一点在各个不同方向上的力学性能是相同的。

从微观的角度观察，对于金属等这类由晶粒组成的材料，各个晶粒的力学性能是具有方向性的。但由于构件中所含晶粒的数目极多，在构件中的排列又是极不规则的。因而，按统计学的观点,从宏观角度来看可以认为金属材料是各向同性的。根据这个假设,当获得了材料在任何一个方向的力学性能后,就可将其结果用于其他方向。这种沿各个方向力学性能相同的材料称为各向同性材料,如金属材料、玻璃等。另外还有沿各个方向力学性能不同的材料称为各向异性材料,如木材和复合材料。木材可以认为是均匀连续的材料,但木材的顺纹和横纹两个方向的力学性能不同,是具有方向性的材料。材料力学中所研究的问题将局限于各向同性的材料。实践表明,材料力学的研究结果也可以近似的用于木材。

四 小变形假设

假设构件受力后的变形量远小于构件的原始几何尺寸。

工程实际中,构件受力后的变形相对于构件的原始尺寸要小得多。因此,在研究构件上力的平衡关系时,仍可以直接利用构件的原始尺寸而忽略变形的影响;在研究和计算变形时,变形的高次幂也可忽略;当构件受到多个荷载共同作用时,根据小变形假设,还可以利用叠加原理来进行分析,从而使计算得到简化。

五 线弹性假设

假设外力的大小没有超过一定的范围,构件只产生了弹性变形,并且外力与变形之间符合线性关系。

工程上所用的材料,在荷载作用下均将发生变形。当荷载不超过一定的范围时,荷载卸去后能完全消失的变形称为弹性变形;当荷载过大时,荷载卸去后变形不能完全消失,而永久保留下来的那一部分变形称为塑性变形。工程中,多数构件在正常工作条件下均要求其材料只发生弹性变形。所以,在材料力学中所研究的问题多局限在弹性变形范围内,且外力与变形之间符合线性关系,能够直接利用胡克定律。

概括起来,在材料力学中我们把实际构件的材料看作是均匀的、连续的、各向同性的可变形固体;实际构件发生的变形为小变形且限定在弹性范围内。实践表明,在这些假设的基础上建立起来的理论都是符合工程实际要求的。同时,也简化了某些工程实际问题的分析与计算过程。

第二节 外力、内力及应力的概念

一 外力及其分类

在材料力学中研究某一构件时,首先需要把这一构件从周围物体中单独分离出来,并将周围各物体对该构件的作用及构件的自重等用力来代替,即受力分析。这些来自构件外部的力统称为外力(荷载)。工程中各结构所起的作用不同,构件上力的作用形式也各有不同。一般有以下两种分类形式。

1. 按作用范围分类

如果外力作用的面积远小于物体的表面尺寸,可以看作是作用于一点的集中力,如火车轮对钢轨的压力,桥墩对桥梁的作用力等。如果外力作用的面积相对于物体的表面尺寸较大而不能忽略不计时,可以看作是分布力(荷载);按分布形式的不同又分为体积分布力(如物体的重力)、面积分布力(如水对水坝的侧压力)、线分布力(楼板对屋梁的作用力)。

2. 按作用时间分类

如果外力作用不随时间变化或随时间变化缓慢,称为静力(静荷载),如物体的自重、水的侧压力等。如果外力的大小或方向随时间变化,称为动力(动荷载)。按随时间变化的方式不同,动荷载又可分为随时间作周期性变化的交变荷载和以一定速度施与物体上的冲击荷载。例如,当齿轮传动时,作用于每一个齿上的力都是随时间作周期性变化的交变荷载;用锤子定钉时,锤子以一定的速度作用于钉子,钉子受到的就是冲击荷载。

荷载的类型不同,对物体的作用效果不同;构件在不同荷载作用下所表现的力学性能不同,分析方法也有差异。因为静荷载问题比较简单,所建立的理论和分析方法又是动荷载问题的基础,所以,材料力学主要研究静荷载作用下的问题。

二 内力的概念

1. 内力的定义

我们知道,物体是由无数质子组成的,在未受到外力作用时,其内部各质子间就存在着相互作用的力(称为固有内力)。这种内力相互平衡,使得各质子之间保持一定的相对位置,以维持它们之间联系及物体的形状。当物体受到外力作用时,各质子间的相对位置将发生改变,引起物体变形。同时,各质子间的固有内力也将发生变化。材料力学中所讨论的内力,就是这种因外力作用而引起的固有内力的改变量,称为附加内力,简称内力。这种内力随外力的增加而增大,当内力增大到一定限度时就会引起构件破坏,因此它与构件的强度问题密切相关。所以,研究构件的内力是材料力学的重要内容之一。

2. 内力的求解方法——截面法

为研究构件在外力作用下某一截面位置的内力,应将构件在该截面处分离,即假想地把构件沿该截面截开分成两个部分,以便显示并计算该截面的内力,这种方法称为截面法。截面法是材料力学求解构件内力的基本方法。可将其归纳为以下三个步骤。

(1)截取:为了显示内力,沿需要求内力的截面假想的将构件截开成两部分,取其中任一部分作研究对象,另一部分舍弃;

(2)画力:画所取研究对象的受力图,注意把弃去部分对留下部分的作用以截面上的内力代替;

(3)平衡:根据研究对象的受力图列出静力平衡方程,求得截面内力。

无论构件的受力简单还是复杂,均可用截面法求解构件的内力。具体的使用方法将在以后讨论各种变形的内力时详述。

三 应力的概念

1. 应力的概念

应用截面法,可以求出构件的内力,但是仅求出内力还不能解决构件的强度问题。因为如果同样大小的内力作用在不同大小的横截面上,会产生不同的结果。众所周知,两根材料相同、横截面面积不等的直杆,若两杆受相同的轴向拉力(此时横截面上的内力也相同),则随着拉力的增加,细杆将先被拉断(破坏)。这说明,相等的内力分布在较大的面积上时,比较安全;分布在较小的面积上时,就比较危险。也就是说,构件的危险程度取决于截面上分布内力的密集程度,而不是取决于分布内力的总和。因此,为了解决强度问题,还必须研究内力在截面上某一点处的密集程度,这种密集程度用分布在单位面积上的内力来衡量,称为该点的应力。

2. 截面上一点处的应力

在构件的截面上,围绕任一点 M 取微小面积 ΔA 如图 5.1a)所示,其上连续地分布着内力,设 ΔA 上分布内力的微合力为 ΔF,定义 ΔA 上内力的平均集度为 p_m,称 p_m 为微面积 ΔA 上的平均应力。即

$$p_m = \frac{\Delta F}{\Delta A}$$

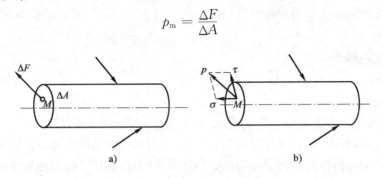

图 5.1

一般情况下,由于内力是非均匀分布的,平均应力 p_m 还不能真实地表明一点处内力的密集程度。利用高等数学中极值的概念,令上式中的 ΔA 趋于零,则 p_m 的极限值 p 称为 M 点处的应力。即

$$p = \lim_{\Delta A \to 0} p_m = \lim_{\Delta A \to 0} \frac{\Delta F}{\Delta A} = \frac{dF}{dA} \tag{5.1}$$

式(5.1)即为应力的定义式,它表明:应力是一点处内力的集度,即应力是单位面积上的内力。应力 p 是一个矢量,一般既不与截面垂直,也不与截面相切。通常把它分解为两个分量,如图 5.1b)所示。垂直于截面的法向分量 σ,称为正应力;相切于截面的切向分量 τ,称为切应力。

3. 应力的单位

国际单位制中,应力的单位是 N/m^2,简称 Pa(帕)。由于这个单位太小,使用不便。工程中常采用 Pa 的倍数单位:kPa(千帕)、MPa(兆帕)、GPa(吉帕),它们与 Pa 的关系为

$$1kPa = 10^3 Pa \qquad 1MPa = 10^6 Pa \qquad 1GPa = 10^9 Pa$$

因为工程中构件的截面尺寸常以 mm^2 表示,又由于

$$1MPa = 10^6 Pa = 10^6 \times \frac{N}{m^2} = 10^6 \times \frac{N}{10^6 \times mm^2} = 1 \frac{N}{mm^2}$$

所以在计算中常直接使用:$1 \frac{N}{mm^2} = 1MPa$。

第三节 杆件的基本变形形式

工程实际中构件的几何形状是多种多样的,根据几何形状和尺寸的不同,通常可分为杆件、板壳和块体。材料力学的主要研究对象是工程实际中应用得最为广泛的构件——杆件。工程中把横向尺寸远小于纵向尺寸的构件,统称为杆件。杆件的两个主要几何特征是轴线和横截面。横截面是指垂直于杆件长度方向的截面;各横截面形心的连线为杆件的轴线。

轴线为直线的杆称为直杆,如图 5.2a)、图 5.2b)所示。轴线为曲线的杆称为曲杆,如图 5.2c)所示。截面形状和尺寸沿长度方向不变的直杆称为等截面直杆,简称等直杆,如图 5.2a)所示。截面形状和尺寸沿长度方向变化的杆称为变截面杆,如图 5.2b)所示。材料力学研究的杆件主要是等直杆,它是杆件中最简单也是最常用的一种。

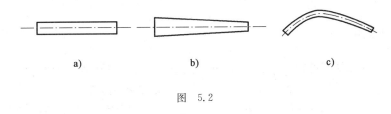

图 5.2

一 基本变形

在实际结构中,杆件在外力作用下产生变形的情况很复杂。杆件在不同荷载的作用下,会产生不同的变形。根据荷载本身的性质及荷载作用的位置不同,变形可分为以下四种基本变形形式。

1. 轴向拉伸和压缩

如果外力的合力沿杆件轴线作用,那么杆的变形主要是沿轴线方向的伸长或缩短。当外力的方向背离杆件截面时,杆件因受拉而变长,这种变形称为轴向拉伸,如图 5.3 中三角支架的 AB 杆;当外力的方向指向杆件截面时,杆件因受压而变短,这种变形称为轴向压缩,如图 5.4中三角支架的 BC 杆。

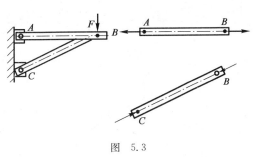

图 5.3

2. 剪切

如果杆件上受到一对垂直于杆轴线方向的力,它们大小相等、方向相反、作用线平行且相距很近,杆件的横截面将沿外力的作用方向发生相对错动,这种变形称为剪切。如图 5.4 所示,连接件中的铆钉受力后的变形。

3. 扭转

如果杆件受到一对外力偶的作用,且二者的大小相等、转向相反,作用面与杆件的轴线垂直,那么杆件的任意两个横截面将绕轴线发生相对转动,这种变形称为扭转。如图 5.5 所示,机器中传动轴受力后的变形。

4.弯曲

如果杆件受垂直于杆轴线的横向力、分布力或作用面通过杆轴线的力偶的作用,杆轴线由直线变为曲线,这种变形称为弯曲。如图5.6a)、图5.6b)所示,图5.6a)所示为纯弯曲,图5.6b)所示为横力弯曲。

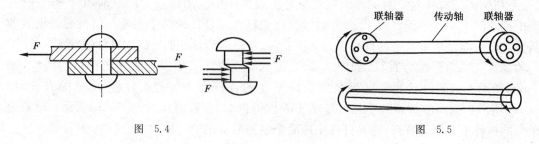

图 5.4　　　　　　　　　　　　　　　　图 5.5

二、组合变形

在工程实际中有些杆件的变形比较简单,可能只是上述四种基本变形中的一种;也有些杆件的变形比较复杂,可能是两种或两种以上的基本变形的组合,称为组合变形。常见的组合变形形式有:斜弯曲(或称弯、弯组合),拉(压)、弯组合,弯、扭组合,偏心压缩等等,如图5.7所示。后面将首先分别研究每种基本变形问题,在此基础上再研究组合变形问题。

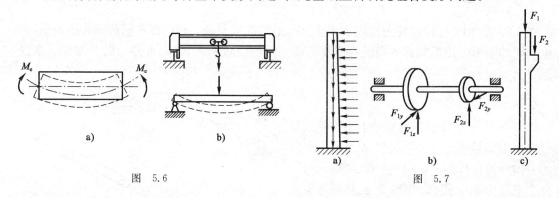

图 5.6　　　　　　　　　　　　　　　　图 5.7

◀ 小　　结 ▶

1.几个概念

杆件——长度远大于横截面尺寸的构件。

强度——构件抵抗破坏的能力。

刚度——构件抵抗变形的能力。

稳定性——构件维持其原有平衡形态的能力。

内力——因外力作用而引起的固有内力的改变量,称为附加内力,简称内力。

应力——应力是截面上一点处分布内力的集度。

正应力——垂直于截面的应力分量。

剪应力——相切于截面的应力分量。

2. 材料力学的任务

材料力学的主要任务就是研究衡量构件承载能力的强度、刚度和稳定性。为设计既经济又安全的构件提供有关强度、刚度和稳定性分析的基本理论和方法。

3. 变形固体的基本假设

连续性假设——认为组成变形固体的物质完全填满了固体所占有的几何空间而毫无间隙存在。

均匀性假设——认为固体内中各点处具有完全相同的力学性能。

各向同性假设——认为固体材料在各个不同方向上的力学性能是相同的。

小变形假设——假设构件受力后的变形量远小于构件的原始几何尺寸。

线弹性假设——假设外力的大小没有超过一定的范围,构件只产生了弹性变形,并且外力与变形之间符合线性关系。

4. 截面法及其步骤

研究构件在外力作用下某一截面位置的内力,应将构件在该截面处分离,即假想地把构件沿该截面分成两个部分,以便显示并计算该截面的内力,这种方法称为截面法。其主要步骤为:

(1) 截取:沿需求内力的截面假想的将构件截开分成两部分,取其中任一部分作研究对象,另一部分舍弃;

(2) 画力:画所取研究对象的受力图,注意把弃去部分对留下部分的作用以截面上的内力代替;

(3) 平衡:根据研究对象的受力图列出静力平衡方程,求得截面内力。

截面法是对受力杆件进行内力分析的基本方法。

5. 杆件变形的基本形式(见表 5.1)

表 5.1

种类 \ 内容	外力特点	变形特点
轴向拉伸及压缩 (Axial Tension)		
剪切 (Shear)		
扭转 (Torsion)		
平面弯曲 (Bending)		

思考题

1. 材料力学的研究对象是什么、任务是什么？
2. 变形体和刚体有什么主要的区别？
3. 什么是构件的强度、刚度和稳定性？
4. 材料力学对变形固体所作的基本假设有哪些？
5. 什么是内力？进行内力分析的基本方法是什么？主要有哪几个步骤？
6. 为什么要提出应力的概念？什么是正应力？什么是剪应力？
7. 杆件变形的基本形式有哪些？分别各举一例说明。

习题

5-1 如图 5.8 所示，一直杆受一对平衡力作用而平衡。求截面 I 上的内力。

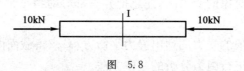

图 5.8

5-2 两个相同形状的物块 A 和 B 静止在光滑的水平面上，受力如图 5.9 所示。求两物块之间的相互作用力，并将结果与习题 5-1 比较，讨论它们的异同。

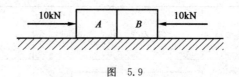

图 5.9

第六章 轴向拉伸和压缩

第一节 轴向拉(压)的实例和计算简图

轴向拉伸和压缩变形是杆件基本变形形式之一。在工程中,经常会遇到承受轴向拉伸或压缩的杆件。例如,图 6.1a)为一悬臂吊车,由受力分析知 CD 杆为二力杆,两端受有与轴线重合的拉力 F,CD 杆在此力作用下将被拉伸而发生伸长变形如图 6.1b)所示。图 6.1c)为一桁架,因外力均作用在结点上,其结构中的杆件均为二力杆,两端均受有与轴线重合的力 F 或为拉如图 6.1b)或为压如图 6.1d)。

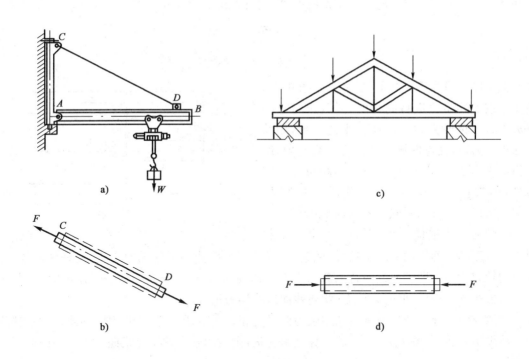

图 6.1

工程中这样的实例还有很多,如斜拉桥中的拉索、桥墩、紧固件中起连接作用的螺栓等。虽然实际杆件端部的连接情况或传力方式各不相同,在略去一些次要因素之后,则都可抽象为图 6.1b)、图 6.1d)所示的计算简图。由计算简图可知,拉压杆件的受力特征是:杆上的外力或外力合力的作用线与杆的轴线重合。在这种外力作用下,拉压杆件的变形特征是:杆件沿轴线方向伸长或缩短,同时横向尺寸也发生相应变化。

第二节 轴向拉(压)杆的内力·轴力图

一 轴向拉(压)杆的内力

工程中,把承受轴向拉伸或压缩的杆件称为轴向拉(压)杆。现在先来分析轴向拉压杆的内力,以图 6.2a)所示一受轴向外力拉伸的杆件为例,欲求某一截面 $m\text{-}m$ 上的内力,用截面法的方法步骤分析:

(1)截取:假想将杆件沿 $m\text{-}m$ 截面截开,取 $m\text{-}m$ 截面以左(或以右)为研究对象,另一部分舍弃。

(2)画力:画出所取研究对象的受力图,如图 6.2 b)所示。左段上除受到力 F 的作用外,还受到右段对它的作用力,此即截面 $m\text{-}m$ 上的内力。根据连续性、均匀性假设,截面 $m\text{-}m$ 上将有均匀、连续分布的内力,称为分布内力。F_N 是 $m\text{-}m$ 截面上分布内力的合力,因与杆的轴线重合,故称该分布内力的合力 F_N 为轴力。

(3)平衡:列出研究对象的静力平衡方程,求得 $m\text{-}m$ 截面内力。因为杆件整体是平衡的,假想地截开后左(右)段仍应处于平衡状态,因此可列出平衡方程。即

$$\sum x=0, F_N-F=0$$

得:
$$F_N=F$$

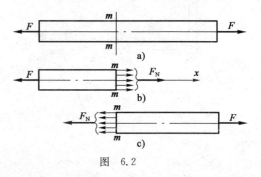

图 6.2

如果以右段为研究对象,受力图如图 6.2c)所示。按上述步骤进行同样的计算,也可求得 $m\text{-}m$ 截面上的轴力为 $F_N=F$。由此可见,用截面法求内力时,无论取哪一部分为研究对象,所求得的内力数值完全相同,但方向相反。这很显然,因为它们是作用力与反作用力的关系。为保证取任一部分为研究对象时得到的同一截面上的轴力不仅数值相等,而且符号相同。材料力学以变形来确定内力的正负号,规定:使杆件产生拉伸变形的轴力为正;使杆件产生压缩变形的轴力为负。即轴力方向背离截面为正,指向截面为负。图 6.2b)、图 6.2c)上分别表示的 F_N,虽然方向相反,但同为拉力(背离截面),故均为正号。

注意:在计算轴力时,通常将未知轴力假设为正。若计算结果为正,则表示轴力的实际指向与所设指向相同,轴力为拉力;若计算结果为负,则表示轴力的实际指向与所设指向相反,轴力为压力。

二 轴向拉(压)杆的轴力图

工程中常有一些杆件,其上受到多个轴向外力的作用,这时杆在不同截面上的内力(轴力)将不同。为了表明内力随截面位置的变化规律,选取一个平面直角坐标系,以平行于杆轴线的坐标表示横截面的位置,垂直于杆轴线的坐标表示相应截面上的内力(轴力),从而

绘出内力与截面位置关系的图线,称为内力图。因此时的截面内力为轴力,也常称为轴力图或 F_N 图。

轴力图的具体做法是:

(1)将杆件按外力变化情况分段,并用截面法求出各段控制截面的轴力。

(2)建立一直角坐标系,其中 x 轴与杆的轴线方向一致,表示杆件截面的位置,F_N 轴垂直于 x 轴,表示轴力的大小,通常坐标原点与杆端对应。

(3)根据各段轴力的大小绘出图线,标出纵标线、纵标值、正负号、图名、单位。

【**例 6.1**】 求图 6.3a)所示杆件 1-1、2-2、3-3 截面的轴力,并绘出轴力图。

【**解题分析**】 要绘轴力图,必须求出各控制截面的内力。将杆件按外力变化情况分为 AB、BC、CD 段,每段有一个控制截面,如 1-1、2-2、3-3 截面。而要求截面内力,就要应用截面法。

【**解**】 (1)求各指定截面的轴力

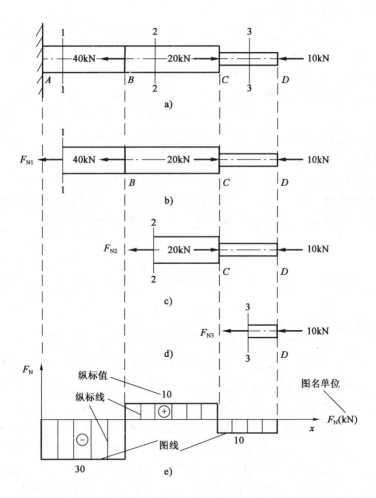

图 6.3

①求 AB 段 1-1 截面的轴力

a.截取:将杆件沿 1-1 截面切开,取截面以右为研究对象。也可取截面以左为研究对象,但须先求出支座 A 处的支座反力。

b. 画力:画出 1-1 截面以右的受力图,如图 6.3b)。F_{N1} 是 1-1 截面上的轴力,用设正法画出(背离截面)。

c. 平衡:列出研究对象的静力平衡方程,求得 1-1 截面内力。即 $\sum x=0$,$-F_{N1}-40\text{kN}+20\text{kN}-10\text{kN}=0$ $F_{N1}=-30\text{kN}$

算得的结果为负,表明 F_{N1} 与所设方向相反,指向截面为压力。

②求 BC 段 2-2 截面的轴力

a. 截取:将杆件沿 2-2 截面切开,取截面以右为研究对象。

b. 画力:画出 2-2 截面以右的受力图,如图 6.3c)所示。F_{N2} 是 2-2 截面上的轴力,用设正法画出(背离截面)。

c. 平衡:列出研究对象的静力平衡方程,求得 2-2 截面内力。即 $\sum x=0$,$-F_{N2}+20\text{kN}-10\text{kN}=0$ $F_{N2}=10\text{kN}$

算得的结果为正,表明 F_{N2} 与所设方向一致,背离截面为拉力。

③求 CD 段 3-3 截面的轴力

a. 截取:将杆件沿 3-3 截面截开,取截面以右为研究对象。

b. 画力:画出 3-3 截面以右的受力图,如图 6.3d)所示。F_{N3} 是 3-3 截面上的轴力,用设正法画出(背离截面)。

c. 平衡:列出研究对象的静力平衡方程,求得 3-3 截面内力。即 $\sum x=0$,$-F_{N3}-10\text{kN}=0$
$$F_{N3}=-10\text{kN}$$

算得的结果为负,表明 F_{N3} 与所设方向相反,指向截面为压力。

(2)建立坐标系,绘制轴力图

建立坐标系,并根据所求杆段各截面的轴力绘制轴力图,如图 6.3e)所示。

通过该例的计算可以看出,杆件截面上的内力大小与杆件的截面尺寸无关,而只与杆件所受外力有关。要解决杆件的强度问题,还需进一步求出截面上的应力。

第三节 截面上的应力

一 拉压杆横截面上的应力

由上述分析可知,拉压杆横截面上分布内力的合力沿截面的法线方向,所以横截面上只有正应力 σ。欲计算正应力,必须知道其截面上的分布规律。由于内力与变形之间存在着一定的关系,可通过观察拉压杆的变形,来确定内力的分布情况。

如图 6.4a)所示,取一等直杆在其侧表面上画出一系列平行于轴线的纵向线和垂直于轴线的横向线。然后,在杆的两端施加一对轴向拉力 F。拉伸后可观察到横向线 ab、cd 分别平行移到了 $a'b'$、$c'd'$ 的位置,但仍为直线,且仍垂直于杆轴,如图 6.4b)所示。根据这一现象,可假设变形前为平面的横截面,变形后仍保持为平面,这个假设称为平面假设。

设想杆是由许多纵向纤维所组成,根据平面假设,可断定杆变形时任意两横截面间各纵向纤维的伸长量相等;又根据均匀连续性假设,各条纤维的性质相同,因而它们的受力必定相等。所以横截面上的法向分布内力是均匀分布的,即正应力 σ 沿横截面均匀分布,其分布情况如图 6.4c)所示。这个结论对于压杆也是成立的。

若在横截面上任取一微面积 dA，其上的微内力为 $\sigma \cdot dA$，如图 6.4d)所示。若杆的横截面面积为 A，横截面上的轴力为 F_N，则横截面上所有微面积 dA 上的微内力 $\sigma \cdot dA$ 之和应等于轴力 F_N，即

$$F_N = \int_A \sigma \cdot dA$$

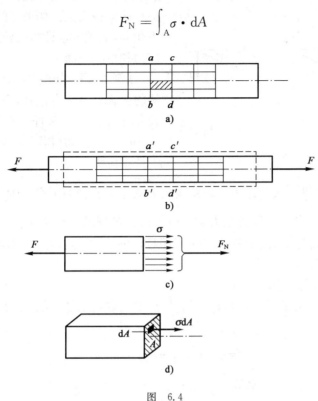

图 6.4

因为横截面上的正应力 σ 是均匀分布的，即 σ 等于常量。则上式可写为：

$$F_N = \int_A \sigma \cdot dA = \sigma \cdot A$$

于是得到：
$$\sigma = \frac{F_N}{A} \tag{6.1}$$

式(6.1)就是拉压杆横截面上任意点正应力的计算公式。

正应力 σ 的符号和轴力 F_N 的符号规定相同，即拉应力为正，压应力为负。

必须指出，这一结论实际上只在杆上离外力作用点稍远的部分才正确。因为在外力作用点附近截面上的应力分布情况比较复杂，实际上杆端外力一般总是通过各种不同的连接方式传递到杆上的。研究表明，当外力的合力沿轴向作用时，只会使与杆端距离不大于杆的横向尺寸的范围内受到影响，但对稍远处的应力分布影响很小，可以忽略，这就是圣维南原理。根据这一原理，除了外力作用点附近以外，都可用式(6.1)计算应力。至于杆端的计算则与其连接方式有关，将在第七章讨论。

在对拉压杆进行强度计算时，还需要知道杆件各横截面上正应力的最大值，称为杆的最大正应力；而将最大正应力所在的截面称为危险截面。危险截面上最大应力所在的点称为危险点，危险点处的应力也称为最大工作应力。对于轴向拉压杆而言，只要判断出危险截面，危险截面上的任一点都是危险点。对于抗拉、抗压性能相同的材料(如低碳钢)，只需要取绝对值最大的 σ 为最大工作应力。对于抗拉、抗压性能不同的材料(如木材、铸铁)，则要把最大拉应力

和最大压应力都作为最大工作应力。

由式(6.1)可知,如果拉(压)杆各横截面面积 A 相同为等直杆,则最大正应力发生在轴力最大的截面上;如果杆的各横截面上的轴力 F_N 都相同,那么杆的最大正应力发生在截面面积最小的横截面上。如果杆的轴力、截面面积均不相同,应做定量计算比较后才能确定最大正应力和危险截面。

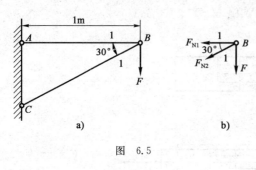

图 6.5

【例 6.2】 如图 6.5a)所示为一三角形托架的简图。AB 为钢杆,其截面面积为 $A_1=420mm^2$;BC 为木杆,其截面面积为 $A_1=8000mm^2$。已知荷载 $F=40kN$,求各杆横截面上的正应力。

【解题分析】 题目欲求 AB、BC 杆横截面上的正应力,须用正应力的计算公式 $\sigma=\dfrac{F_N}{A}$。截面面积 A 为已知,需求出各杆的轴力 F_N,便可计算各杆的正应力了。图示结构中 AB、BC 均为二力杆,用截面法沿任意截面截开即可求得杆件的轴力。(注意:应用截面法时,各未知力均设为正,即背离截面。)

【解】 (1)用截面法计算杆的轴力

将三角托架沿 1-1 截面截开,取截面以右结点 B 为研究对象,受力如图 6.5b)所示。

列平衡方程:

$$\sum X=0 \quad -F_{N1}-F_{N2}\cdot\cos30°=0$$

$$\sum Y=0 \quad -F_{N2}\cdot\sin30°-F=0$$

将 $F=40kN$ 代入解之得:

AB 杆的轴力为 $\quad\quad\quad\quad\quad F_{N1}=69.28kN$

BC 杆的轴力为 $\quad\quad\quad\quad\quad F_{N2}=-80kN$

(2)计算各杆的正应力

由式(6.1)知,AB、BC 杆的正应力分别为:

$$\sigma_1=\frac{F_{N1}}{A_1}=\frac{69.28\times10^3N}{420mm^2}=164.95MPa \quad\quad (拉应力)$$

$$\sigma_2=\frac{F_{N2}}{A_2}=\frac{-80\times10^3N}{8000mm^2}=-10MPa \quad\quad (压应力)$$

(3)讨论

题中提及杆的材料 AB 为钢杆、BC 为木杆,但在计算过程中我们仅用了静力平衡方程和拉压杆的正应力计算公式。这表明,仅用静力平衡方程就能完全确定全部未知力的结构,其内力、应力与杆的材料无关。

【例 6.3】 如图 6.6a)所示,一正方形截面的混凝土柱,已知 $F=50kN$,$F_1=30kN$。求该混凝土柱的最大正应力。

【解题分析】 题目欲求最大正应力,该柱分 AB、BC 两段,两段所受外力不同,其内力也不相同,可用截面法求出,并绘出轴力图。又因为两段的截面面积不同,其最大正应力便不能通过定性分析确定,而须分别对 AB、BC 段的正应力进行定量计算,通过比较找出最大正应力。

【解】 (1)用截面法求得 AB、BC 段的轴力

$$F_{N1} = -50 \text{kN}$$

$$F_{N2} = -110 \text{kN}$$

根据所求轴力可绘出轴力图如图 6.6b)。

(2)计算各段的正应力

由式(6.1)得:

$$\sigma_{AB} = \frac{F_{N1}}{A_{AB}} = \frac{-50 \times 10^3 \text{N}}{240^2 \text{mm}^2} = -0.87 \text{MPa}$$

$$\sigma_{BC} = \frac{F_{N2}}{A_{BC}} = \frac{-110 \times 10^3 \text{N}}{320^2 \text{mm}^2} = -1.07 \text{MPa}$$

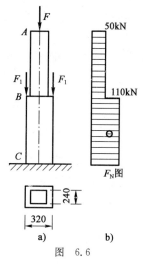

图 6.6

计算结果为负,表示该柱受到的是压应力。经比较可知,混凝土柱的最大正应力发生在柱的 BC 段各横截面上,其值可表示为:

$$\sigma_{\max} = -1.07 \text{MPa} \quad (压应力)$$

二 拉(压)杆斜截面上的应力

以上讨论了轴向拉压杆横截面上的正应力,而通过杆内任一点可以做无数个截面,横截面只是其中的一个特殊截面。在其他方向截面上的应力情况如何?那些截面上的应力是否会比横截面上的应力更大,而使杆件破坏呢?为了全面了解杆的强度,还需要分析任意斜截面上的应力情况。

以图 6.7a)为例,利用截面法,假想沿任一斜截面 m-m 将杆截开,斜截面的方位以其外法线 On 与 x 轴的夹角 α 表示,并规定:角度 α 自杆轴至斜截面外法线以逆时针转向为正,反之为负。取 m-m 以左为研究对象,受力如图 6.7b)所示。

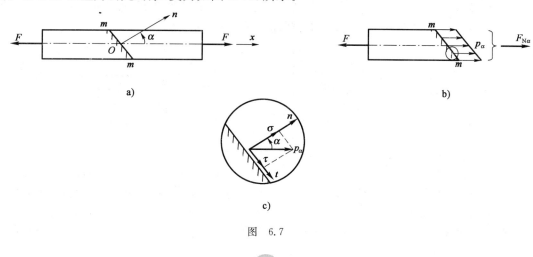

图 6.7

由 $\sum x=0$，可得斜截面 $m\text{-}m$ 截面上的内力：$F_{N\alpha}=F=F_N$

仿照横截面上正应力均匀分布的推理过程，也可推断斜截面 $m\text{-}m$ 上的应力 p_α 是均匀分布且与杆轴平行，如图 6.7b)所示。设杆件横截面的面积为 A，斜截面 $m\text{-}m$ 的面积为 A_α：

则有：
$$A_\alpha=\frac{A}{\cos\alpha}$$

由图 6.7b)可知：
$$F_{N\alpha}=p_\alpha\cdot A_\alpha=p_\alpha\cdot\frac{A}{\cos\alpha}$$

所以：
$$p_\alpha=\frac{F_{N\alpha}}{A}\cdot\cos\alpha=\frac{F}{A}\cdot\cos\alpha=\sigma\cdot\cos\alpha$$

式中：$\sigma=\dfrac{F}{A}$——杆件横截面上的正应力。

为方便以后的讨论，将应力 p_α 沿截面的法向和切向分解如图 6.7c)所示。得斜截面上的正应力 σ_α 和切应力 τ_α 分别为：

$$\begin{cases}\sigma_\alpha=p_\alpha\cdot\cos\alpha=\sigma\cdot\cos^2\alpha\\ \tau_\alpha=p_\alpha\cdot\sin\alpha=\sigma\cdot\cos\alpha\cdot\sin\alpha=\dfrac{\sigma}{2}\sin2\alpha\end{cases} \quad(6.2)$$

这就是拉压杆斜截面上的应力计算公式。

利用式(6.2)对斜截面上的应力进行讨论分析，可得出如下结论：

(1)在通过拉(压)杆内任一点的各个截面上，一般都存在正应力 σ_α 和切应力 τ_α，其大小和方向随 α 角作周期性变化。

(2)轴向拉压杆内任一点处的最大正应力发生在杆的横截面上。

即当 $\alpha=0$ 时，$\sigma_0=\sigma\cdot\cos^20=\sigma=\sigma_{\max}$，$\sigma$ 是横截面上的正应力。

(3)轴向拉压杆内任一点处的最大切应力发生在 $45°$ 斜截面上，其值等于该点处最大正应力的一半。

即当 $\alpha=\pm45°$ 时，$\tau_{45°}=\dfrac{\sigma}{2}\sin2\times45°=\dfrac{\sigma}{2}=\tau_{\max}$

(4)轴向拉压杆在平行于杆轴线的纵向截面上不产生任何应力。

即当 $\alpha=\pm90°$ 时，$\sigma_{90°}=0$，$\tau_{90°}=0$

在利用式(6.2)计算斜截面上的应力时，必须注意式中各量的正负号。规定：正应力 σ_α 仍以拉应力为正，压应力为负。切应力 τ_α 则以其沿截面顺时针错动为正，反之为负。图 6.8a)所示各量均为正值，而图 6.8b)所示各量均为负值，可对照理解、练习。

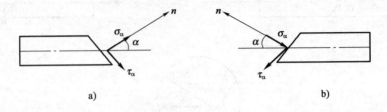

图 6.8

【例 6.4】 如图 6.9a)所示一轴向受压杆等截面直杆，已知其横截面面积 $A=200\text{mm}^2$，轴向压力 $F=25\text{kN}$。试分别计算 $\alpha_1=45°$ 和 $\alpha_2=-45°$ 斜截面上的正应力和切应力。

【解题分析】 由式(6.2)知，过一点的所有斜截面上的正应力 σ_α 和切应力 τ_α，都与横截面

上的正应力 σ 有确定的关系。欲求斜截面上的正应力和切应力,须先求出横截面上的正应力,再利用式(6.2)计算即可。

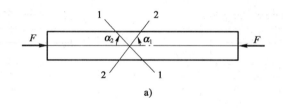

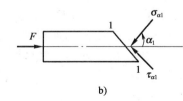 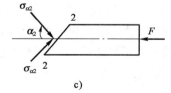

图 6.9

【解】 (1)求压杆横截面上的正应力

$$\sigma = \frac{F_N}{A} = \frac{-F}{A} = \frac{-25 \times 10^3 \text{N}}{200 \text{mm}^2} = -125 \text{MPa}$$

(2)求斜截面上的正应力和切应力

由式(6.2)可知,

$\alpha_1 = 45°$ 时,斜截面 1-1 上的正应力和切应力分别为:

$$\sigma_{45°} = \sigma \cdot \cos^2\alpha = -125 \times \cos^2 45° = -62.5 \text{MPa}$$

$$\tau_{45°} = \frac{\sigma}{2} \cdot \sin 2\alpha = \frac{-125}{2} \sin(2 \times 45°) = -62.5 \text{MPa}$$

$\alpha_2 = -45°$ 时,斜截面 2-2 上的正应力和切应力分别为:

$$\sigma_{-45°} = \sigma \cdot \cos^2\alpha = -125 \times \cos^2(-45°) = -62.5 \text{MPa}$$

$$\tau_{-45°} = \frac{\sigma}{2} \cdot \sin 2\alpha = \frac{-125}{2} \sin(-2 \times 45°) = 62.5 \text{MPa}$$

将上面求得的应力分别表示在它们所作用的截面上,如图 6.9b)、图 6.9c)所示。

第四节 轴向拉(压)杆的变形

工程中有些杆件,除应满足一定的强度要求外,还要满足刚度要求。为此,必须研究杆件变形的计算方法。本节将着重研究拉压杆的变形。

杆件在轴向拉伸或压缩时,所产生的主要变形是沿轴线方向的伸长或缩短,称为轴向变形或纵向变形;与此同时,垂直于轴线方向的横向尺寸也有所缩小或增大,称为横向变形。

一 纵向变形

如图 6.10 所示,设拉、压杆的原长为 l,在轴向外力 F 的作用下,长度变为 l_1,杆的纵向变

形用 Δ 表示，则：

$$\Delta l = l_1 - l \tag{6.3}$$

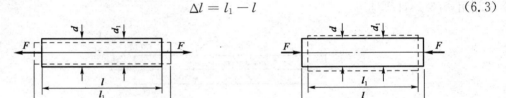

图 6.10

对于拉杆，Δl 为正值，表示纵向伸长。如图 6.10a) 所示。对于压杆，Δl 为负值，表示纵向缩短，如图 6.10b) 所示。由于纵向变形 Δl 的大小与杆的原长 l 有关，所以它并不能真实地反映杆的变形程度。为了更加准确的描述杆的变形程度，用单位长度的变形量作为衡量变形的基本度量，称为线应变，并将沿轴线方向的线应变称为纵向线应变，用 ε 表示。即

$$\varepsilon = \frac{\Delta l}{l} \tag{6.4}$$

显然，拉伸时 $\varepsilon > 0$，称为拉应变；压缩时 $\varepsilon < 0$，称为压应变。由式 (6.4) 知，纵向线应变 ε 是一个无量纲的量。

二 横向变形与泊松比

1. 横向变形

如图 6.10 所示，设拉、压杆在变形前、后的横向尺寸分别为 d 与 d_1，杆的横向变形用 Δd 表示，则：

$$\Delta d = d_1 - d \tag{6.5}$$

与之相应的应变称为横向线应变，用 ε' 表示，由线应变定义可知：

$$\varepsilon' = \frac{\Delta d}{d} \tag{6.6}$$

2. 泊松比

由式 (6.4)、式 (6.6) 知，拉伸时 $\varepsilon > 0$、$\varepsilon' < 0$，压缩时 $\varepsilon < 0$、$\varepsilon' > 0$。大量的实验表明，当杆的变形为弹性变形时，横向线应变 ε' 与纵向线应变 ε 之间保持一定的比例关系，但符号恒相反，即

$$\mu = -\frac{\varepsilon'}{\varepsilon} \quad \text{或} \quad \varepsilon' = -\mu \cdot \varepsilon \tag{6.7}$$

此比值 μ 称为泊松比或横向变形系数。它是一个无量纲的量，其值随材料不同而异，由试验测定。利用式 (6.7)，可由纵向线应变求横向线应变，反之亦然。

3. 胡克定律

现在来讨论拉压杆受力与变形量之间的关系。这种关系与材料的性能有关，需要通过试验来获得。大量的试验表明，当杆的变形为弹性变形时，杆的纵向变形 Δl 与外力 F 及杆的原长 l 成正比，而与杆的横截面面积 A 成反比。即

$$\Delta l \propto \frac{Fl}{A}$$

引进比例常数 E，则有：

$$\Delta l = \frac{F \cdot l}{E \cdot A}$$

由于横截面上的轴力 $F_N = F$，故上式可改写为：

$$\Delta l = \frac{F_N \cdot l}{E \cdot A} \tag{6.8}$$

上式称为胡克定律，是拉压杆的变形计算公式。式(6.8)中的比例常数 E 称为弹性模量，其值随材料不同而异，是衡量材料抵抗弹性变形能力的一个指标。E 的数值需通过试验测定，E 的单位与应力的单位相同。弹性模量 E 和泊松比 μ 是材料固有的两个弹性常数，以后将会经常用到。工程中一些常用材料的 E 和 μ 值，可从相关工程材料手册中查得。

使用式(6.8)计算变形时应注意：

(1) 轴向变形 Δl 的正负表明杆件伸长或缩短，Δl 与轴力 F_N 的符号相同。

(2) 式(6.8)中 EA 称为杆的拉压刚度，它与 Δl 成反比，可见 EA 代表了杆件抵抗拉、压变形的能力。

(3) 此式只适用于在 l 杆段内 F_N、E 和 A 均为常数的变形计算；若全杆的轴力 F_N、截面面积 A 和弹性模量 E 中的其中之一分段变化时，则应按式(6.8)分别计算各段的轴向变形，然后求其代数和，即可得全杆总的轴向变形 Δl。即

$$\Delta l = \sum \Delta l_i = \sum \frac{F_{Ni} \cdot l_i}{E_i \cdot A_i} \tag{6.9a}$$

若杆件的轴力沿轴线连续变化，即 F_N 是 x 的函数。则杆件总的轴向变形 Δl 应通过对微段 dx 的轴向变形 $d(\Delta l)$ 积分求得。即

$$\Delta l = \int_l d(\Delta l) = \int_l \frac{F_N(x) \cdot dx}{E \cdot A} \tag{6.9b}$$

整理以上两式，并代入 $\sigma = \frac{F_N}{A}$、$\varepsilon = \frac{\Delta l}{l}$ 可得：

$$\sigma = E \cdot \varepsilon \tag{6.10}$$

上式是胡克定律的另一表达式，它不仅适用于拉压杆，而且还可以更普遍的用于所有的单项应力状态，故通常又称其为单项应力状态下的胡克定律。它表明：在弹性范围内，一点处的正应力与该点处的线应变成正比。该式还常用于实验应力分析。

【例 6.5】 一阶梯杆由两种材料组成。AB 段的材料为铸铁，其弹性模量 $E_1 = 100\text{GPa}$；BC 和 CD 段的材料为钢，其弹性模量 $E_2 = E_3 = 200\text{GPa}$。所受轴向荷载如图 6.11a)所示。已知 $F_1 = F_2 = 5\text{kN}$，$F_3 = 10\text{kN}$。各段的长度分别为 $l_1 = l_3 = 1.2\text{m}$，$l_2 = 1\text{m}$。各段的横截面面积分别为 $A_1 = 60\text{mm}^2$，$A_2 = A_3 = 100\text{mm}^2$。试求杆 AD 总的轴向变形 Δl 和 B 截面的位移。

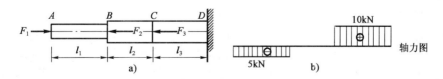

图 6.11

【解题分析】 题目有两个要求，一是要求杆的总变形。由于杆件各段的材料不同、所受荷载不同、截面尺寸不同，因此求变形时应先分段计算各段的变形量 Δl_1、Δl_2 和 Δl_3，欲求变形量

又须先求出各段的轴力。然后,再用式(6.9a)求总变形 Δl。二是求 B 截面的位移。由于 D 端固定,所以 B 截面的位移,即为 B 截面相对于 D 截面的位移,而两截面的相对位移等于该两截面间杆件的变形,因此要求 B 截面的位移,应先求出 BC、CD 段的变形 Δl_2 和 Δl_3。

【解】 (1)计算杆的轴力并绘轴力图

由截面法可得各段的轴力为:

$$F_{N1}=-5\text{kN}, F_{N2}=0, F_{N3}=10\text{kN}$$

其轴力图如图 6.11b)所示。

(2)分别计算各段变形

由式(6.8)知:

$$\Delta l_{AB}=\frac{F_{N1} \cdot l_1}{E_1 \cdot A_1}=\frac{-5\times10^3\text{N}\times1.2\times10^3\text{mm}}{100\times10^3\text{MPa}\times60\text{mm}^2}=-1\text{mm}$$

$$\Delta l_{BC}=\frac{F_{N2} \cdot l_2}{E_2 \cdot A_2}=0$$

$$\Delta l_{CD}=\frac{F_{N3} \cdot l_3}{E_3 \cdot A_3}=\frac{10\times10^3\text{N}\times1.2\times10^3\text{mm}}{200\times10^3\text{MPa}\times100\text{mm}^2}=0.6\text{mm}$$

(3)计算杆 AD 总的轴向变形

由式(6.9a)知:

$$\Delta l=\sum\Delta l_i=\Delta l_{AB}+\Delta l_{BC}+\Delta l_{CD}=-1+0+0.6=-0.4\text{mm}$$

总变形 Δl 为负值,表示杆 AD 在外力作用下产生压缩变形。

(4)计算 B 截面的位移

$$\delta_B=\delta_{BD}=\Delta l_{BC}+\Delta l_{CD}=0+0.6=0.6\text{mm}$$

所得结果为正,表示 B 截面向左位移。

讨论:

(1)本例的变形计算可知,有内力必有变形。如杆的 AB、CD 段均有内力,则两段均有变形;而 BC 段无内力,则该段无变形。说明了变形与内力的相互依存关系。

(2)由本例的位移计算可知,位移和变形是两个不同的概念。如 BC 段虽无内力,也无变形,但该段各横截面相对固定端 D 均有位移,这是因为 CD 段的变形使 BC 段产生刚性位移。说明了位移与内力之间没有绝对的依存关系。

【例 6.6】 如图 6.12a)所示一均质等直杆,其顶部受轴向荷载 F 的作用。已知杆的长度为 l,横截面面积为 A,材料的重度为 γ,弹性模量为 E,试求杆件在自重及荷载 F 的作用下杆顶端面 B 处的位移 Δ_B。

【解题分析】 题目欲求顶端 B 处的位移,求出杆 AB 的总变形即可。该题因考虑杆的自重,轴力沿轴线连续变化,即 F_N 是 x 的函数。则杆总的轴向变形 Δl 应通过对微段 dx 的轴向变形 $d(\Delta l)$ 积分求得。即杆的变形需用式(6.9b)计算,而要用式(6.9b)计算,须先找出轴力与截面位置 x 的函数关系,即 $F_N(x)$。

【解】 (1)确定杆的轴力与截面位置 x 的函数关系

应用截面法将杆件从距杆端 B 为 x 的截面处截开,设该截面上的内力为 $F_N(x)$。画受力

图如图 6.12b)所示,由平衡条件知:

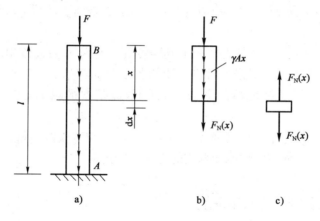

图 6.12

$$\sum x=0, F_N(x)+F+\gamma \cdot A \cdot x=0$$

即
$$F_N(x)=-(F+\gamma \cdot A \cdot x)$$

微段 dx 如图 6.12c)所示,由于是微段,可略去两端内力的微小差值,则微段的变形为:

$$d(\Delta l)=\frac{F_N(x)dx}{EA}$$

(2)求顶端 B 处的位移

$$\Delta_B = \Delta l = \int_l d(\Delta l) = \int_l \frac{F_N(x) \cdot dx}{E \cdot A} = \int_0^l \frac{-(F+\gamma \cdot A \cdot x)}{E \cdot A} dx = -\left(\frac{F \cdot l}{E \cdot A} + \frac{\frac{W}{2} \cdot l}{E \cdot A}\right)$$

式中: W——杆的自重, $W=\gamma \cdot A \cdot l$

讨论:

(1)由本例计算结果可知,等直杆由自重引起的变形,等于将杆重的一半作用于杆端所引起的变形。

(2)在本例中,若将自重作为集中力作用于重心,所得结果与上述结果相同,但这种计算方法是错误的,因为荷载的简化会导致杆的内力和变形的变化,如图 6.13 所示。

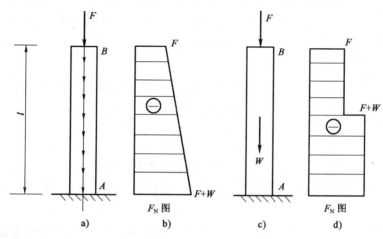

图 6.13

第五节　材料在拉伸和压缩时的力学性能

材料的力学性能是材料在外力作用下其强度和变形等方面表现出来的性质,它是构件强度计算及材料选用的重要依据。材料性能的各项指标都是通过试验测定的。在常温、静载(指从零缓慢地增加到标定值的荷载)条件下,最基本的材料试验是拉伸试验和压缩试验。

本节以工程中广泛使用的低碳钢(含碳量<0.25%)和铸铁两类材料为例,介绍材料在常温、静载下拉伸、压缩时的力学性能和相关的力学性能指标。

一　材料在拉伸时的力学性能

1. 低碳钢在拉伸时的力学性能

为了便于比较不同材料的试验结果,试件的形状和尺寸必须符合国家标准的规定。金属材料常用的标准拉伸试件如图 6.14 所示,标记 m 与 n 之间的杆段为试验段,试验段的长度 l_0 称为标距,标距内试件的直径为 d_0。国家标准规定:

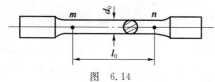

图 6.14

$$l_0 = 10d_0 \quad 或 \quad l_0 = 5d_0$$

拉伸试验一般是在万能材料试验机上进行。试验时将试件的两端装在试验机的上、下夹头内,然后开动试验机,缓慢平稳地加载。随着荷载 F 的增加试件逐渐被拉长,直至拉断。通过试验,可以看到随着拉力 F 的逐渐增加,试件的伸长量 Δl 也在增加。如取一直角坐标系,用横坐标表示拉伸变形 Δl,纵坐标表示拉力 F,则在试验机的自动绘图装置上可以画出 Δl 与 F 之间的关系曲线,这条曲线称为拉伸曲线或 F-Δl 曲线。图 6.15 为 Q235 钢的拉伸曲线。

试验结果表明,试件的拉伸曲线不仅与试件的材料有关,而且受试件几何尺寸的影响,不能直接反映材料的力学性能。例如,如果试件的截面面积愈大,产生相同的伸长所需的拉力就愈大;如果试件的标距愈长,则在同样的拉力作用下,拉伸变形 Δl 也会愈大。为了消除试件尺寸的影响,使试验结果能反映材料的性能,将拉力 F 除以试件的原横截面面积 A_0,得到应力 $\sigma=F/A_0$,作为纵坐标;将标距的伸长量 Δl 除以标距的原有长度 l_0,得到应变 $\varepsilon=\Delta l/l_0$,作为横坐标。这样就得到一条应力 σ 与应变 ε 之间的关系曲线(如图 6.16 所示),称为应力—应变曲线或 σ-ε 曲线。现以应力—应变曲线为基础,结合试验过程中所观察到的现象,介绍材料的力学性能。

低碳钢是工程中广泛应用的金属材料,其应力—应变曲线具有典型意义。由图 6.16 可见,在拉伸试验的不同阶段,应力与应变关系的规律不同。根据应力—应变曲线,低碳钢的拉伸过程可分为以下四个阶段。

(1) 弹性阶段

在应力—应变曲线上 OB 段内,如果卸除荷载,则变形能够完全消失,即试件发生的变形是弹性变形,故称为弹性阶段。弹性阶段的应力最高值称为弹性极限,用 σ_e 表示,即 B 点处的应力值。

在 OA 段内,应力—应变曲线为一直线,说明在此阶段内应力与应变成正比,称为线弹性阶段,而 σ-ε 曲线上对应于 A 点的应力值,称为材料的比例极限,用 σ_P 表示。在此阶段内,材料服从胡克定律。例如,Q235 钢的比例极限一般取 $\sigma_P=200$MPa。虽然材料的比例极限 σ_P 和弹性极限 σ_e 物理意义不同,由于二者的数值非常接近,试验难以精确测定,工程上通常不作区分,统称为弹性极限。在理论研究中,当强调力与变形成正比时,则用"比例极限"。

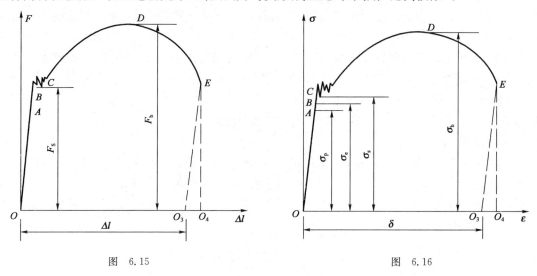

图 6.15   图 6.16

(2)屈服阶段

随着荷载的增加,应力超过弹性极限之后,试件除产生弹性变形外,还会产生部分塑性变形。在此阶段,$\sigma\varepsilon$ 曲线成锯齿形上下波动。此时应力基本保持不变而应变却急剧增加,材料暂时失去了抵抗变形的能力,这种现象称为屈服。故 BC 段称为屈服阶段。在屈服阶段中,对应于锯齿状曲线最低点 C 的应力称为材料的屈服极限,用 σ_s 表示。例如,Q235 钢的屈服极限一般取 $\sigma_s=235$MPa。

如果试件表面光滑,则当材料屈服时,试件表面会出现一些与试件轴线约成 45°的条纹,如图 6.17。这些条纹是材料原子沿着最大切应力的方向发生滑移的结果,称为滑移线。材料屈服时产生显著的塑性变形,这是构件正常工作所不允许的,因此屈服极限 σ_s 是衡量材料强度的重要指标。

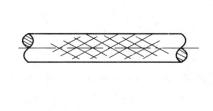

图 6.17   图 6.18

(3)强化阶段

经过屈服阶段以后,材料恢复了对变形的抵抗能力,要使材料继续变形,必须增大应力,这种现象称为材料的强化。这一阶段称为强化阶段。强化阶段曲线最高点 D 所对应的应力值称为材料的强度极限,用 σ_b 表示。例如,Q235 钢的强度极限一般取 $\sigma_b=400$MPa。在此阶段内,当应力达到强化阶段任一点 K 时,逐渐卸除荷载,则应力与应变之间的关系将沿着与 OA 近乎平行的直线 KK_1 回到 K_1 点,如图 6.18 所示。K_1K_2 这部分弹性应变消失,而 OK_1 这部分塑性应变则永远残留。如果卸载后再重新加载,则应力与应变曲线将大致沿着 K_1KDE 的曲线变化,直至断裂。由此可以看出,重新加载后材料的比例极限提高了,而断裂后的塑性应变减少了。因此,如果将卸载后已有塑性变形的试件当作新试件从新进行拉伸试验,其比例极限将得到提高,而断裂时的塑性变形减小。这种在常温下将钢材拉伸超过屈服阶段,卸载后再重新加载时,比例极限 σ_P 提高而塑性变形降低的现象称为材料的冷作硬化。在实际工程中常利用冷作硬化,以提高某些构件在线弹性范围内所能承受的最大荷载。但是由于冷作硬化后材料的塑性降低,有些时候则要避免或设法消除冷作硬化。

(4)颈缩阶段

在应力达到强度极限 σ_b 之前,沿试件的长度变形是均匀的。当应力达到强度极限 σ_b 后,在试件的某一局部区域内,横截面面积出现迅速收缩,这种现象称为颈缩现象,如图 6.19。由于局部截面的收缩,试件继续变形所需拉力逐渐减小,直至在曲线的 E 点,试件被拉断。故 DE 段称为颈缩阶段。

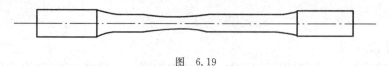

图 6.19

工程中反映材料塑性性能的两个指标分别为延伸率,用 δ 表示;断面收缩率,用 ψ 表示,其值均可由试验测定。在试件拉断后,如图 6.16 所示,O_3O_4 作为弹性应变恢复,OO_3 作为塑性应变永远残留。将试件的断口对接,量取试件工作段的长度(由 l_0 伸长到 l),横截面面积(由原来的 A_0 缩减到现在断口处的 A)。则:

延伸率 $$\delta = \frac{l-l_0}{l} \times 100\% \tag{6.11}$$

断面收缩率 $$\psi = \frac{A_0 - A}{A} \times 100\% \tag{6.12}$$

例如,Q235 钢的延伸率 $\delta = 20\% \sim 30\%$,断面收缩率 $\psi = 60\% \sim 70\%$。

工程中常把 $\delta > 5\%$ 的材料称为塑性材料,如碳钢、黄铜、铝合金等;而把 $\delta < 5\%$ 的材料称为脆性材料,如铸铁、陶瓷、玻璃、混凝土等。

2. 其他材料在拉伸时的力学性能

(1)其他塑性材料在拉伸时的力学性能

其他材料的拉伸试验与低碳钢的拉伸试验做法相同,但由于材料不同,各自所显示的力学性能和应力—应变图也有明显差别。图 6.20 给出了几种塑性材料的应力—应变曲线。可以看出,对于其他金属材料来讲,其 σ—ε 曲线并不都像低碳钢那样具备四个阶段。一些材料没有明显的屈服阶段,但它们的弹性阶段、强化阶段和颈缩阶段则都比较明显;另外,一些材料则只有弹性阶段和强化阶段而没有屈服阶段和颈缩阶段。这些材料的共同特点是延伸率 δ 均较大,它们和低碳钢一样都属于塑性材料。

对于没有屈服阶段的塑性材料,通常用名义屈服极限作为衡量材料强度的指标。国家标准规定:以产生 0.2% 塑性应变时的应力值作为材料的名义屈服极限,用 $\sigma_{0.2}$ 表示,如图 6.21 所示。

（2）铸铁等脆性材料在拉伸时的力学性能

铸铁是工程中广泛应用的一种材料。按低碳钢拉伸试验的方法，将铸铁标准拉伸试件进行试验，得到铸铁拉伸时的应力—应变曲线如图 6.22 所示。

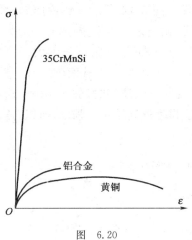

图 6.20

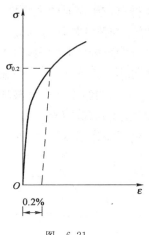

图 6.21

由应力—应变曲线可以看出，它没有明显的直线段，应力与应变不成正比关系。在工程计算中，通常以产生 0.1% 的总应变所对应的曲线的割线斜率来表示材料的弹性模量 E，即 $E=\tan\alpha$。铸铁在拉伸过程中，没有屈服阶段，也没有颈缩现象。拉断时断口沿横截面方向，应变很小，约为 0.4%～0.5%，是典型的脆性材料。拉断时的应力称为强度极限或抗拉强度，用 σ_b 表示。强度极限 σ_b 是衡量脆性材料强度的唯一指标。常用灰铸铁的抗拉强度很低，σ_b 约为 120～180MPa。由于铸铁等脆性材料拉伸的强度极限很低，因此不宜用于制作受拉构件。

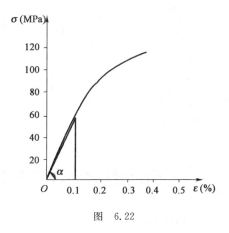

图 6.22

二 材料在压缩时的力学性能

1. 塑性材料在压缩时的力学性能

材料在压缩时的力学性能由压缩试验测定。根据国家标准，金属材料的压缩试件一般采用短而粗的圆柱形试件，试件高度 h 与截面直径 d 的比值为 $h/d=1.5\sim3$。低碳钢压缩时的应力—应变曲线如图 6.23 所示。将图 6.23 与低碳钢拉伸时的应力—应变图（图中虚线）相比较，由图可以看出，在屈服阶段以前，低碳钢拉伸与压缩的应力—应变曲线基本重合。因此，低碳钢压缩时的弹性模量 E、弹性极限 σ_e、屈服极限 σ_s 都与拉伸试验的结果基本相同。在屈服阶段后，随着压力的不断增加，试件出现了显著的塑性变形，试件越压越扁，由于横截面不断增大，要继续产生压缩变形，就要进一步增加压力，因此由 $\sigma=F/A$ 得出的 $\sigma-\varepsilon$ 曲线呈上升趋势。此时试件只产生显著的塑性变形，由于上下压板与试件之间的摩擦力约束了试件两端的横向变形，试件被压成鼓形，直至压成薄饼，而不会发生断裂破坏。因此，无法测出低碳钢压缩时的强度极限。但由于发生了较大的塑性变形工程中已不能正常使用,如图 6.23 所示。由此可见,低碳钢压缩时的一些性能指标,可通过拉伸试验测出,而不必再做压缩试验。

2. 脆性材料在压缩时的力学性能

脆性材料在压缩时的力学性能与拉伸时有较大差异。图 6.24 所示为铸铁压缩时的应力—应变曲线,与铸铁拉伸时的应力—应变曲线(图中虚线)相比较。铸铁拉、压时的应力—应变曲线都没有明显的屈服阶段,但压缩时塑性变形较明显。铸铁的抗压强度 σ_c 远大于抗拉强度 σ_b,大约为抗拉强度的 4~5 倍。破坏的形式也与拉伸时不同,不再沿横截面破坏,而是沿与轴线约成 45~55° 的斜截面发生破坏,如图 6.24 所示。这说明铸铁压缩时,破坏是由于沿最大切应力面发生错动而被剪断。由于铸铁等脆性材料的抗压强度远高于抗拉强度,所以,铸铁等脆性材料宜用于制作承压构件,如底座、桥墩、基础等。

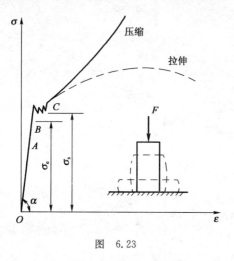

图 6.23

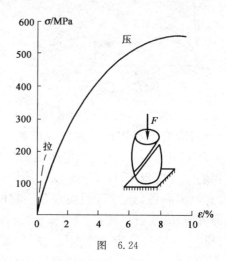

图 6.24

三 塑性材料和脆性材料的主要性能指标

1. 强度指标

通过拉伸和压缩试验,可以测出反映材料强度的两个性能指标,即 σ_s 和 σ_b。对于低碳钢等塑性材料,当应力达到屈服极限 σ_s 时,会使构件产生显著的塑性变形。此时,虽然没有发生实质性的断裂破坏,但构件已不能正常工作;而对于铸铁等脆性材料,当应力达到抗拉强度 σ_b 或抗压强度 σ_c 时,构件会发生突然断裂,而丧失工作能力。工程中将塑性材料的屈服极限 σ_s 和脆性材料的抗拉强度 σ_b(抗压强度 σ_c)统称为极限应力,用 σ^0 表示。所以塑性材料的强度指标是 σ_s 或 $\sigma_{0.2}$,而脆性材料的强度指标是 σ_b 或 σ_c。即

对于塑性材料: $\sigma^0 = \sigma_s$ 或 $\sigma^0 = \sigma_{0.2}$

对于脆性材料: $\sigma^0 = \sigma_b$ 或 $\sigma^0 = \sigma_c$

2. 塑性指标

通过拉伸和压缩试验,还可以测出反映材料塑性性能的两个指标,即延伸率 δ 和断面收缩率 ψ。我们知道,$\delta > 5\%$ 的材料为塑性材料,$\delta < 5\%$ 的材料为脆性材料。必须指出,材料的上述划分是以常温、静载和简单拉伸的前提下所得到的 δ 为依据的,而环境温度、加载速度、受力状态和热处理等都会影响材料的性质,材料的塑料和脆性在一定条件下可以相互转化。在常

温静载条件下，Q235钢的延伸率δ＝20％～30％，是典型的塑性材料；而铸铁的延伸率δ＝0.4％～0.5％，是典型的脆性材料。

3．塑性材料和脆性材料的主要力学性能特点

(1)塑性材料的延伸率大，塑性好；在屈服阶段前抗拉压能力基本相同，使用范围广。受拉构件一般采用塑性材料。塑性材料适宜制作需进行锻压、冷拉或受冲击荷载、动力荷载的构件；而脆性材料则不宜。

(2)脆性材料的延伸率小，塑性差。但脆性材料抗压能力远大于抗拉能力，且价格低廉又便于就地取材，所以适宜制作受压构件。

表6.1给出了部分材料在拉伸和压缩时的一些力学性能参数，以供参考。

常用材料的力学性能参数　　　　　表6.1

材料名称	弹性模量 E(GPa)	泊松比 μ	屈服极限 σ_s(MPa)	拉伸强度极限 σ_s(MPa)	压缩强度极限 σ_s(MPa)	延伸率 δ(%)
普通碳素钢 (Q235)	190～210	0.24～0.28	235	375～500		21～26
优质碳素钢 (45)	205	0.24～0.28	355	600		16
低合金钢 (16Mn)	200	0.25～0.30	345	510		21
合金钢 (30CrMnSi)	210	0.25～0.30	885	1080		10
铝合金 (LY12)	380	0.33	274	412		19
灰铸铁 (HT150)	60～162	0.23～0.27		150	640～1100	

（四）最大工作应力、许用应力、安全因数

由拉压试验知，无论是塑性材料还是脆性材料，都存在着一个极限应力σ^0。我们将构件工作时构件内的最大应力称为最大工作应力，用σ_{max}表示。那么，当构件内的最大工作应力达到材料的极限应力σ^0时，构件就会发生突然断裂破坏或因变形较大而丧失工作能力。这在工程实际中是不允许的。因此，为了保证构件能够正常工作，要求构件的最大工作应力必须小于材料的极限应力σ^0。而且，考虑到材料的不均匀性、计算简图与实际结构之间存在的差异、荷载简化带来的偏差，以及构件在工作期间遇到意外不利情况所必需的强度储备等诸多因素，还必须将构件的工作应力限制在比极限应力σ^0更低的范围内，即将材料的极限应力打一个折扣，除以一个大于1的因数n后，作为构件最大工作应力所不允许超过的数值，这个应力值称为许用应力，用[σ]表示。即：

$$[\sigma] = \frac{\sigma^0}{n} \tag{6.13}$$

对于塑性材料：　　　　$[\sigma] = \frac{\sigma_s}{n_s}$　或　$[\sigma] = \frac{\sigma_{0.2}}{n_s}$ 　　　(6.14)

对于塑性材料：　　　　$[\sigma] = \frac{\sigma_b}{n_b}$　或　$[\sigma] = \frac{\sigma_c}{n_b}$ 　　　(6.15)

式中：n_s、n_b——分别为塑性材料、脆性材料的安全因数。

从安全程度看,脆性断裂是突然发生的破坏,比塑性屈服产生的破坏更危险,所以一般 $n_b > n_s > 1$。安全因数的选取关系到构件的安全与经济,安全因数取得过大,会使构件粗大笨重,浪费材料而不经济;取得过小,则可能使构件的安全得不到保证。所以,安全因数的确定并不单纯是个力学问题,它同时还包括了工程上诸多因素的考虑及复杂的经济问题,本课程对此不作深入研究。一般情况下,可从有关部门指定的安全因数规范或设计手册中查用。

第六节 拉(压)杆的强度计算

一 拉压杆的强度条件

根据拉压杆的最大工作应力、材料的许用应力及安全因数等相关概念可知,要保证拉压杆不致因强度不足而破坏,拉压杆应满足的强度条件是:杆内的最大工作应力 σ_{max} 不超过材料的许用应力 $[\sigma]$。即

$$\sigma_{max} \leqslant [\sigma] \tag{6.16}$$

对于等直杆,由于 $\sigma_{max} = \dfrac{F_{Nmax}}{A}$,所以强度条件可写为:

$$\sigma_{max} = \frac{F_{Nmax}}{A} \leqslant [\sigma] \tag{6.17}$$

二 拉压杆的强度计算

根据强度条件,可以解决工程中三种不同类型的强度计算问题。

1. 强度校核

已知杆的材料 $[\sigma]$、横截面尺寸 A 和承受的荷载(用截面法可求出 F_{Nmax}),通过比较 σ_{max} 与 $[\sigma]$ 的大小,检验杆件是否满足强度要求。即检验式(6.17)是否成立。

2. 设计截面尺寸

已知杆的材料 $[\sigma]$、承受的荷载(间接可求出 F_{Nmax}),根据强度条件确定横截面面积或尺寸。为此,将式(6.17)改写为:

$$A \geqslant \frac{F_{Nmax}}{[\sigma]} \tag{6.17a}$$

由式(6.17a)可算出为满足强度条件,杆件的横截面所需的最小面积。若已知横截面形状,可进一步确定横截面尺寸。当选用标准截面时,可能会遇到为了满足强度条件而选用过大截面的情况。为经济起见,此时可以考虑选用小一号的截面,但由此而引起的杆的最大正应力超过许用应力的百分数,在设计规范上有具体规定,一般限制在5%以内。即

$$\frac{\sigma_{max} - [\sigma]}{[\sigma]} \times 100\% < 5\% \tag{6.17b}$$

3. 确定许用荷载

已知杆的材料 $[\sigma]$ 和截面尺寸 A,可以先由截面法找出荷载与内力之间的关系;再根据强度条件计算各杆所能承受的最大荷载 F_{max};最后,根据计算结果比较确定所能承受荷载的最大

值 F_{max}。

【例 6.7】 三铰屋架的计算简图如图 6.25a)所示,它所承受的竖向均布荷载沿水平方向的集度为 $q=4.8kN/m$。屋架中的钢拉杆 AB 直径 $d=18mm$,已知材料的许用应力 $\sigma=170MPa$,试校核钢拉杆 AB 的强度。

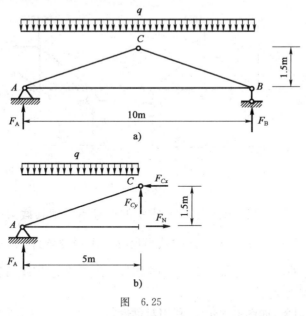

图 6.25

【解题分析】 本题要求校核钢拉杆 AB 的强度。因钢拉杆 AB 为等截面直杆,且 $A=\frac{\pi d^2}{4}$、$[\sigma]$ 已知。可用强度条件式(6.17) 即 $\sigma_{max}=\frac{F_{Nmax}}{A}\leqslant[\sigma]$ 进行检验,但应先用截面法求 AB 杆的最大工作轴力 F_{max};而要求 F_{max} 需先求支座 A、B 的反力。

【解】 (1)求支座反力

取整体为研究对象,如图 6.25a)所示,利用对称性得:

$$F_A=F_B=\frac{1}{2}\times l\times q=\frac{1}{2}\times 10m\times 4.8kN/m=24kN$$

(2)求钢拉杆 AB 的轴力

取屋架的左半部分为研究对象,画受力图如图 6.25b)所示。
由平衡知:

$$\sum M_C=0,\quad F_N\times 1.5m+5m\times q\times\frac{5m}{2}-F_A\times 5m=0$$

将 $F_A=24kN$ 代入上式解得:$F_N=40kN$

(3)求最大工作正应力、校核强度

因钢拉杆 AB 为等截面直杆,所以:

$$\sigma_{max}=\frac{F_N}{A}=\frac{F_N}{\frac{\pi}{4}d^2}=\frac{40\times 10^3 N}{\frac{\pi}{4}\times 18^2 mm^2}=157.19MPa<[\sigma]=170MPa$$

(4)结论

钢拉杆 AB 满足强度要求。

【例 6.8】 钢制桁架受力如图 6.26a)所示,桁架的所有各杆均采用材料为 Q235 的工字钢制成,其许用应力[σ]=170MPa,试为杆 CD 选择所需工字钢的型号。

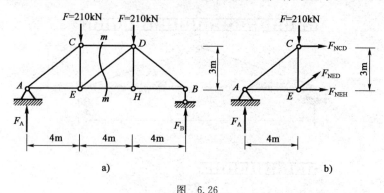

图 6.26

【解题分析】 由附录型钢规格表知,工字钢的型号不同则其截面尺寸不同。题目要求选择所需工字钢的型号,即为确定工字钢的截面尺寸。由强度条件知:$A \geqslant \dfrac{F_{Nmax}}{[\sigma]}$,式中[σ]为已知,需先求出 CD 杆的最大工作轴力 F_{Nmax};而要求 F_{Nmax} 需先求支座 A、B 的反力。

【解】 (1)求支座反力

取整体为研究对象,如图 6.26a)。利用对称性得:

$$F_A = F_B = F = 210 \text{kN}$$

(2)求杆 CD 的轴力

用截面法沿 m-m 截面截开,取桁架的左半部分为研究对象,画受力图如图 6.26b)。

由平衡知:

$$\sum M_E = 0, \quad -F_{NCD} \times 3\text{m} - F_A \times 4\text{m} = 0$$

将 $F_A = 210$kN 代入上式解得:$F_{NCD} = -280$kN(负号说明 CD 杆受压力)

(3)计算 CD 杆所需截面面积

强度条件知:$A \geqslant \dfrac{F_{Nmax}}{[\sigma]} = \dfrac{280 \times 10^3 \text{N}}{170 \text{MPa}} = 1647.06 \text{mm}^2$

(4)查附录选择工字钢的型号

型钢是工程中常用的标准截面,工字钢是型钢的一种。它的型号用工字钢的"工"字加其高度 h 的厘米数来表示。现由型钢规格表查得,高度 $h = 126$mm 的工字钢其截面面积为 $A = 18.1 \text{cm}^2 = 1810 \text{mm}^2$,稍大于 1647mm^2,因此,选用工 12.6。

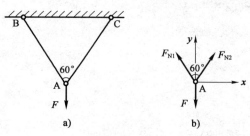

图 6.27

【例 6.9】 图 6.27a)所示为一简易三角架,AB 杆由两根∠50×6 的等边角钢组成,BC 杆由两根 5 号槽钢焊成一箱形截面组成,材料的许用应力[σ]=170MPa,试确定三角架所能承受荷载

的最大值 F_{max}。

【解题分析】 题目欲确定三角架所能承受荷载的最大值 F_{max}，即确定三角架在满足强度要求下的许用荷载值。可以先根据静力平衡条件找出荷载与各杆轴力之间的关系；再由强度条件计算各杆所能承受的最大荷载 F_{max}；最后，根据计算结果比较确定三角架所能承受荷载的最大值 F_{max}。该题目两杆均为型钢截面，所以在计算之前，还应先从型钢规格表中查出各杆的横截面面积。

【解】 (1) 由型钢规格表查得各杆横截面面积

AB 杆由两根 ∟50×6 的等边角钢组成，所以 $A_1 = 2 \times 5.688 \text{cm}^2 = 2 \times 568.8 \text{mm}^2$

AC 杆由两根 5 号槽钢焊成一箱形截面，所以 $A_2 = 2 \times 6.93 \text{cm}^2 = 2 \times 693 \text{mm}^2$

(2) 根据受力平衡，求两杆的轴力与荷载的关系

取结点 A 为研究对象，画受力图如图 6.27b)。由平衡方程

$$\sum x = 0, \quad -F_{N1} \times \sin 30° + F_{N2} \times \sin 30° = 0$$

$$\sum y = 0, \quad F_{N1} \times \cos 30° + F_{N2} \times \cos 30° - F = 0$$

联立解得：$F_{N1} = F_{N2} = \dfrac{1}{\sqrt{3}} F$

(3) 计算各杆所能承受的最大荷载 F_{max}

对于 AB 杆由强度条件知：$\sigma_1 = \dfrac{F_{N1}}{A_1} = \dfrac{\frac{1}{\sqrt{3}}F}{A_1} \leqslant [\sigma]$

所以，AB 杆的许用荷载为：

$$F \leqslant \sqrt{3} A_1 \cdot [\sigma] = \sqrt{3} \times 2 \times 568.8 \text{mm}^2 \times 170 \text{MPa} = 334965 \text{N} = 334.97 \text{kN}$$

同理，对于 AC 杆由强度条件知：$\sigma_2 = \dfrac{F_{N2}}{A_2} = \dfrac{\frac{1}{\sqrt{3}}F}{A_2} \leqslant [\sigma]$

所以，AC 杆的许用荷载为：

$$F \leqslant \sqrt{3} A_2 \cdot [\sigma] = \sqrt{3} \times 2 \times 693 \text{mm}^2 \times 170 \text{MPa} = 408106 \text{N} = 408.11 \text{kN}$$

(4) 确定许用荷载

为了保证两杆都能安全地工作，比较两杆的计算结果可知荷载 F 的最大值为：

$$F_{max} = 334.97 \text{kN}$$

第七节　应力集中的概念

通过前面的讨论，对于承受轴向拉压的等截面直杆，可得出横截面上的正应力均匀分布的结论。但是在工程中，常因实际需要而在杆件上开槽、钻孔、车削螺纹等，这就引起了杆件横截面尺寸的突然改变。实验和理论分析表明，在截面突变处附近，应力的数值急剧增加，其截面上的正应力不再均匀分布。例如，图 6.28a) 所示开有圆孔的轴向受拉杆件，当其受拉时，在横跨圆孔的 1-1 截面上，靠近圆孔的局部区域内应力很大，而在离开这一区域稍远处，应力就小

得多,且趋于均匀分布,如图 6.28b)所示。在离圆孔稍远的 2-2 截面上,应力是均匀分布的,如图 6.28c)所示。这种由于截面尺寸突然改变而引起的局部应力急剧增大的现象,称为应力集中。应力集中的程度用应力集中因数 α 表示,其定义为:

$$\alpha = \frac{\sigma_{\max}}{\sigma_{\mathrm{m}}} \tag{6.18}$$

式中:$\sigma_{\max}$——开口截面的最大局部应力;

σ_{m}——开口截面的平均应力 $\sigma_{\mathrm{m}} = \frac{F_{\mathrm{N}}}{A_{\mathrm{n}}}$;

A_{n}——开口截面的静面积,如图 6.28b)。

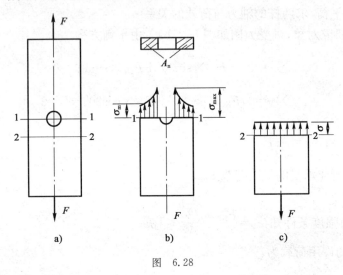

图 6.28

应力集中因数是一个大于 1 的因数。对于工程中各种典型的应力集中情况,如开孔、浅槽、螺纹等,其应力集中因数 α 可在有关的设计手册中查到,查出 α 后,利用式(6.18)算得最大局部应力 $\sigma_{\max}$,即可进行强度计算。

应该指出,在静荷载作用下,应力集中对塑性材料和脆性材料所产生的影响是不同的。因此,在工程计算中的处理方法也有不同。

对于脆性材料,因其没有屈服阶段,当应力集中处的最大应力 $\sigma_{\max}$ 达到强度极限 σ_{b} 时,局部就出现裂纹,致使截面被削弱;导致裂纹迅速扩张,从而产生断裂破坏。可见,应力集中现象大大降低了脆性材料的承载能力。因此,对于由脆性材料制成的构件,如混凝土等材料,在工程计算中必须考虑应力集中的影响。

对于塑性材料,因其具有屈服阶段,当应力集中处的最大应力 $\sigma_{\max}$ 达到屈服极限 σ_{s} 时,仅此局部产生塑性变形,这时,尽管局部区域出现屈服,但整个构件仍有承载能力,只有荷载继续加大,尚未屈服区域的应力才随之增加而相继达到 σ_{s}。因此,对于由塑性材料制成的构件,在静荷载作用下,一般可以不考虑应力集中的影响。但在随时间作周期性变化的荷载或冲击荷载作用下,则不论是塑性材料还是脆性材料,都必须考虑应力集中的影响。

应力集中对于杆件的承载能力产生不利的影响。因此,在设计时应尽可能使杆的截面尺寸不发生突变,尽可能避免带尖角的孔和槽,并使杆的外形平缓光滑无划痕,以降低应力集中的影响。对使用中的构件若局部出现裂纹,应引起足够重视,以防重大事故的发生。

小 结

本章的主要内容是研究杆件发生轴向拉伸、压缩变形时,其内力、应力、变形的分析方法及强度的计算。拉压杆强度问题的研究方法,反映了材料力学研究问题的基本方法。现将这种基本方法用图6.29表示如下。

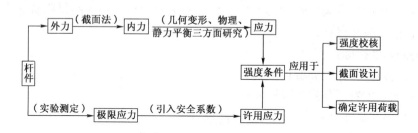

图 6.29

应力、强度、变形计算,材料在拉伸、压缩时的力学性能为本章重点。具体内容概括如下。

1. 轴向拉压杆的内力、轴力图

(1)轴向拉、压杆件横截面上的内力称为轴力,计算轴力的方法是截面法。

(2)轴力图是表示杆件各横截面上轴力变化规律的图线。根据轴力图,可确定轴力的最大值及其所在截面位置,以便进行强度计算。

2. 截面上的应力

(1)轴向拉、压杆件横截面上的应力为正应力,横截面上任意点正应力的计算公式为 $\sigma=\dfrac{F_N}{A}$,正应力 σ 的符号和轴力 F_N 的符号相同,即拉为正,压为负。

(2)等截面直杆的最大正应力出现在轴力最大的截面上。

(3)对斜截面上的应力进行讨论分析,得出的结论:最大正应力发生在杆的横截面上;最大切应力发生在 45°斜截面上;在平行于杆轴线的纵向截面上不产生任何应力。

3. 轴向拉(压)杆的变形、胡克定律

(1)变形:杆件在轴向拉伸或压缩时,所产生的主要变形是沿轴线方向的伸长或缩短,称为轴向变形或纵向变形;与此同时,垂直于轴线方向的横向尺寸也有所缩小或增大,称为横向变形。

(2)应变:用单位长度的变形量作为衡量变形的基本度量,称为线应变,并将沿轴线方向的线应变称为纵向线应变。用 ε 表示,即 $\varepsilon=\dfrac{\Delta l}{l}$。

(3)胡克定律的三种形式及应用:

$$\Delta l=\frac{F_N \cdot l}{E \cdot A};\quad \Delta l=\sum \Delta l_i=\sum \frac{F_{Ni} \cdot l_i}{E_i \cdot A_i};\quad \sigma=E \cdot \varepsilon$$

式中:E——弹性模量,其值随材料不同而异,是衡量材料抵抗弹性变形能力的一个指标。E 的数值需通过试验测定。

4. 材料在拉伸、压缩时的力学性能

低碳钢的拉伸试验是最具有代表性的试验,低碳钢的拉伸过程有弹性变形、屈服、强化和径缩四个阶段,其应力—应变曲线能揭示出典型金属材料的应力—应变关系。铸铁的压缩试验是最具有代表性的压缩试验。通过拉伸和压缩试验,可以测出反映材料性能指标的参数。

(1)材料的塑性指标:

延伸率 $\delta = \dfrac{l-l_0}{l} \times 100\%$

工程上一般把材料分为塑性材料和脆性材料两大类,把 $\delta > 5\%$ 的材料称为塑性材料,把 $\delta < 5\%$ 的材料称为脆性材料。

(2)材料的强度指标:

塑性材料的强度特征是屈服极限 σ_s。

脆性材料的强度特征是强度极限 σ_b 或 σ_c。

(3)塑性材料和脆性材料的主要力学性能特点:

①塑性材料的延伸率大,塑性好,使用范围广;受拉构件一般采用塑性材料;

②脆性材料的延伸率小,塑性差,但脆性材料抗压能力远大于抗拉能力,且价格低廉又便于就地取材,所以适宜制作受压构件。

(4)材料的许用应力:

对于塑性材料: $[\sigma] = \dfrac{\sigma_s}{n_s}$ 或 $[\sigma] = \dfrac{\sigma_{0.2}}{n_s}$

对于塑性材料: $[\sigma] = \dfrac{\sigma_b}{n_b}$ 或 $[\sigma] = \dfrac{\sigma_c}{n_b}$

5. 拉压杆的强度条件及强度计算

对于等直杆,轴向拉伸和压缩时,强度条件可写为:

$$\sigma_{\max} = \dfrac{F_{N\max}}{A} \leqslant [\sigma]$$

利用强度条件可以对轴向拉(压)杆进行强度校核、截面设计、确定许可荷载等三种类型的强度计算。

思考题

1. 为使构件产生轴向拉伸或压缩变形,作用在构件上的外力具有哪些特点?
2. 什么是轴力?轴力的正负符号是怎样规定的?该规定与坐标系的选取是否有关?
3. 什么是应力?什么是正应力?什么是切应力?它们的正负号是如何规定的?
4. 写出轴向拉压杆件横截面上正应力的计算公式及适用条件。
5. 有两根受力情况相同、横截面面积不同的轴向拉压杆。问其轴力是否相同?横截面上的应力是否相同?
6. 什么是线应变?什么是胡克定律?胡克定律的适用条件是什么?
7. 什么是杆件的抗拉(或抗压)刚度?它与哪些因素有关?

8.有两根受力情况、长度、横截面面积均相同的轴向拉压杆,它们的材料不同,问其变形是否相同?

9.低碳钢的拉伸试验过程可分为几个阶段?各阶段的主要特点是什么?

10.什么是冷作硬化现象?这种现象在工程中有什么用途?

11.如何区别塑性材料和脆性材料?

12.塑性材料和脆性材料的极限应力各是什么?分别对应于怎样的破坏形式?

13.什么是许用应力?塑性材料和脆性材料的许用应力各如何确定?

14.利用强度条件可以解决哪些类型的问题?

15.什么是应力集中?谈谈如何降低应力集对构件承载能力的影响。

习题

6-1 判断图6.30所列各杆 BC 段内的变形是否属于轴向拉伸(压缩)。

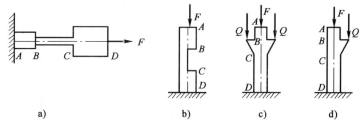

图 6.30

6-2 求如图6.31所示各杆指定截面上的轴力,并作轴力图。

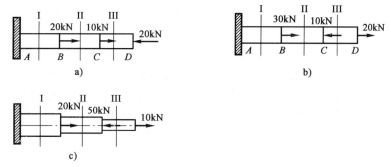

图 6.31

6-3 求图6.32中各杆各段横截面上的正应力。(图中尺寸单位为mm)

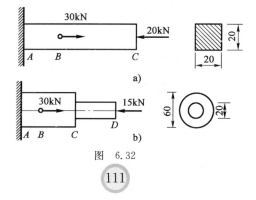

图 6.32

6-4 如图 6.33 所示阶梯形钢杆,各段横截面面积分别为 $A_1=A_3=300\text{mm}^2$,$A_2=200\text{mm}^2$,材料弹性模量 $E=200\text{GPa}$。求该杆各段的变形和最右端截面的位移。

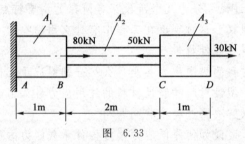

图 6.33

6-5 如图 6.34 所示,匀质直角三角形钢板厚度均匀,用等长的钢丝 AB 和 CD 悬挂在水平天花板上。欲使钢板悬挂后长直角边水平,求钢丝 AB 和 CD 的直径之比。

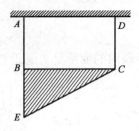

图 6.34

6-6 一阶梯钢杆如图 6.35 所示,AC 段的横截面面积为 500mm^2,CD 段的横截面面积为 200mm^2,已知该杆材料的许用应力 $[\sigma]=45\text{MPa}$,试校核该杆的强度。

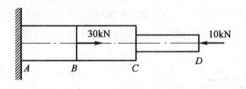

图 6.35

6-7 如图 6.36 所示,一高为 10m 的石砌桥墩,其横截面的两端为半圆形。已知轴向压力 $F=7000\text{kN}$,石料的容重 $\gamma=23\text{kN/m}^3$,许用应力 $[\sigma]=1\text{MPa}$。试校核该桥墩的强度。

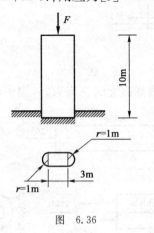

图 6.36

第七章 剪 切

第一节 剪切的概念及实例

一 剪切的概念

工程中常有一些杆件受到一对垂直于杆件轴线方向的力,它们大小相等、方向相反、作用线平行且相距很近,如图 7.1a)中所示的铆钉。此时,杆件的横截面将沿外力的作用方向发生相对错动,这种变形称为剪切变形;杆件在横向外力的作用下发生歪斜的区域称为剪切区;在剪切区内与错动方向平行的截面称为剪切面,如图 7.1b)所示的 $m\text{-}m$ 面。剪切面上与剪切面相切的作用力称为剪力,用 F_s 表示,如图 7.1c)所示。

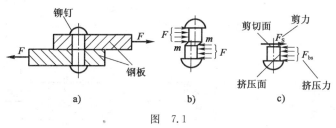

图 7.1

二 挤压的概念

连接件在受剪切的同时,一般同时还受到挤压的作用。如图 7.1a)所示的铆钉在受剪切的同时,在钢板和铆钉的相互接触面上,还会出现局部受压现象,称为挤压。这种挤压作用有可能使接触处局部区域内的材料发生较大的塑性变形而破坏。作用在接触表面上的压力称为挤压力,用 F_{bs} 表示。连接件与被连接件的相互接触面,称为挤压面,如图 7.1c)。

三 剪切与挤压的实例

工程结构中将起连接作用的部件称为连接件,连接件在工作中主要承受剪切和挤压作用。常见的连接件有铆钉、螺栓、销轴及销轴键等,如图 7.2 所示。

连接件破坏的可能性有三种:以铆钉连接为例,铆钉沿 $m\text{-}m$ 截面因剪切而被剪断,如图 7.3a)所示;铆钉与钢板在相互接触面上因挤压而产生过大塑性变形或被压溃,导致连接松动,如图 7.3b)所示;钢板在铆钉孔截面 $n\text{-}n$ 处因拉伸强度不足而被拉断,如图 7.3c)所示。其他的连接也都有类似的可能性。对于第三种情况,可按拉伸强度计算。本章主要介绍连接件剪切与挤压的概念及其实用计算方法。

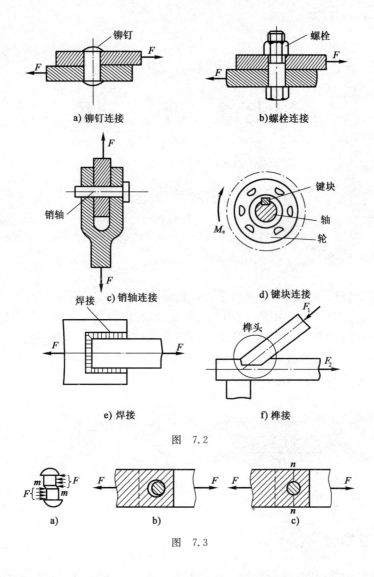

图 7.2

图 7.3

第二节 剪切与挤压的实用计算

剪切与挤压均发生在构件的局部范围,其变形与应力分布情况一般都比较复杂,而且还受到加工工艺的影响。精确分析连接件的应力比较困难,也不实用,工程中通常采用简化的分析方法,又称为实用计算法。这种方法的思路是:一方面对连接件的受力与应力分布作出假设,进行一些简化,计算出各部分的"名义应力";另一方面对同类连接件进行破坏试验,并采用和计算"名义应力"相同的计算方法,由破坏荷载确定材料的极限应力,作为强度计算的依据。实践表明,只要简化合理,有充分的实验依据,实用计算方法是可靠的。

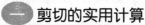 剪切的实用计算

1. 受力分析

构件受外力作用发生剪切变形时,往往还伴随有其他形式的变形发生。现以图 7.4a)所

示铆钉连接为例,分析铆钉的受力与变形特征。在铆钉的受力图 7.4b)中,两个力 F 的作用线并不重合,为保持静力平衡,必还有一对力 R 作用在铆钉头部,铆钉相应地要发生拉伸和弯曲变形,但与剪切变形相比,此时拉伸和弯曲产生的变形很小,可忽略不计。

为讨论剪切面上的内力,采用截面法,在图 7.4b)中沿剪切面 m-m 截开,取 m-m 截面以下部分为研究对象,做出其受力图如图 7.4c)所示。内力 F_s 称为剪切面 m-m 上的剪力,其值可由静力平衡方程确定,即

$$\sum x = 0, F - F_s = 0$$

则:$F_s = F$

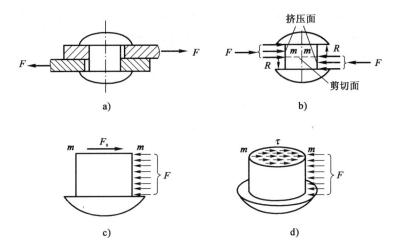

图 7.4

2. 应力计算

剪力 F_s 是截面上分布切应力 τ 的合力。因切应力在截面上的分布规律较为复杂,在剪切的实用计算中,通常假定剪切面上的切应力 τ 均匀分布,如图 7.4d)所示。因而有:

$$\tau = \frac{F_s}{A_s} \tag{7.1}$$

式中:τ——剪切面上的切应力;

A_s——剪切面面积;

F_s——剪切面上的剪力。

3. 强度计算

剪切的强度条件:

$$\tau = \frac{F_s}{A_s} \leqslant [\tau] \tag{7.2}$$

式中:$[\tau]$——连接件所用材料的许用切应力,由剪切破坏试验测定。可在有关手册中查得。

根据剪切强度条件,即可进行构件的剪切强度计算。同样可以解决三种类型的问题:剪切强度校核;连接件的截面设计;确定许用荷载。解决这类问题时,关键是正确判断构件的危险剪切面,并计算出该剪切面上的剪力 F_s。

二 挤压的实用计算

1. 受力分析

以图 7.5a)所示连接件为例,将作用在挤压面上的应力称为挤压应力,用 σ_{bs} 表示,挤压应力的精确分布如图 7.5b)所示。挤压力可根据连接件所受外力,由平衡条件直接求得。图 7.5a)所示连接件的挤压力 $F_{bs}=F$。

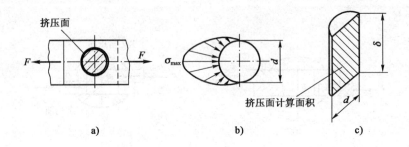

图 7.5

2. 应力计算

因挤压应力在截面上的分布规律较为复杂,在挤压的实用计算中,通常假定挤压面上的挤压应力 σ_{bs} 均匀分布。因而有:

$$\sigma_{bs} = \frac{F_{bs}}{A_{bs}} \tag{7.3}$$

式中:F_{bs}——挤压面上的挤压力;

A_{bs}——挤压面的计算面积。

注意:当挤压面为平面时(如键连接),计算面积 A_{bs} 即为挤压面的实际面积;当挤压面为半圆柱面时(如铆钉、螺栓连接),计算面积 A_{bs} 为挤压面在其直径平面上投影的面积,即如图 7.5c)中阴影线部分的面积。

3. 强度计算

挤压的强度条件:

$$\sigma_{bs} = \frac{F_{bs}}{A_{bs}} \leqslant [\sigma_{bs}] \tag{7.4}$$

式中:$[\sigma_{bs}]$——材料的挤压许用应力,由试验测定。可在有关手册中查得。

根据挤压强度条件即可进行构件的挤压强度计算。同样也可以解决三种类型的问题:挤压强度校核;连接件的截面设计;确定许用荷载。解决这类问题时,关键是正确判断构件的危险挤压面,并计算出该挤压面上的挤压力 F_{bs}。

【例 7.1】 用四个铆钉搭接两块钢板如图 7.6a)所示。已知:拉力 $F=110\text{kN}$,铆钉直径 $d=16\text{mm}$,钢板宽度 $b=90\text{mm}$,厚 $t=10\text{mm}$。钢板与铆钉材料相同,$[\sigma_{bs}]=320\text{MPa}$,$[\tau]=140\text{MPa}$,$[\sigma]=160\text{MPa}$。试校核该连接件的强度。

【解题分析】 连接件存在三种破坏的可能性:(1)铆钉被剪断;(2)铆钉或钢板发生挤压破坏;(3)钢板由于钻孔,横截面面积减小,在钻孔处被拉断。要使连接件安全可靠,必须同时满足以上三方面的强度条件。

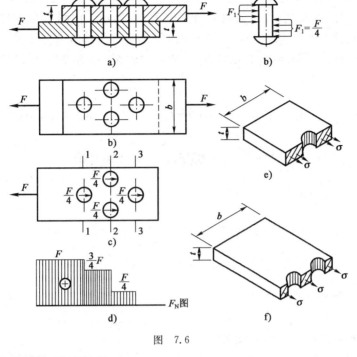

图 7.6

【解】 (1)铆钉的剪切强度校核

四个铆钉均匀、对称分布,各铆钉所传递的压力相同。即

$$F_1 = \frac{F}{4} = \frac{110\text{kN}}{4} = 27.50\text{kN}$$

现取一个铆钉为研究对象,画出其受力,如图 7.6b)所示。由截面法可得剪切面上的剪力:

$$F_s = F_1 = 27.50\text{kN}$$

由剪切强度条件:

$$\tau = \frac{F_s}{A} = \frac{27.5 \times 10^3 \text{N}}{\frac{\pi \cdot 16^2 \text{mm}^2}{4}} = 136.84\text{MPa} < [\tau] = 140\text{MPa}$$

所以,铆钉满足剪切强度条件。

(2)挤压强度校核

挤压面的计算面积为铆钉直径平面面积,即

$$A_{bs} = t \cdot d = 10\text{mm} \times 16\text{mm} = 160\text{mm}^2$$

每个铆钉的挤压力: $F_{bs} = F_1 = 27.50\text{kN}$

由挤压强度条件:

$$\sigma_{bs} = \frac{F_{bs}}{A_{bs}} = \frac{27.5 \times 10^3 \text{N}}{160\text{mm}^2} = 171.88\text{MPa} < [\sigma_{bs}]$$

所以,铆钉满足挤压强度条件。

(3)钢板的拉伸强度校核

危险截面分析:两块钢板的受力及开孔情况相同,只要校核其中一块即可,取下面一块钢板研究。绘出其受力图和轴力图,如图 7.6c)、图 7.6d)所示。由图 7.6e)可知,截面 1-1 和 3-3 的净面积相同,而截面 3-3 的轴力较小,故截面 3-3 肯定不是危险截面。截面 2-2 的轴力虽比截面 1-1 小,但净面积也小,如图 7.6f)所示。故需对截面 1-1 和 2-2 进行拉伸强度校核。

截面 1-1:

$$F_{N1}=F=110\text{kN}, A_1=(b-d)\cdot t=(90\text{mm}-16\text{mm})\times 10\text{mm}=740\text{mm}^2$$

$$\sigma_1=\frac{F_{N1}}{A_1}=\frac{110\times 10^3\text{N}}{740\text{mm}^2}=148.65\text{MPa}<[\sigma]=160\text{MPa}$$

截面 2-2:

$$F_{N2}=\frac{3F}{4}=82.5\text{kN}, A_1=(b-2d)\cdot t=(90\text{mm}-2\times 16\text{mm})\times 10\text{mm}=580\text{mm}^2$$

$$\sigma_2=\frac{F_{N2}}{A_2}=\frac{82.5\times 10^3\text{N}}{580\text{mm}^2}=142.24\text{MPa}<[\sigma]=160\text{MPa}$$

所以,钢板满足拉伸强度条件。

(4)结论

经三方面校核,连接件满足强度要求。

【例 7.2】 如图 7.7a)所示,拖车挂钩用销轴连接。已知:销轴材料的许用应力$[\tau]=50\text{MPa}$,$[\sigma]_{bs}=100\text{MPa}$,挂钩与被连接件的板件厚度分别为 $\delta_1=8\text{mm}, \delta_2=12\text{mm}$。拖车的拉力为 $F=15\text{kN}$。试确定销轴的直径 d。

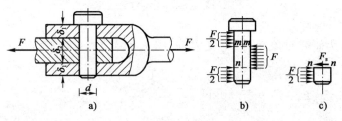

图 7.7

【解题分析】 销轴在正常工作状态下,既不能因拖车挂钩的拉力作用产生剪切破坏,也不能在挤压力作用下产生挤压破坏。因此,要确定销轴的直径 d,必须使其同时满足剪切强度条件和挤压强度条件。计算前要对销轴进行受力分析,关键是正确判断销轴的危险剪切面和危险挤压面,并计算出该剪切面上的剪力 F_s,该挤压面上的挤压力 F_{bs}。

【解】 (1)由剪切强度条件确定销轴直径

取销轴为研究对象,画受力分析图如图 7.7b)所示,销轴有 m-m 和 n-n 两个剪切面。用截面法求剪力 F_s,沿 n-n 截面截开,取 n-n 截面以下部分研究,受力如图 7.7c)所示,由平衡方程

$$\sum x=0, \frac{F}{2}-F_s=0$$

得:

$$F_s=\frac{F}{2}$$

根据剪切强度条件得：

$$\tau = \frac{F_s}{A_s} = \frac{\frac{F}{2}}{\frac{\pi d^2}{4}} \leqslant [\tau]$$

可得：$d \geqslant \sqrt{\frac{2F}{\pi[\tau]}} = \sqrt{\frac{2 \times 15 \times 10^3 \text{N}}{\pi \times 50 \text{MPa}}} = 13.82 \text{mm}$

(2) 由挤压强度条件确定销轴直径

由图 7.7b) 可知：

销轴上段和下段的挤压力均为 $F_{bs} = \frac{F}{2}$，挤压面计算面积均为 $A_{bs} = \delta_1 d = 8d$；则：

挤压应力 $\sigma_{bs上、下} = \frac{F_{bs}}{A_{bs}} = \frac{\frac{F}{2}}{8d} = \frac{F}{16d}$

销轴中段的挤压力 $F_{bs} = F$，挤压面计算面积为 $A_{bs} = \delta_2 d = 12d$；则：

挤压应力 $\sigma_{bs中} = \frac{F_{bs}}{A_{bs}} = \frac{F}{12d}$

比较上下段与中段的挤压应力 σ_{bs}，可知最大挤压应力发生在销轴的中段，即中段的挤压面为销轴的危险挤压面，故应按中段进行挤压强度计算。

根据挤压强度条件

$$\sigma_{bs} = \frac{F_{bs}}{A_{bs}} = \frac{F}{12d} \leqslant [\sigma_{bs}]$$

可得：

$$d \geqslant \frac{F}{12[\sigma_{bs}]} = \frac{15 \times 10^3 \text{N}}{12 \text{mm} \times 100 \text{MPa}} = 12.5 \text{mm}$$

(3) 结论

比较以上计算结果，按规范应选取销轴直径 $d = 14 \text{mm}$。

第三节　切应力互等定理·剪切胡克定律

一　切应力互等定理

为了进一步理解剪切变形的概念，可以通过研究薄壁圆筒的扭转来实现。图 7.8a) 所示的薄壁圆筒在两端受一对平衡的力偶作用，用横截面和纵截面从图 7.8a) 中截取一个微小的正六面体，其尺寸为 dx、dy、dz，称为单元体，如图 7.8b) 所示。

当圆筒两端有外力偶作用时，其横截面上有切应力 τ，即单元体左、右面上有切应力 τ。根据平衡条件，两面上的切应力大小相等，方向相反，并组成一对力偶，其力偶矩为 $(\tau dydz)dx$。为平衡这个力偶矩，单元体的上、下两平面上的剪力应组成一个方向相反的力偶，设其上的切应力为 τ'，则相应力偶矩为 $(\tau' dxdz)dy$，由平衡方程 $\sum M_z = 0$，得：

$$(\tau dydz)dx = (\tau' dxdz)dy$$

故： $$\tau = \tau' \tag{7.5}$$

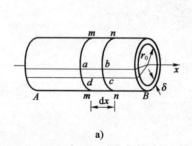
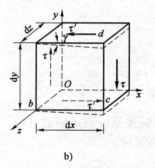

图 7.8

上式表明，两相互垂直平面上的切应力 τ 和 τ' 数值相等，且均指向（或背离）该两平面的交线，称为切应力互等定律。图7.8b)所示单元体在其两对互相垂直的平面上只有切应力而没有正应力，这种情况称为纯剪切。切应力互等定理不仅适用于纯剪切情况，在其他应力情况下也同样成立。

二、剪切胡克定律

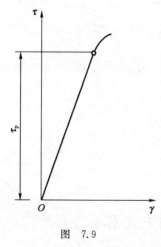

图 7.9

图7.8b)所示的单元体在切应力 τ、τ' 作用下将产生剪切变形，原来的直角都改变了一个微小的角度 γ，γ 称为切应变或角应变。根据薄壁圆筒的扭转试验知，当切应力不超过材料的剪切比例极限 τ_p 时，切应力 τ 与切应变 γ 成正比，如图7.9所示。这就是剪切胡克定律，可以写成：

$$\tau = G \cdot \gamma \tag{7.6}$$

式中：G——材料的剪切弹性模量，单位与弹性模量 E 相同，其值可通过试验测定。G 值越大，表示材料抵抗剪切变形的能力越强。

弹性模量 E、剪切弹性模量 G 和泊松比 μ 是材料的三个弹性常数。对于各向同性的弹性材料，它们之间存在下列关系：

$$G = \frac{E}{2(1+\mu)} \tag{7.7}$$

利用上式，可由三个弹性常数中的任意两个，求出第三个。

◀ 小　结 ▶

本章的主要内容是研究连接件发生剪切、挤压变形时，其内力、应力的简化分析方法、工程中连接件的实用计算方法。其中，关于连接件剪切的实用计算、挤压的实用计算为本章重点。具体内容概括如下。

1. 剪切及其实用计算

(1)剪切的受力特点:杆件受到一对垂直于杆轴线方向的力,它们大小相等、方向相反、作用线平行且相距很近。

(2)剪力:剪切产生的内力,用 F_s 表示。

(3)剪切的实用计算。

剪切强度条件: $$\tau = \frac{F_s}{A_s} \leqslant [\tau]$$

根据剪切强度条件即可进行构件的剪切强度计算。同样可以解决三种类型的问题:剪切强度校核;连接件的截面设计;确定许用荷载。其中,关键是正确判断构件的危险剪切面,并计算出该剪切面上的剪力 F_s。

2. 挤压及其实用计算

(1)挤压的受力特点:在接触表面的局部受力,且作用力与受力面垂直。

(2)挤压力:作用在连接件局部挤压面上的压力,用 F_{bs} 表示。

(3)挤压的实用计算。

挤压强度条件: $$\sigma_{bs} = \frac{F_{bs}}{A_{bs}} \leqslant [\sigma_{bs}]$$

注意:上式中的 A_{bs} 为计算挤压面积,对于平面 A_{bs} 即为实际面积,对于柱面则 A_{bs} 为该圆柱的径面面积。

根据挤压强度条件即可进行构件的挤压强度计算。同样也可以解决三种类型的问题:挤压强度校核;连接件的截面设计;确定许用荷载。其中,关键是正确判断构件的危险挤压面,并计算出该挤压面上的挤压力 F_{bs}。

3. 切应力互等定理、剪切胡克定律

(1)切应力互等定理:两相互垂直平面上的切应力 τ 和 τ' 数值相等,且均指向(或背离)该两平面的交线,称为切应力互等定律,即 $\tau = \tau'$。

(2)剪切胡克定律:当切应力不超过材料的剪切比例极限 τ_P 时,切应力 τ 与切应变 γ 成正比,即 $\tau = G \cdot \gamma$。

思考题

1. 剪切的受力特征和变形特征是什么?与拉伸变形相比较有什么不同?
2. 如何判断连接件的剪切面和挤压面?
3. 连接件的剪切力、挤压力各用什么方法求得?
4. 为什么连接件的剪切和挤压要采用实用计算法?实用计算法的大致思路是什么?
5. 连接件破坏的可能性有哪几种?
6. 如何对连接件进行强度计算?

习题

7-1 标出图 7.10 中构件的剪切面和挤压面,并算出受剪面积和挤压面积。

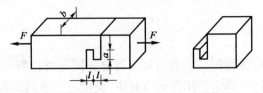

图 7.10

7-2 如图 7.11 所示,两块钢板用一颗铆钉连接。铆钉的直径 $d=24$mm,每块钢板的厚度 $t=12$mm,拉力 $F=40$kN。铆钉的许用切应力 $[\tau]=100$MPa,许用挤压应力 $[\sigma_c]=25$MPa,试对铆钉进行强度校核。

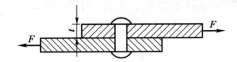

图 7.11

7-3 如图 7.12 所示,两块厚度 $t=6$mm 的钢板用若干个相同的铆钉连接,铆钉的直径 $d=12$mm。若 $F=50$kN,铆钉材料的许用切应力 $[\tau]=100$MPa,许用挤压应力 $[\sigma_c]=280$MPa,求所需铆钉的个数。

图 7.12

7-4 如图 7.13 所示的铆接件中,主板厚 $t=19$mm,盖板厚 $t_1=10$mm,铆钉直径 $d=22$mm,板宽 $b=230$mm,铆钉与板材所用材料相同,许用切应力 $[\tau]=140$MPa,许用挤压应力 $[\sigma_c]=300$MPa,许用应力 $[\sigma]=160$MPa,拉力 $F=500$kN。试校核该铆接件的强度。

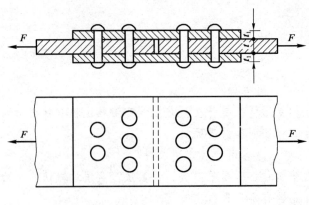

图 7.13

第八章 扭 转

第一节 扭转的概念及实例

扭转是杆件受力的基本形式,扭转变形是杆件变形的一种基本形式。

扭转受力特点:杆件受到大小相等、方向相反且作用平面垂直于杆件轴线的外力偶矩作用。

扭转变形特点:杆件的任意横截面绕杆轴线产生转动。杆件的任意两个横截面绕轴线相对转动一个角度 φ,称为扭转角,如图 8.1a)所示。

工程中以扭转变形为主的杆件很多,如钻机钻杆、机械传动轴、房屋边梁等,如图8.1a)、b)、c)所示。

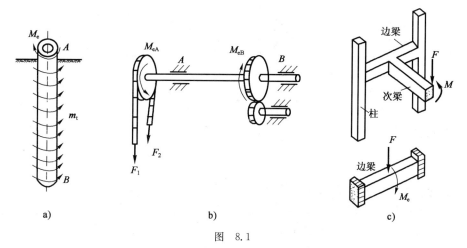

图 8.1

以扭转变形为主的杆件通常称为轴,最常用的是圆截面轴。本章主要介绍圆轴扭转时的内力、应力、强度与刚度等问题。

第二节 外力偶矩·扭矩·扭矩图

一 外力偶矩

作用在轴上的外力偶矩一般可根据已知的外荷载由静力平衡方程来确定。然而,实际工程中的传动轴,通常只给出轴的转速和所传递的功率。这时,需通过计算来确定外力偶矩。若已知传动轴的转速为 n(单位:r/min),所传递的功率为 P(单位:kW),则外力偶矩 M_e 的计算公式为:

$$M_e = 9549 \frac{P}{n} \quad (\text{N} \cdot \text{m}) \tag{8.1}$$

若功率 P 用马力表示(1 马力＝0.7355kW)，则可以换算为：

$$M_e = 7024 \frac{P}{n} \quad (\text{N·m}) \tag{8.2}$$

二、扭矩

外力偶矩确定之后，现在研究杆件扭转时的内力。如图 8.2a)所示，等直圆截面轴在外力偶矩 M_e 作用下处于平衡状态，采用截面法确定任意横截面 m-m 上的内力。

用一假想平面将轴沿横截面 m-m 截为两段，任取其中一段。例如，取左段为研究对象，如图 8.2b)所示。因力偶只能与力偶平衡，因此，横截面 m-m 上的内力应是一个力偶，它是截面上分布内力的合力偶矩。该力偶的作用效果是使截面发生绕轴线的转动，所以称为扭矩，用符号 T 表示。扭矩的大小可根据平衡条件确定。

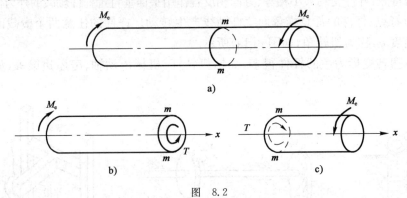

图 8.2

由平衡方程

$$\sum M_x = 0 \quad T - M_e = 0$$

得：
$$T = M_e$$

若取轴的右段为研究对象，扭矩 T 也可得到相同的结果，如图 8.2c)所示。与轴向拉伸（或压缩）时杆件的轴力一样，无论由左段或由右段求得同一截面的内力，应该具有相同的正负符号。为此，作如下规定：按右手螺旋法则，使右手四指的握向与扭矩的转向一致，若右手拇指指向背离截面，则扭矩为正（＋），反之为负（－）。如图 8.3a)所示为正扭矩，图 8.3b)所示为负扭矩。与求轴力的方法相似，用截面法计算扭矩时，截面上的扭矩通常采用设正法设出。

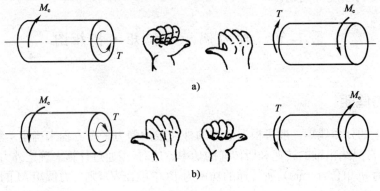

图 8.3

三 扭矩图

为了形象地表示扭矩沿杆轴线的变化规律,以沿杆轴线方向的坐标表示横截面的位置,以垂直于杆轴线的另一坐标表示相应截面上扭矩的数值,这样的图线称为扭矩图,如图 8.4 所示。绘制扭矩图时,选取适当的比例,通常把正扭矩画在横坐标的上方,负扭矩画在下方,如图 8.4b)所示。

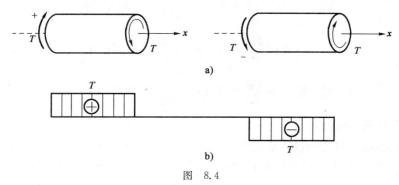

图 8.4

【例 8.1】 如图 8.5a)所示实心圆截面传动轴,已知转速 $n=300\text{r/min}$。A 为主动轮,输入功率 $P_A=45\text{kW}$;B、C、D 为从动轮,输出功率分别为 $P_B=10\text{kW}$,$P_C=15\text{kW}$,$P_D=20\text{kW}$。试作传动轴的扭矩图。

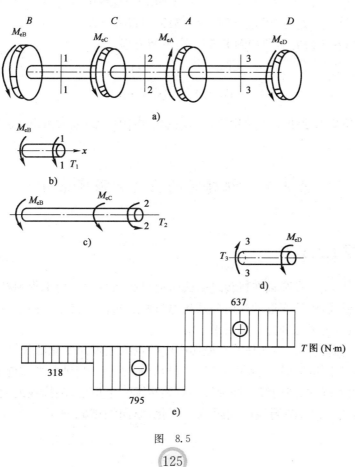

图 8.5

【解题分析】 首先必须计算作用在各轮上的外力偶矩,根据外力偶矩所作用的位置将传动轴分为三段来考虑,用截面法分别计算各段截面的内力,最后绘出扭矩图。

【解】 (1)计算外力偶矩

由式(8.1),得:

$$M_{eA} = 9549\frac{P_A}{n} = 9549 \times \frac{45}{300} = 1432 \text{N} \cdot \text{m}$$

$$M_{eB} = 9549\frac{P_B}{n} = 9549 \times \frac{10}{300} = 318 \text{N} \cdot \text{m}$$

$$M_{eC} = 9549\frac{P_C}{n} = 9549 \times \frac{15}{300} = 477 \text{N} \cdot \text{m}$$

$$M_{eD} = 9549\frac{P_D}{n} = 9549 \times \frac{20}{300} = 637 \text{N} \cdot \text{m}$$

(2)计算各横截面的扭矩

利用截面法,截面内力用设正法设出。

取 1-1 截面以左为研究对象如图 8.5b),由平衡方程

$$\sum M_x = 0 \quad T_1 + M_{eB} = 0$$

得: $T_1 = -M_{eB} = -318 \text{N} \cdot \text{m}$

取 2-2 截面以左为研究对象如图 8.5c),由平衡方程

$$\sum M_x = 0 \quad T_2 + M_{eB} + M_{eC} = 0$$

得: $T_2 = -M_{eB} - M_{eC} = -318 - 477 = -795 \text{N} \cdot \text{m}$

取 3-3 截面以右为研究对象如图 8.5d),由平衡方程

$$\sum M_x = 0 \quad T_3 - M_{eD} = 0$$

得: $T_3 = M_{eD} = 637 \text{N} \cdot \text{m}$

根据各截面扭矩值绘扭矩图,如图 8.5e)所示。由图可见,最大扭矩 T_{max} 发生在 AC 段内,其绝对值为 795N·m。

第三节 扭转时的应力和强度条件

一 横截面上的应力

在小变形条件下,等直圆轴在扭转时横截面上只有切应力。为求得圆杆在扭转时横截面上的切应力计算公式,先从变形的几何关系和力与变形的物理关系方面求得切应力在横截面上的分布规律,然后再考虑静力学关系来求解。

几何关系 为研究横截面上任一点处切应变随点的位置而变化的规律,在等直圆轴的表面上做出任意两个相邻的圆周线和纵向线,如图 8.6a)所示。当轴的两端施加一对其矩为 M_e 的外力偶后,可以发现:两圆周线绕杆轴线相对旋转了一个角度,圆周线的大小和形状均未改变;在变形微小的情况下,圆周线的间距也未变化,纵向线则倾斜了一个角度 γ,如图 8.6b)所示。

根据所观察到的现象,可以假设圆轴的横截面如同刚性平面一样绕轴线作相对转动,且大小和形状保持不变,这一假设称为圆轴扭转时的平面假设。实验指出,在轴扭转变形后只有等直圆轴的圆周线才仍在垂直于轴线的平面内,因此上述假设只适用于等直圆轴。

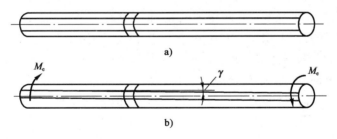

图 8.6

为确定横截面上任一点处的切应变随点的位置而变化的规律,假想截取长为 dx 的微段进行分析。由平面假设可知,微段变形后的情况如图 8.7a)所示。截面 b-b 相对于截面 a-a 绕轴线 O_1O_2 转动一个角度 $d\varphi$,因此,其上的任意半径 O_2D 也转动了同一角度 $d\varphi$。由于截面转动,轴表面上的纵向线 AD 倾斜了一个角度 γ,如图 8.7a)所示。纵向线的倾斜角就是横截面周边任一点 A 处的切应变。同时,经过半径 O_2D 上任意点 G 的纵向线 EG 在轴变形后也倾斜了一个角度 γ_ρ,即为横截面半径上任一点 E 处的切应变。应注意,上述切应变均在垂直于半径的平面内。设 G 点至横截面圆心的距离为 ρ,由图 8.7a)所示的几何关系可得:

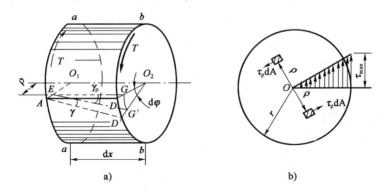

图 8.7

$$\gamma_\rho \approx \tan\gamma_\rho = \frac{\overline{GG'}}{\overline{EG}} = \rho\frac{d\varphi}{dx}$$

即

$$\gamma_\rho = \rho\frac{d\varphi}{dx} \tag{8.3}$$

式中的 $\dfrac{d\varphi}{dx}$ 表示相对扭转角 φ 沿杆长度的变化率,在同一横截面上 $\dfrac{d\varphi}{dx}$ 为一个常量。因此,在同一半径 ρ 的圆周上各点处的切应变 γ_ρ 均相同,且与 ρ 成正比。

物理关系 由剪切胡克定律可知,在线弹性范围内,切应力与切应变成正比,即

$$\tau = G\gamma \tag{8.4}$$

将式(8.3)代入式(8.4),并令相应点处的切应力为 τ_ρ,即得横截面上切应力变化规律的表达式为:

$$\tau_\rho = G\gamma_\rho = G\rho\frac{\mathrm{d}\varphi}{\mathrm{d}x} \tag{8.5}$$

因为 $G \cdot \dfrac{\mathrm{d}\varphi}{\mathrm{d}x}$ 为常数，由上式可知，截面上切应力 τ_ρ 的大小与 ρ 成正比。截面边缘各点处的切应力最大。切应力沿任一半径的变化规律如图 8.7b) 所示。

静力学关系　横截面上切应力变化规律表达式(8.5)中的 $\mathrm{d}\varphi/\mathrm{d}x$ 是个待定参数，为确定该参数，需要从静力平衡条件来分析。由于在横截面任一直径上距圆心等远的两点处的内力元素 $\tau_\rho \mathrm{d}A$ 等值而反向，如图 8.7b) 所示。因此，整个截面上的内力元素 $\tau_\rho \mathrm{d}A$ 的合力必等于零，并组成一个力偶，即为横截面上的扭矩 T。因为 τ_ρ 的方向垂直于半径，故内力元素 $\tau_\rho \mathrm{d}A$ 对圆心的力矩为 $\rho \tau_\rho \mathrm{d}A$。因此，由静力学中的合力矩定理可得：

$$\int_A \rho \tau_\rho \mathrm{d}A = T \tag{8.6}$$

将式(8.5)代入式(8.6)，整理得：

$$G\frac{\mathrm{d}\varphi}{\mathrm{d}x}\int_A \rho^2 \mathrm{d}A = T \tag{8.7}$$

上式中的积分 $\int_A \rho^2 \mathrm{d}A$ 仅与横截面的几何量有关，称为横截面的极惯性矩，并用 I_P 表示，其单位为 m^4 或 mm^4。即

$$I_\mathrm{P} = \int_A \rho^2 \mathrm{d}A \tag{8.8}$$

将式(8.8)代入式(8.7)，得：

$$\frac{\mathrm{d}\varphi}{\mathrm{d}x} = \frac{T}{GI_\mathrm{P}} \tag{8.9}$$

将其代入式(8.5)，得：

$$\tau_\rho = \frac{T \cdot \rho}{I_\mathrm{P}} \tag{8.10}$$

式中：T——横截面上的扭矩；

　　　ρ——横截面上任一点到圆心的距离；

　　　I_P——截面对圆心的极惯性矩，单位为 mm^4 或 m^4。

上式即为等直圆轴在扭转时横截面上任一点处切应力的计算公式。切应力的方向垂直于半径，并与扭矩的转向一致。

由式(8.10)及图 8.7b) 可见，当 ρ 等于横截面的半径 r 时，即在横截面周边上的各点处，切应力将达到其最大值 $\tau_{\max}$，其值为：

$$\tau_{\max} = \frac{T \cdot R}{I_\mathrm{P}} \tag{8.11}$$

令：

$$W_\mathrm{P} = \frac{I_\mathrm{P}}{R}$$

则有：

$$\tau_{\max} = \frac{T}{W_\mathrm{P}} \tag{8.12}$$

式中：W_P——**扭转截面系数**，其单位为 m^3 或 mm^3。

此公式仅适用于圆截面的轴。极惯性矩 I_P 和扭转截面系数 W_P 是只与截面形状、尺寸有关的几何量，利用高等数学知识，由式(8.8)及式(8.11)可求得直径为 D 的圆截面对圆心的极惯性矩和扭转截面系数分别为：

$$I_P = \frac{\pi D^4}{32} \tag{8.13}$$

$$W_P = \frac{I_P}{R} = \frac{\pi D^3}{16} \tag{8.14}$$

设空心圆截面的内、外直径分别为 d 和 D，其比值 $\alpha = \dfrac{d}{D}$，则空心圆截面的极惯性矩和扭转截面系数分别为：

$$I_P = \frac{\pi D^4}{32}(1-\alpha^4) \tag{8.15}$$

$$W_P = \frac{\pi D^3}{16}(1-\alpha^4) \tag{8.16}$$

二 斜截面上的应力

已知等直圆轴扭转时横截面上周边各点处的切应力最大，为全面了解轴内的应力情况，需进一步讨论这些点处斜截面上的应力。为此，在圆轴的表面处用横截面、径向截面，以及与表面平行的面截取一单元体，如图 8.8a) 所示。由于这种单元体的前、后两面上无任何应力，故可将其用如图 8.8b) 所示的平面图形表示。

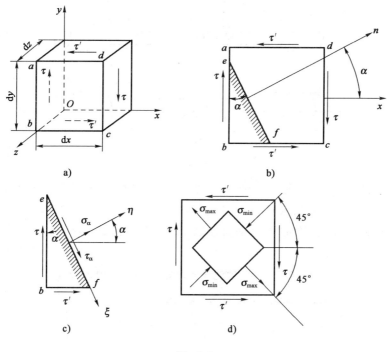

图 8.8

现在分析单元体内垂直于前、后两平面的任一斜截面 ef 上的应力，斜截面的外向法线 n 与 x 轴间的夹角为 α，并规定从 x 轴至截面外向法线逆时针转动时 α 为正值，反之为负值。应用截面法，研究斜截面 ef 左边部分的平衡，受力分析如图 8.8c) 所示。设斜截面 ef 的面积为 dA，则 eb 面和 bf 面的面积分别为 $dA\cos\alpha$ 和 $dA\sin\alpha$。选择参考轴 ξ 和 η 分别与斜截面 ef 平行和垂直，列平衡方程

$$\sum F_\eta = 0, \sigma_\alpha dA + (\tau dA\cos\alpha)\sin\alpha + (\tau' dA\sin\alpha)\cos\alpha = 0$$
$$\sum F_\xi = 0, \sigma_\alpha dA - (\tau dA\cos\alpha)\cos\alpha + (\tau' dA\sin\alpha)\sin\alpha = 0$$

利用切应力互等定理,整理后即得任一斜截面 ef 上的正应力和切应力的计算公式分别为:

$$\sigma_\alpha = -\tau\sin2\alpha \tag{8.17}$$
$$\tau_\alpha = \tau\cos2\alpha \tag{8.18}$$

由式(8.17)可知,在 $\alpha=-45°$ 和 $\alpha=45°$ 两斜截面上的正应力分别为

$$\sigma_{\max} = \sigma_{-45°} = \tau \qquad \sigma_{\min} = \sigma_{45°} = -\tau$$

由式(8.18)可知,在 $\alpha=0°$ 时,即横截面上切应力最大,其绝对最大值等于 τ。

该两截面上的正应力分别为 σ_α 中的最大值和最小值,即一个为拉应力,另一个为压应力,其绝对值均等于 τ,且最大、最小正应力的作用面与最大切应力的作用面之间成 45°,如图 8.8d)所示。

在圆轴的扭转试验中,对于剪切强度低于拉伸强度的材料(如低碳钢),破坏是从轴的最外层沿横截面发生剪切产生的,如图 8.9a)所示;而对于拉伸强度低于剪切强度的材料(如铸铁),其破坏是由轴的最外层沿与轴线约成 45°倾角度的螺旋形曲面发生拉伸断裂而产生的,如图 8.9b)所示。

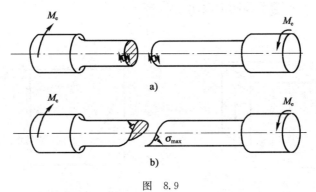

图 8.9

【**例 8.2**】 如图 8.10a)、图 8.10b)所示,实心圆截面轴 Ⅰ 和空心圆截面轴 Ⅱ 的材料、扭转力偶矩 M_e 和长度 l 均相同,最大切应力也相等。若空心圆截面内、外直径之比为 $\alpha=0.6$,试求:(1)空心圆截面的外径与实心圆截面直径之比;(2)两轴的重量比。

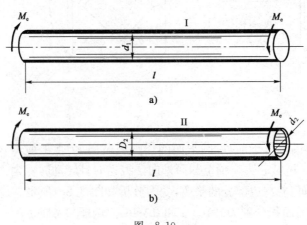

图 8.10

【解题分析】 因为 $\tau_\text{实} = \dfrac{T_1}{W_{p1}}$，$\tau_\text{空} = \dfrac{T_2}{W_{p2}}$，利用最大切应力相等的条件，可求比值 $\dfrac{D_2}{d_1}$。由于轴的重量为 γAl，再利用两轴的长度 l 和材料 γ 均相同的条件，求轴 II 与轴 I 的重量比等于其横截面面积 A_2 和 A_1 之比。

【解】 (1)设实心圆截面直径和空心圆截面内、外直径分别为 d_1 和 d_2，D_2。

利用最大切应力相等的条件，先求比值 $\dfrac{D_2}{d_1}$。I，II 两轴截面的扭转截面系数分别为：

$$W_{p1} = \frac{\pi d_1^3}{16} \qquad W_{p2} = \frac{\pi D_2^3}{16}(1-\alpha^4)$$

分别代入式(8.5)，即得两轴的最大切应力为：

$$\tau_{1,\max} = \frac{T_1}{W_{p1}} = \frac{16T_1}{\pi d_1^3} \qquad \tau_{2,\max} = \frac{T_2}{W_{p2}} = \frac{16T_2}{\pi D_2^3(1-\alpha^4)}$$

以 $\alpha = 0.6$ 和 $T_1 = T_2 = M_e$ 代入以上两式，并引用已知条件 $\tau_{1,\max} = \tau_{2,\max}$ 即得：

$$\frac{16M_e}{\pi d_1^3} = \frac{16M_e}{\pi D_2^3(1-0.6^4)}$$

由此得：

$$\frac{D_2}{d_1} = \sqrt[3]{\frac{1}{1-0.6^4}} = 1.047$$

(2)计算轴 II 与轴 I 的重量比。

由于两轴的长度和材料均相同，故轴 II 与轴 I 的重量比等于其横截面面积 A_2 和 A_1 之比，因此

$$\frac{A_2}{A_1} = \frac{\dfrac{\pi}{4}(D_2^2 - d_2^2)}{\dfrac{\pi}{4}d_1^2} = \frac{D_2^2(1-\alpha^2)}{d_1^2} = 1.047^2 \times (1-0.6^2) = 0.702$$

由此可见，在最大切应力相等的情况下，空心圆轴的自重比实心圆轴轻，比较节约材料。当然，在设计轴时，还应全面地考虑加工等因素，不能在任何情况下都采用空心圆轴。

三 强度条件

等直圆轴在扭转时，轴内各点均处于纯剪切应力状态。其强度条件应该是横截面上的最大工作切应力 $\tau_\max$ 不超过材料的许用切应力 $[\tau]$，即

$$\tau_\max \leqslant [\tau] \tag{8.19}$$

由于等直圆轴的最大工作应力 $\tau_\max$ 存在于最大扭矩所在横截面，即危险截面的周边上任一点处，故强度条件公式(8.11)中应以这些危险点处的切应力为依据，则有：

$$\tau_\max = \frac{T_\max}{W_P} \leqslant [\tau] \tag{8.20}$$

将式(8.14)或(8.16)中的 W_P 代入强度条件公式(8.20)，可对实心或空心圆截面轴进行强度计算，即校核强度、选择截面或计算许可荷载。

【例8.3】 如图 8.11a)所示阶梯状圆轴，AB 段直径 $d_1 = 120$mm，BC 段直径 $d_2 = 100$mm。扭转力偶矩为 $M_A = 22$kN·m，$M_B = 36$kN·m，$M_C = 14$kN·m。已知材料的许用切应力 $[\tau] = 80$MPa，试校核该轴的强度。

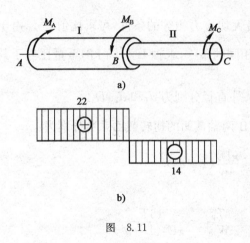

图 8.11

【解题分析】 为校核强度需先确定全轴的最大切应力,为求最大切应力需先求最大扭矩。首先用截面法求得 AB, BC 段的扭矩,并绘制扭矩图。该轴为阶梯轴,各段的扭转截面系数 W_P 不同,应分段考虑。根据各段的扭矩值,利用强度计算公式分别校核两段轴的强度。

【解】 (1)用截面法求得 AB, BC 段的扭矩,并绘出扭矩图,如图 8.12b)所示。

(2)分别校核两段轴的强度。

由扭矩图可见,AB 段之扭矩比 BC 段之扭矩大,但 AB 段轴的直径也大,因此需分别校核两段轴的强度。

AB 段内 $\quad \tau_{AB} = \dfrac{T_1}{W_{P1}} = \dfrac{22 \times 10^6 \text{N} \cdot \text{mm}}{\dfrac{\pi}{16} \times 120^3 \text{mm}^3} = 64.84 \text{MPa} < [\tau] = 80 \text{MPa}$

BC 段内 $\quad \tau_{BC} = \dfrac{T_2}{W_{P2}} = \dfrac{14 \times 10^6 \text{N} \cdot \text{mm}}{\dfrac{\pi}{16} \times 100^3 \text{mm}^3} = 71.30 \text{MPa} < [\tau] = 80 \text{MPa}$

因此,该轴满足强度条件的要求。

第四节 圆轴扭转时的变形和刚度条件

一 扭转时的变形

圆轴扭转时的变形通常是用两个横截面绕轴线转动的相对角位移,即相对扭转角 φ 来度量的。在上节中已得到式(8.9),即

$$\frac{d\varphi}{dx} = \frac{T}{GI_P}$$

式中:$d\varphi$——相距为 dx 的两横截面间的相对扭转角。

因此,长为 l 的一段杆两端间的相对扭转角 φ 为:

$$\varphi = \int_l d\varphi = \int_0^l \frac{T}{GI_P} dx$$

若该轴段为同一材料制成的等直圆轴,并且各横截面上的扭矩 T 均相同,则上式中的 T,G 及 I_P 均为常量。积分后可得:

$$\varphi = \frac{Tl}{GI_P} \tag{8.21}$$

由上式可见,相对扭转角 φ 与 GI_P 成反比,即 GI_P 越大,轴就越不容易发生变形,所以把 GI_P 称为圆轴的**扭转刚度**。扭转角 φ 的单位为 rad。

在工程中,通常采用单位长度扭转角,即

$$\theta = \frac{\mathrm{d}\varphi}{\mathrm{d}x}$$

由式(8.9)可得

$$\theta = \frac{\mathrm{d}\varphi}{\mathrm{d}x} = \frac{T}{G \cdot I_P} \tag{8.22}$$

单位长度扭转角 θ 的单位为 rad/m。

【例 8.4】 如图 8.12 所示传动轴系钢制实心圆截面轴，轴的直径 $d=70$mm，传递的外力偶矩分别为 $M_1=1592$N·m，$M_2=995$N·m，$M_3=637$N·m。已知：钢的切变模量 $G=80$GPa，$l_{AB}=300$mm 和 $l_{AC}=500$mm。试求截面 C 相对于 B 的扭转角。

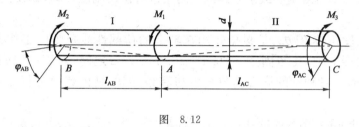

图 8.12

【解题分析】 欲求截面 C 相对于 B 的扭转角，需利用式(8.21) $\varphi = \frac{Tl}{GI_P}$ 求得截面 B、C 相对于 A 的扭转角 φ_{AB}、φ_{AC}，进而求得截面 C 相对于 B 的扭转角 φ_{BC}。又由式(8.21)知，求各段的 φ 需先求出各段的扭矩 T_1、T_2 和 I_P。

【解】 (1)由截面法求得轴 Ⅰ、Ⅱ 两段内的扭矩分别为 $T_1=955$N·m，$T_2=-637$N·m。

(2)分别计算截面 B，C 相对于 A 的扭转角 φ_{AB}，φ_{AC}。为此，可假想 A 固定不动。由式(8.21)可得：

$$\varphi_{AB} = \frac{T_1 l_{AB}}{GI_P} \quad \varphi_{AC} = \frac{T_2 l_{AC}}{GI_P}$$

式中，$I_P = \frac{\pi d^4}{32}$。将有关数据代入以上两式，即得：

$$\varphi_{AB} = \frac{955 \times 10^3 \mathrm{N \cdot mm} \times 300 \mathrm{mm}}{80 \times 10^3 \mathrm{MPa} \times \frac{\pi \times 70^4 \mathrm{mm}^4}{32}} = 1.52 \times 10^{-3} \mathrm{rad}$$

$$\varphi_{AC} = \frac{-637 \times 10^3 \mathrm{N \cdot mm} \times 500 \mathrm{mm}}{80 \times 10^3 \mathrm{MPa} \times \frac{\pi \times 70^4 \mathrm{mm}^4}{32}} = -1.69 \times 10^{-3} \mathrm{rad}$$

假想截面 A 固定不动，截面 B，C 相对于截面 A 的相对转动应分别于扭转力偶矩 M_2、M_3 的转向相同，如图 8.12 所示。截面 C 相对于 B 的扭转角 φ_{BC} 为：

$$\varphi_{BC} = \varphi_{AC} + \varphi_{AB} = -1.69 \times 10^3 \mathrm{rad} + 1.52 \times 10^3 \mathrm{rad} = -0.17 \times 10^3 \mathrm{rad}$$

其转向与扭转力偶 M_3 相同。

二 刚度条件

圆轴扭转时，除需满足强度条件外，有时还需满足刚度条件。例如，机器的传动轴如扭转角过大，将会使机器在运转时产生较大的振动；精密机床上的轴若变形过大，则将影响机床的加工精度等。刚度要求通常是限制其单位长度扭转角 θ 中的最大值 θ_{max} 不超过某一规定的允

许值$[\theta]$,即
$$\theta_{\max} \leqslant [\theta] \tag{8.23}$$
式中:$[\theta]$——许可单位长度扭转角,工程中常用单位是$(°)/m$。

式(8.22)计算所得结果的单位是rad/m,故须先将其单位换算为$(°)/m$,再代入上式,于是可得圆轴在扭转时的刚度条件为:
$$\frac{T_{\max}}{GI_P} \times \frac{180}{\pi} \leqslant [\theta] \tag{8.24}$$

注意:因为以上两式中$[\theta]$的单位为$(°)/m$,故$T_{\max},G,I_P$的单位应分别为$N·m$,Pa和m^4。利用式(8.24)即可对实心或空心圆截面的轴进行扭转刚度计算,如校核刚度、选择截面、计算许可荷载。

许可单位长度扭转角$[\theta]$,是根据作用在轴上的荷载性质及轴的工作条件等因素决定的。对于精密机器的轴,其$[\theta]$常取在$0.15\sim0.30(°)/m$之间;对于一般的传动轴,则可放宽到$2(°)/m$左右。各种轴的许可单位长度扭转角$[\theta]$的具体数值可从有关的设计手册中查出。

【例 8.5】 由 45 号钢制成的某空心圆截面轴,内、外直径之比$\alpha=0.5$,已知轴的横截面上最大扭矩为$T_{\max}=9.56kN·m$,材料的许用切应力$[\tau]=40MPa$,切变模量$G=80GPa$。轴的许可单位长度扭转角$[\theta]=0.3°/m$。试选择轴的直径。

【解题分析】 题型为截面设计。应分别按强度条件和刚度条件计算轴的外直径D,取其较大值。然后根据内、外直径之比$\alpha=0.5$确定轴的内径d。

【解】 (1)按强度条件确定所需外直径D
$$\tau_{\max} = \frac{T_{\max}}{W_P} = \frac{T_{\max}}{\frac{\pi D^3}{16}(1-\alpha^4)} \leqslant [\tau]$$

$$D \geqslant \sqrt[3]{\frac{16 T_{\max}}{\pi(1-\alpha^4)[\tau]}} = \sqrt[3]{\frac{16 \times 9.56 \times 10^6}{\pi(1-0.5^4) \times 40}} = 109 mm$$

(2)由刚度条件确定所需外直径D
$$\theta_{\max} = \frac{T_{\max}}{GI_P} \times \frac{180}{\pi} = \frac{T_{\max}}{G \frac{\pi D^4}{32}(1-\alpha^4)} \times \frac{180}{\pi} \leqslant [\theta]$$

$$D \geqslant \sqrt[4]{\frac{32 T_{\max}}{G\pi(1-\alpha^4)} \times \frac{180}{\pi} \times \frac{1}{[\theta]}}$$

$$= \sqrt[4]{\frac{32 \times 9.56 \times 10^3 N·m}{80 \times 10^9 Pa \times \pi(1-0.5^4)} \times \frac{180}{\pi} \times \frac{1}{0.3°/m}} = 0.126 m = 126 mm$$

(3)确定内外径

由强度计算和刚度计算可知应取:
$$D \geqslant 126 mm$$
由$\alpha=\frac{d}{D}=0.5$可知:
$$d \leqslant \alpha D = 0.5 \times 126 mm = 63 mm$$

◀ 小　结 ▶

1. 基本概念

扭转——杆件变形基本形式。其特征是外力偶作用在垂直于杆件轴线的平面内，杆件的任意两截面之间绕轴线作相对转动。

扭矩——扭转时杆件的内力。扭矩是横截面上分布内力系构成的矢量方向垂直于杆件横截面的内力偶矩。确定扭矩的基本方法是截面法。

扭转角——扭转时，杆件两横截面间绕轴线相对旋转的角度。

单位长度扭转角——扭转角与横截面间距离之比。

2. 外力偶矩与扭矩的计算

若已知传动轴的功率 $p(kW)$ 和转速 $n(r/min)$，可按式 $M_e = 9549 \dfrac{P}{n} (N \cdot m)$ 计算作用在轴上的外力偶矩。扭矩的计算仍采用截面法。

3. 圆轴扭转时横截面上的应力与强度条件

基本分析方法与结论：通过对变形现象的观察作出平面假设，推断横截面某点的剪应力与该点到圆心的距离成正比。最后利用静力学关系，建立圆轴扭转变形的基本关系式 $\left(\dfrac{d\varphi}{dx} = \dfrac{T}{GI_P}\right)$ 和横截面扭转剪应力的计算公式 $\left(\tau_\rho = \dfrac{T\rho}{I_P}\right)$。

为保证圆轴具有足够的强度，应使圆轴最大工作扭转剪应力不超过材料的许用应力，这就是强度条件 $\left(\tau_{max} = \dfrac{T_{max}}{W_P} \leq [\tau]\right)$。根据强度条件，可进行圆轴的强度校核、截面设计和确定许可载荷等计算。

4. 圆轴扭转的变形与刚度条件

由圆轴扭转变形的基本关系式 $\left(\dfrac{d\varphi}{dx} = \dfrac{T}{GI_P}\right)$，建立了实用的圆轴扭转变形计算公式 $\left(\varphi = \dfrac{Tl}{GI_P}\right)$。圆轴扭转的刚度条件为 $\dfrac{T_{max}}{GI_P} \times \dfrac{180}{\pi} \leq [\theta]$。根据刚度条件，可进行轴的刚度校核、截面设计和确定许可载荷等计算。

思考题

1. 图 8.13 中所画切应力分布图是否正确？有错请改正。图中 T 为截面上的扭矩。

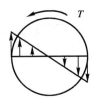

图　8.13

2. 三个轮的位置布置如图 8.14a)、8.14b)所示，对轴的受力来说，哪一个布置比较合理？

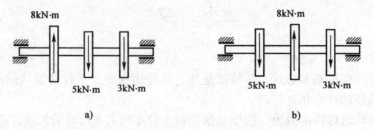

图 8.14

3. 圆轴扭转时，实心圆截面和空心圆截面哪一个更合理？为什么？

4. 长为 l、直径为 d 的两根由不同材料制成的圆轴，在其两端作用相同的扭转力偶矩 M_e，试问：
(1) 最大切应力 $\tau_{\max}$ 是否相同？为什么？
(2) 相对扭转角 φ 是否相同？为什么？

习题

8-1 作如图 8.15 所示各图的扭矩图。

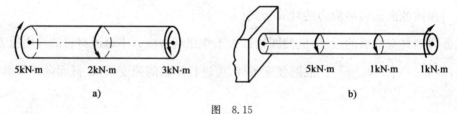

图 8.15

8-2 如图 8.16 所示，传动轴的转速 $n=200$ r/min，主动轮 B 输入功率 $P_B=10$ kW，从动轮 A、C、D 分别输出功率 $P_A=4$ kW，$P_C=3.5$ kW，$P_D=2.5$ kW。画该轴的扭矩图。

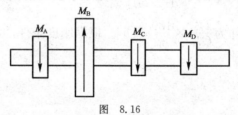

图 8.16

8-3 三个轮的位置分布如图图 8.17a)、b)所示，对轴的受力情况来说，哪一种布置较为合理，为什么？

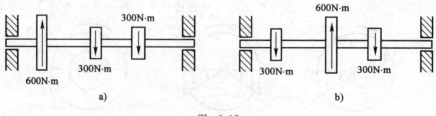

图 8.17

8-4　一圆轴的直径 $d=75$mm，$G=80$GPa，各段长度及受力如图 8.18 所示。求最大切应力和 C 截面的角位移。

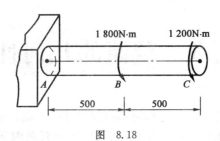

图 8.18

8-5　如图 8.19 所示传动轴的直径 $d=75$mm，$G=80$GPa，转速 $n=120$r/min，主动轮 B 输入功率 $P_B=30$kW，从动轮 A、C 的输出功率分别为 $P_A=12$kW，$P_C=18$kW，则：(1)作轴的扭矩图；(2)求各段内的最大切应力；(3)求截面 A 相对于截面 C 的扭转角 φ_{CA}。

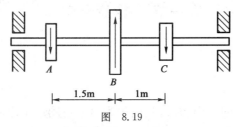

图 8.19

8-6　一钢轴转速 $n=240$r/min，传递功率 $P=44.13$kW。已知：$[\tau]=40$MPa，许用单位扭转角 $[\theta]=1(°)/$m，$G=80$GPa。试按强度和刚度条件计算轴的直径。

第九章 截面的几何性质

工程中构件的横截面都是具有一定几何形状和尺寸的平面图形,例如圆形、矩形、T形、工字形等。**与截面图形几何形状和尺寸有关的几何量,称为截面图形的几何性质**,如截面面积、静矩、惯性矩、极惯性矩、惯性积等。构件的强度、刚度和稳定性都与这些几何量有关,本章介绍它们的定义和计算方法。

第一节 静矩和形心

设有一个代表任意截面的平面图形,其面积为 A。在图形平面内建立直角坐标系 oxy,如图 9.1 所示。在该截面上任取一个微面积 dA,设微面积 dA 的坐标为 x、y。把乘积 ydA 和 xdA 分别称为微面积 dA 对 x 轴和 y 轴的静矩(或面积矩)。而把积分 $\int_A ydA$ 和 $\int_A xdA$ 分别定义为该截面对 x 轴和 y 轴的静矩,分别用 S_x 和 S_y 表示,即

$$S_x = \int_A y dA$$
$$S_y = \int_A x dA \tag{9.1}$$

由定义可知,静矩与所选坐标轴的位置有关,同一个截面对不同的坐标轴有不同的静矩。静矩是一个代数量,其值可为正、负或零。静矩的常用单位是 mm^3 或 m^3。

【**例 9.1**】 如图 9.2 所示,已知矩形截面的高为 h,宽为 b。试计算该矩形截面对 x 轴和 y 轴的静矩 S_x 与 S_y。

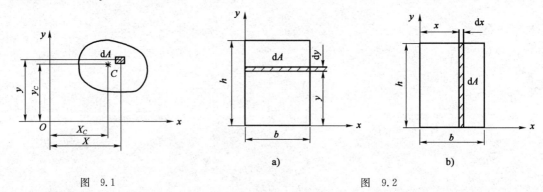

图 9.1　　　　　　　　　　图 9.2

【**解题分析**】 由静矩的定义式(9.1)入手,恰当地选取微面积 dA,如求截面对 x 轴的静矩,则取平行于 x 轴的狭长条为微面积 dA,如图 9.2a)所示;如求截面对 y 轴的静矩,则取平

行于 y 轴的狭长条为微面积 dA,如图 9.2b)所示。采用高等数学的方法,将面积分化为线积分即可计算出对各坐标轴的静矩。

【解】 计算截面对 x、y 轴的静矩。

由图 9.2a)可知:$dA=bdy$ 代入式(9.1)可得

$$S_x = \int_A y\,dA = \int_0^h yb\,dy = b\int_0^h y\,dy = b\frac{h^2}{2}$$

同理,由图 9.2b)可知:$dA=hdx$ 代入式(9.1)可得

$$S_y = \int_A x\,dA = \int_0^b xh\,dx = h\int_0^b x\,dx = h\frac{b^2}{2}$$

【例 9.2】 已知矩形截面的高为 h,宽为 b。试计算该矩形截面对(如图 9.3 所示)x 轴和 y 轴的静矩 S_x 与 S_y。

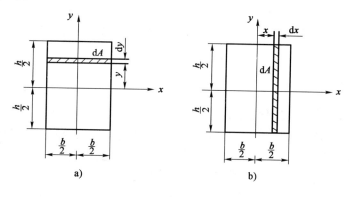

图 9.3

【解题分析】 仍由静矩的定义式(9.1)入手,恰当地选取微面积 dA,如求截面对 x 轴的静矩,则取平行于 x 轴的狭长条为微面积 dA,如图 9.3a)所示;如求截面对 y 轴的静矩,则取平行于 y 轴的狭长条为微面积 dA,如图 9.3b)所示。采用高等数学的方法,将面积分化为线积分即可计算对各坐标轴的静矩。

【解】 计算截面对 x、y 轴的静矩。

由图 9.3a)可知:$dA=bdy$ 代入式(9.1)可得

$$S_x = \int_A y\,dA = \int_{-\frac{h}{2}}^{\frac{h}{2}} yb\,dy = b\int_{-\frac{h}{2}}^{\frac{h}{2}} y\,dy = 0$$

同理,由图 9.2b)可知:$dA=hdx$ 代入式(9.1)可得

$$S_y = \int_A x\,dA = \int_{-\frac{b}{2}}^{\frac{b}{2}} xh\,dx = h\int_{-\frac{b}{2}}^{\frac{b}{2}} x\,dx = 0$$

比较例 9.1 和例 9.2 可得出如下结论:
1)同一截面,若坐标轴的位置不同,则该截面对坐标轴的静矩也不同。
2)截面对通过形心的坐标轴的静矩为零。

二、形心

由静力学中均质薄板的形心公式可知,若截面的形心坐标为 x_c、y_c,则

$$x_c = \frac{\int_A x \, dA}{A}$$

$$y_c = \frac{\int_A y \, dA}{A} \tag{9.2}$$

式中:A——截面面积。

由式(9.2)可得截面的几何性质 **1**:

若截面对称于某轴,则形心必在该对称轴上。若截面有两个对称轴,则形心必为该两对称轴的交点。 在确定形心位置时,利用这个性质可以减少计算工作量。

将静矩的定义式(9.1)代入式(9.2),可得截面的形心坐标与静矩之间的关系为

$$S_x = y_c A$$

$$S_y = x_c A \tag{9.3}$$

由式(9.3)可得截面的几何性质 **2**:

若截面对某轴(例如 x 轴)的静矩为零($S_x = 0$),则该轴一定通过截面的形心,即 $y_c = 0$。反之,截面对其形心轴的静矩一定为零。 利用式(9.3),若已知截面形心位置,可求出截面的静矩;反之,若已知截面的静矩,也可确定截面形心的位置。

【**例 9.3**】 试确定如图 9.4 所示半圆形截面的形心位置。

【**解题分析**】 因为截面关于 y 轴对称,先利用截面的几何性质 1 判断出该截面的形心一定在 y 轴上,即 $x_c = 0$。然后,利用式(9.2)计算 $y_c = \frac{\int_A y \, dA}{A}$。所以应先求出截面对 x 轴的静矩 $S_x = \int_A y \, dA$。

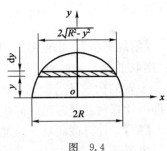

图 9.4

【**解**】 (1)计算截面对 x 轴的静矩

取微面积 $dA = 2\sqrt{R^2 - y^2} \, dy$(如图 9.4 所示)

$$S_x = \int_A y \, dA = \int_0^R 2y\sqrt{R^2 - y^2} \, dy = \frac{2}{3} R^3$$

(2)计算截面的形心位置

由于截面关于 y 轴对称,由截面的几何性质 1 可知,形心必在 y 轴上。

即 $$x_c = 0$$

而 $$y_c = \frac{\int_A y \, dA}{A} = \frac{\frac{2}{3} R^3}{\frac{\pi R^2}{2}} = \frac{4R}{3\pi}$$

三 组合截面的静矩和形心

在工程实际中经常会遇到一些有几个简单图形(例如矩形、三角形、半圆形等)组合而成的截面,称为组合截面。图 9.5 所示为工程中常见的组合截面。

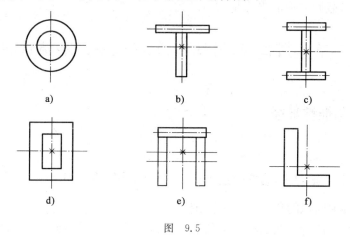

图 9.5

根据静矩的定义,组合截面对某轴的静矩应等于其各组成部分对该轴静矩之和,即

$$S_x = \sum S_{xi} = \sum A_i y_{ci}$$
$$S_y = \sum S_{yi} = \sum A_i x_{ci} \tag{9.4}$$

组合截面形心的计算公式为

$$x_c = \frac{S_y}{A} = \frac{\sum A_i x_{ci}}{\sum A_i}$$
$$y_c = \frac{S_x}{A} = \frac{\sum A_i y_{ci}}{\sum A_i} \tag{9.5}$$

式中:A_i、x_{ci}、y_{ci}——分别表示各个简单截面的面积及形心坐标。

【例 9.4】 试确定如图 9.6 所示的 T 形截面的形心位置。

【解题分析】 T 形截面可以看作是由两个矩形截面组成的,如图 9.6 所示。将其分解为矩形 1、矩形 2 两个简单的矩形,并分别写出每个矩形的面积 A_1、A_2,形心坐标 y_{c1}、y_{c2},即可用组合截面形心的式(9.5)进行计算。

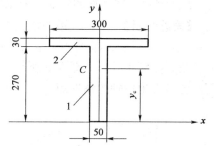

图 9.6 (尺寸单位:mm)

【解】 (1)将截面分解为矩形 1、矩形 2 两个简单的矩形,如图 9.6 所示,并分别写出每个矩形的面积 A_1、A_2,形心坐标 y_{c1}、y_{c2}。

$$A_1 = 270 \times 50 = 13500 \text{mm}^2, y_{c1} = \frac{270}{2} = 135 \text{mm}$$

$$A_2 = 300 \times 30 = 9000 \text{mm}^2, y_{c2} = 270 + \frac{30}{2} = 285 \text{mm}$$

(2)利用组合截面形心的计算公式,计算形心位置。由于截面关于 y 轴对称,由截面的几何性质 1 可知,形心必在 y 轴上。

即
$$x_c = 0$$

由式(9.5)可知：
$$y_c = \frac{\sum A_i y_{ci}}{\sum A_i} = \frac{A_1 y_{c1} + A_2 y_{c2}}{A_1 + A_2} = \frac{13500 \times 135 + 9000^2 \times 285}{13500^2 + 9000^2} = 195 \text{mm}$$

所以，图示 T 形截面的形心坐标是(0,195)。

第二节 惯性矩、惯性半径、极惯性矩和惯性积

一 惯性矩与惯性半径

1. 惯性矩

在材料力学的后续学习中，常常会遇到 $\int_A y^2 dA$、$\int_A x^2 dA$ 等关于面积的积分运算。为了计算方便，常将这些有关面积的积分运算单独定义。

如图 9.7 所示，在任意形状的截面上任取一个微面积 dA，设微面积 dA 的坐标分别为 x、y。则把乘积 $y^2 dA$ 和 $x^2 dA$ 分别称为微面积 dA 对 x 轴和 y 轴的惯性矩。而把积分 $\int_A y^2 dA$ 和 $\int_A x^2 dA$ 分别定义为截面对 x 轴和 y 轴的惯性矩，分别用 I_x 和 I_y 表示，即

$$I_x = \int_A y^2 dA \qquad (9.6)$$
$$I_y = \int_A x^2 dA$$

由定义可知，惯性矩恒为正值，其常用单位是 mm^4 或 m^4。

【**例 9.5**】 试计算如图 9.8 所示的矩形截面对其形心轴 x、y 的惯性矩 I_x 和 I_y。

【**解题分析**】 由惯性矩的定义式(9.6)入手，恰当地选取微面积 dA，如求截面对 x 轴的惯性矩，则取平行于 x 轴的狭长条为微面积 dA；如求截面对 y 轴的惯性矩，则取平行于 y 轴的狭长条为微面积 dA，如图 9.8 所示。利用高等数学知识，将面积分化为线积分即可计算出截面对各形心坐标轴的惯性矩。

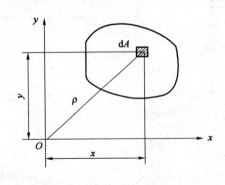

图 9.7

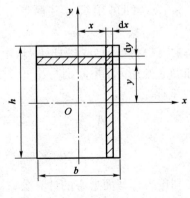

图 9.8

【解】 (1)计算截面对 x 轴的惯性矩

取平行于 x 轴的狭长条为微面积 dA,由图9.8可知:$dA=bdy$ 代入式(9.6)可得

$$I_x = \int_A y^2 dA = \int_{-\frac{h}{2}}^{\frac{h}{2}} y^2 b dy = \frac{bh^3}{12}$$

(2)计算截面对 y 轴的惯性矩

取平行于 y 轴的狭长条为微面积 dA,由图9.8可知:$dA=hdx$ 代入式(9.6)可得

$$I_y = \int_A x^2 dA = \int_{-\frac{b}{2}}^{\frac{b}{2}} x^2 h dx = \frac{b^3 h}{12}$$

【例9.6】 试计算如图9.9所示圆形截面对其形心轴 x、y 的惯性矩 I_x 和 I_y。

【解题分析】 仍由惯性矩的定义式(9.6)入手,恰当地选取微面积 dA,如求截面对 x 轴的惯性矩,则取平行于 x 轴的狭长条为微面积 dA;如求截面对 y 轴的惯性矩,则取平行于 y 轴的狭长条为微面积 dA,如图9.9所示。利用高等数学知识,将面积分化为线积分即可计算出截面对各形心坐标轴的惯性矩。

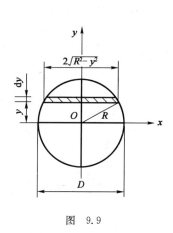

图 9.9

【解】 (1)计算截面对 x 轴的惯性矩

取平行于 x 轴的狭长条为微面积 dA,由图9.9可知:$dA=2\sqrt{R^2-y^2}dy$ 代入式(9.6)可得

$$I_x = \int_A y^2 dA = \int_{-R}^{R} y^2 \cdot 2\sqrt{R^2-y^2} dy = \frac{\pi R^4}{4} = \frac{\pi D^4}{64}$$

(2)计算截面对 y 轴的惯性矩

根据对称性,截面对 x、y 的惯性矩相等,即

$$I_x = I_y = \frac{\pi D^4}{64}$$

2.惯性半径

在实际工程应用中,为方便计算,有时也将惯性矩表示为某一长度平方与截面面积 A 的乘积,即

$$I_x = i_x^2 A$$
$$I_y = i_y^2 A$$

(9.7a)

或

$$i_x = \sqrt{\frac{I_x}{A}}$$

$$i_y = \sqrt{\frac{I_y}{A}}$$

(9.7b)

式中:i_x、i_y——分别为截面对 x、y 轴的惯性半径,常用单位是 mm 或 m。

二 极惯性矩

在图 9.7 中,若将直角坐标系改为极坐标系,并以 ρ 表示微面积 dA 到坐标圆点 O 的距离。则把 $\rho^2 dA$ 称为微面积 dA 对 O 点的极惯性矩,而把积分 $\int_A \rho^2 dA$ 定义为截面对 O 点的极惯性矩,用 I_ρ 表示。即

$$I_\rho = \int_A \rho^2 dA \tag{9.8}$$

由式(9.8)可知,极惯性矩恒为正,常用单位为 mm^4 或 m^4。

由图 9.7 可知,$\rho^2 = x^2 + y^2$。将其代入式(9.8),则有

$$I_\rho = \int_A \rho^2 dA = \int_A (x^2 + y^2) dA = \int_A x^2 dA + \int_A y^2 dA$$

再将式(9.6)代入上式,即得惯性矩与极惯性矩的关系为

$$I_\rho = I_x + I_y \tag{9.9}$$

由式(9.9)可得**截面的几何性质 3**：
截面对某点的极惯性矩等于截面对通过该点的两个正交轴的惯性矩之和。

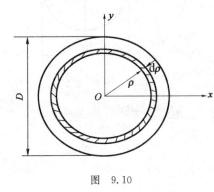

图 9.10

【例 9.7】 试计算如图 9.10 所示的圆形截面对圆心的极惯性矩。

【解题分析】 该题有两种解法,方法一：根据极惯性矩的定义式(9.8),恰当地选取微面积 dA,积分求解。方法二：先求出截面对 x、y 轴的惯性矩,再利用截面的几何性质 3 求得极惯性矩。

【解】 (1)方法一

选取图示环形微面积 dA(图中阴影部分),则 $dA = 2\pi\rho d\rho$,

由极惯性矩的定义可知

$$I_\rho = \int_A \rho^2 dA = \int_0^{\frac{D}{2}} \rho^2 \cdot 2\pi\rho d\rho = \frac{\pi D^4}{32}$$

(2)方法二

由例 9.6 可知： $I_x = I_y = \dfrac{\pi D^4}{64}$

由截面的几何性质 3 可知： $I_\rho = I_x + I_y = \dfrac{\pi D^4}{64} + \dfrac{\pi D^4}{64} = \dfrac{\pi D^4}{32}$

三 惯性积

在图 9.7 中,把微面积 dA 与其坐标 x、y 的乘积 $xy dA$ 称为微面积 dA 对 x、y 两轴的惯性积。而将积分 $\int_A xy dA$ 定义为截面对 x、y 两轴的惯性积,用 I_{xy} 表示。即

$$I_{xy} = \int_A xy dA \tag{9.10}$$

由定义可知,惯性积的值可为正、负或零,其常用单位是 mm⁴ 或 m⁴。

由式(9.10)可得**截面的几何性质 4**:

若截面具有一个对称轴,则截面对包括该对称轴在内的一对正交轴的惯性积恒等于零。

利用该性质,可迅速判断截面对坐标轴 x、y 的惯性积是否等于零。如图 9.11 所示,图中各截面对坐标轴 x、y 的惯性积 I_{xy} 均等于零。

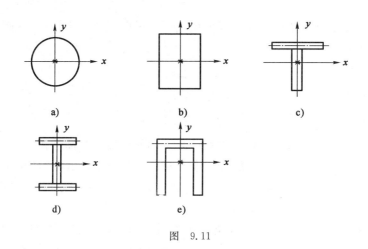

图 9.11

第三节 平行移轴公式、组合截面的惯性矩和惯性积、转轴公式

一 平行移轴公式

在计算组合截面对某轴的惯性矩时,为方便计算,常常要用到平行移轴公式。设如图 9.12 所示截面面积为 A,x_c、y_c 为其形心坐标轴,x、y 为一对分别与 x_c、y_c 平行的坐标轴;微面积 $\mathrm{d}A$ 在坐标系 ox_cy_c 中的坐标为 x_c、y_c,在 oxy 坐标系中的坐标为 x、y;截面形心在 oxy 坐标系中的坐标为 (b, a)。由惯性矩的定义式(9.6)可知,截面对 x 轴的惯性矩为

$$I_x = \int_A y^2 \mathrm{d}A = \int_A (y_c + a)^2 \mathrm{d}A$$
$$= \int_A y_c^2 \mathrm{d}A + 2a \int_A y_c \mathrm{d}A + a^2 \int_A \mathrm{d}A$$
$$= I_{xc} + 2aS_{xc} + a^2 A$$

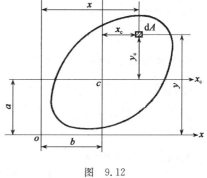

图 9.12

式中:S_{xc}——截面对形心轴 x_c 的静矩,由截面的几何性质 2 可知,$S_{xc}=0$。

因此有

同理有

$$I_x = I_{xc} + a^2 A$$
$$I_y = I_{yc} + b^2 A$$
$$I_{xy} = I_{xcyc} + abA \tag{9.11}$$

式中:I_x、I_y、I_{xy}——分别为截面对 x、y 轴的惯性矩和惯性积;

I_{xc}、I_{yc}、I_{xyc}——分别为截面对形心轴 x_c、y_c 的惯性矩和惯性积。

式(9.11)即为惯性矩和惯性积的平行移轴公式。利用它可以方便地计算出截面对与形心轴平行的轴的惯性矩和惯性积。

三 组合截面的惯性矩和惯性积

设组合截面由 n 个简单截面组成。根据惯性矩和惯性积的定义,组合截面对 x、y 轴的惯性矩和惯性积为

$$I_x = \sum I_{xi}$$
$$I_y = \sum I_{yi}$$
$$I_{xy} = \sum I_{xyi} \tag{9.12}$$

式中:I_{xi}、I_{yi}、I_{xyi}——分别表示各个简单截面对 x、y 轴的惯性矩和惯性积。

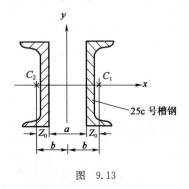

图 9.13

【例9.8】 如图9.13所示截面由两个25c号槽钢截面组成,已知 $b=100$mm。求此组合截面对形心轴 x、y 的惯性矩 I_x 和 I_y。

【解题分析】 该组合截面图形为对称图形,由对称性可知对称轴即为该截面的形心轴;该组合截面由两根型钢组成,型钢的截面面积、对自身形心轴的惯性矩均在附录中型钢表列出,可直接查得。利用平行移轴公式可求出每个槽钢截面对形心轴的惯性矩,再由式(9.12)即可求出该组合截面对形心轴 x、y 的惯性矩 I_x 和 I_y。

【解】 (1)查型钢表可知槽钢25c的几何参数如下:

截面面积　　　　　　　　　$A = 44.91 \text{cm}^2$
形心位置　　　　　　　　　$Z_0 = 19.21 \text{mm}$
对自身形心轴的惯性矩　　　$I_{xc1} = I_{xc2} = 3690.45 \text{cm}^4$
　　　　　　　　　　　　　$I_{yc1} = I_{yc2} = 218.415 \text{cm}^4$

每个槽钢截面形心到 y_c 轴的距离　　$b = \dfrac{a}{2} + Z_0 = \dfrac{100}{2} + 19.21 = 69.21 \text{mm}$

(2)计算每个槽钢截面对组合截面形心轴 x、y 的惯性矩

由图9.14可知,两个槽钢截面及组合截面的形心均在 x 轴上

所以　　　　$I_{x1} = I_{x2} = I_{xc1} = I_{xc2} = 3690.45 \times 10^4 \text{mm}^4$

利用移轴公式可得

$$I_{y1} = I_{yc1} + b^2 A$$
$$= 218.415 \times 10^4 + 69.21^2 \times 44.91 \times 10^2$$
$$= 2369.615 \times 10^4 \text{mm}^4$$

同理可得

$$I_{y2} = I_{yc2} + b^2 A$$
$$= 218.415 \times 10^4 + (-69.21)^2 \times 44.91 \times 10^2$$
$$= 2369.615 \times 10^4 \text{mm}^4$$

(3)计算组合截面对形心轴 x、y 的惯性矩
$$I_x = \sum I_{xi} = I_{xc1} + I_{xc2} = 2 \times 3690.45 \times 10^4 = 7380.90 \times 10^4 \text{mm}^4$$
$$I_y = \sum I_{yi} = I_{yc1} + I_{yc2} = 2 \times 2369.615 \times 10^4 = 4739.23 \times 10^4 \text{mm}^4$$

【例 9.9】 如图 9.14 所示,直径为 D 的圆截面中,有一直径为 d 的偏心圆孔,其偏心距为 e。求该组合截面对 x、y 轴的惯性矩和惯性积。

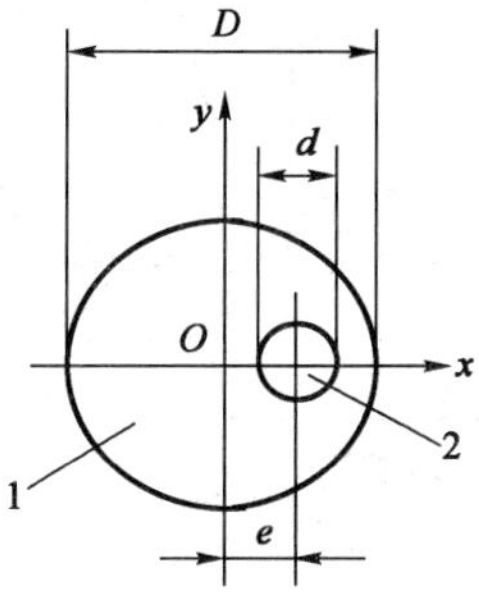

图 9.14

【解题分析】 在计算组合截面图的惯性矩和惯性积时,常常将挖去部分的惯性矩和惯性积设为负值,以简化计算。然后再利用式(9.12),即可求出组合截面对 x、y 轴的惯性矩和惯性积。此法称为负面积法。

【解】 (1)组合截面对 x 轴的惯性矩
因为图形关于 x 轴对称,所以
$$I_x = I_{x1} - I_{x2} = \frac{\pi D^4}{64} - \frac{\pi d^4}{64} = \frac{\pi(D^4 - d^4)}{64}$$

(2)组合截面对 y 轴的惯性矩
先利用移轴公式计算挖去部分对 y 轴的惯性矩
$$I_{y2} = I_{yc2} + e^2 A = \frac{\pi d^4}{64} + e^2 \frac{\pi d^2}{4}$$

再利用式(9.12)计算组合截面对 y 轴的惯性矩
$$I_y = I_{y1} - I_{y2} = \frac{\pi D^4}{64} - \left[\frac{\pi d^4}{64} + e^2 \frac{\pi d^2}{4}\right]$$

(3)组合截面对 x、y 轴的惯性积
因为截面关于 x 轴对称,根据截面的几何性质 4 可知
$$I_{xy} = 0$$

对于工程中常用的截面,其主要的几何性质列于表 9.1 中,以备查用。型钢截面的几何性质,请查附录 1。

常用截面的几何性质　　　　　　　　　　　　　　　　　　　　　表 9.1

截面及形心 C	面积 A	惯性矩 I	惯性半径 i
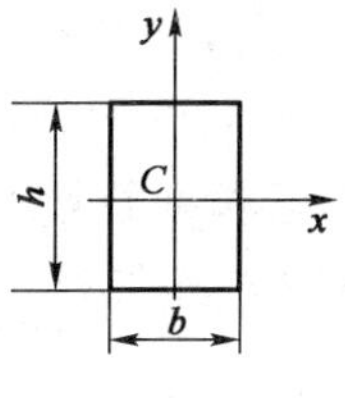 矩形	bh	$I_x = \dfrac{bh^3}{12}$ $I_y = \dfrac{hb^3}{12}$	$i_x = \sqrt{\dfrac{3}{6}}h$ $i_y = \sqrt{\dfrac{3}{6}}b$
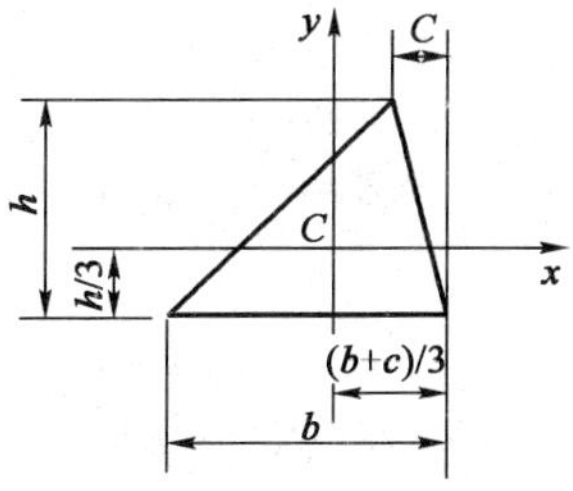 三角形	$\dfrac{bh}{2}$	$I_x = \dfrac{bh^3}{36}$ $I_y = \dfrac{bh}{36}(b^2 - bc + c^2)$	$i_x = \sqrt{\dfrac{2}{6}}h$ $i_y = \sqrt{\dfrac{b^2 - bc + c^2}{18}}$

续上表

截面及形心 C	面积 A	惯性矩 I	惯性半径 i
圆形，直径 D	$\dfrac{\pi D^2}{4}$	$I_x = I_y = \dfrac{\pi D^4}{64}$	$i_x = i_y = \dfrac{D}{4}$
圆环，外径 D，内径 d	$\dfrac{\pi}{4} \times (D^2 - d^2)$	$I_x = I_y = \dfrac{\pi}{64}(D^4 - d^4)$ $= \dfrac{\pi D^4}{64}(1-\alpha^4)$ $\alpha = \dfrac{d}{D}$	$i_x = i_y = \dfrac{D}{4}\sqrt{1+\alpha^2}$
半圆形，半径 R，形心距 $4R/3\pi$	$\dfrac{\pi R^2}{2}$	$I_x = \left(\dfrac{\pi}{8} - \dfrac{8}{9\pi}\right)R^4$ $I_y = \dfrac{\pi R^4}{8}$	$i_x = \dfrac{R}{6\pi}\sqrt{9\pi^2 - 64}$ $i_y = \dfrac{R}{2}$

三 转轴公式

当坐标轴绕原点旋转时，截面对具有不同转角的各坐标轴的惯性矩或惯性积之间存在

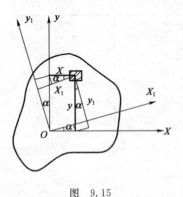

图 9.15

着确定的关系，即转轴公式。在图 9.15 中，设截面的面积为 A，对 x、y 轴的惯性矩和惯性积分别为 I_x、I_y 和 I_{xy}。当坐标轴 x、y 绕 O 点逆时针转过 α 角后，得到一个新的坐标系 ox_1y_1，截面对 x_1、y_1 轴的惯性矩和惯性积分别为 I_{x1}、I_{y1} 和 I_{x1y1}。则截面对 x、y 轴的惯性矩和惯性积与截面对坐标轴转过 α 角后的 x_1、y_1 轴的惯性矩和惯性积之间的关系为

$$I_{x1} = \frac{I_x + I_y}{2} + \frac{I_x - I_y}{2}\cos 2\alpha - I_{xy}\sin 2\alpha$$

$$I_{y1} = \frac{I_x + I_y}{2} - \frac{I_x - I_y}{2}\cos 2\alpha + I_{xy}\sin 2\alpha \quad (9.13)$$

$$I_{x1y1} = \frac{I_x - I_y}{2}\sin 2\alpha + I_{xy}\cos 2\alpha$$

式(9.13)即为转轴公式，若将式(9.13)中的前两式相加，并利用式(9.9)，则有

$$I_{x1} + I_{y1} = I_x + I_y = I_p \tag{9.14}$$

由上式可知**截面的几何性质 5**：

截面对通过一点的任意两正交轴的惯性矩之和为常数，且等于截面对该点的极惯性矩。

第四节　形心主惯性轴和形心主惯性矩

由转轴公式(9.13)可知，当坐标轴绕其原点转动时，惯性积将随着角度 α 的改变而变化，且有正负。因此，总能找到一个角度 α_0，以及相应的 x_0、y_0 轴，使图形对于这一对坐标轴的惯性积等于零，这一对坐标轴就称为过这一点的**主惯性轴**，简称**主轴**。平面图形对主轴的惯性矩称为**主惯性矩**，简称**主矩**。如图 9.16 所示，由截面的几何性质 4 可知图中截面对 x_c、y_c、x_1、y_c、x_2、y_c 三对坐标轴的惯性积均为零，所以 x_c、y_c，x_1、y_c，x_2、y_c 这三对坐标轴均为该截面图形的主惯性轴，其中由于 x_c、y_c 轴通过截面的形心，则称该对坐标轴为形心主惯性轴，简称**形心主轴**。

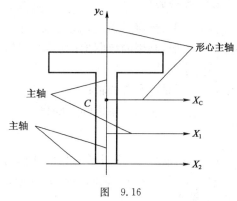

图 9.16

截面对形心主轴的惯性矩称为形心主惯性矩，简称形心主矩。在计算组合截面的形心主惯性轴和形心主惯性矩时，首先应确定其形心位置，然后视其有无对称轴而采用不同的方法。若组合截面有一个或一个以上的对称轴，则通过形心且包括对称轴在内的两正交轴就是形心主惯性轴，再按 9.3 节中的方法用平行移轴公式计算形心主惯性矩。

◀ 小　结 ▶

本章的主要内容是研究截面的几何性质，它是与图形的形状、大小有关的几何量，由图形的形状、大小及坐标轴的位置决定其数值。这些几何量对杆件强度、刚度和稳定性有着极为重要的影响。

1. 本章讨论的图形的几何性质

(1) 静矩　　　　　$S_x = \int_A y \, dA, \ S_y = \int_A x \, dA$

(2) 惯性矩　　　　$I_x = \int_A y^2 \, dA, \ I_y = \int_A x^2 \, dA$

(3) 惯性积　　　　$I_{xy} = \int_A xy \, dA$

(4) 惯性半径　　　$i_x = \sqrt{\dfrac{I_x}{A}}, \ i_y = \sqrt{\dfrac{I_y}{A}}$

上述几何性质,都是对一定的坐标轴而言的,对于不同的坐标轴,它们的数值是不同的。静矩、惯性矩和惯性半径都是对一个坐标轴而言的,而惯性积是相对于两个正交的坐标轴而言的。惯性矩和惯性半径恒为正;静矩和惯性积都可为正,可为负也可为零。

2. 静矩的计算

对于简单图形 $\quad S_x = y_c A, S_y = x_c A$

对于组合图形 $\quad S_x = \sum A_i y_{ci}, S_y = \sum A_i x_{ci}$

当坐标轴通过图形的形心时,静矩为零。

3. 惯性矩的计算

简单图形:按定义通过积分运算或查表。

组合图形:利用简单图形的已知结果,通过平行移轴公式来计算组合图形的惯性矩。

平行移轴公式: $\quad I_x = I_{xc} + a^2 A$

式中:x_c——通过形心的轴;

a——x_c 轴与 x 轴之间的距离。

4. 形心主轴

形心主轴是一对通过形心且惯性积为零的轴。当平面图形有一根对称轴时,此轴必是形心主轴。图形对形心主轴的惯性矩称为形心主惯性矩。

思考题

1. 如何利用静矩确定截面的形心位置?静矩为零的条件是什么?

2. 如图9.17所示T形截面,c 为形心,x 为形心轴。关于 x 轴上下部分的面积对 x 轴的静矩试判断下列关系式中哪一个是正确的。

(1)$S_{x上} > S_{x下}$;(2)$S_{x上} < S_{x下}$;(3)$S_{x上} = S_{x下}$;(4)$S_{x上} = -S_{x下}$。

3. 平行移轴公式的应用条件是什么?

4. 如图9.18所示直径为 D 的半圆,已知它对 x 轴的惯性矩 $I_x = \dfrac{\pi D^4}{128}$,则对 x_1 轴的惯性矩的计算是否正确?为什么?

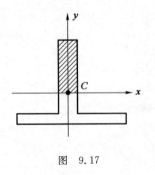

图 9.17

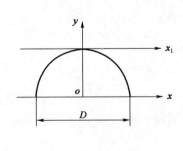

图 9.18

$$I_{x1} = I_x + a^2 A = \frac{\pi D^4}{128} + \left(\frac{D}{2}\right)^2 \cdot \frac{\pi D^2}{8} = \frac{5\pi D^4}{128}$$

5. 如何确定主轴及主惯性矩？
6. 熟记本章所述的截面的几何性质。

习题

9-1 计算如图 9.19 所示截面对 z 轴的静矩。

9-2 如图 9.20 所示 T 形截面，试求：(1)形心 C 到上边缘的距离；(2)形心轴 z 轴以上部分和以下部分对 z 轴的静矩；(3)截面对 z 轴的静矩。

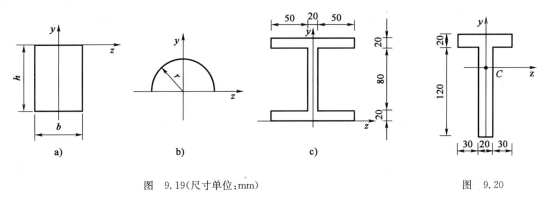

图 9.19(尺寸单位：mm)　　　　　图 9.20

9-3 求如图 9.21 所示平面图形的形心坐标。

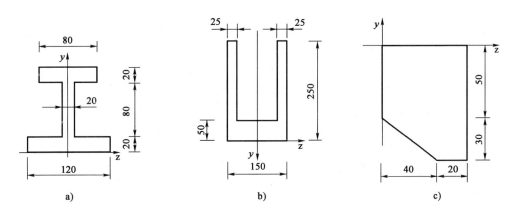

图 9.21(尺寸单位：mm)

9-4 求如图 9.22 所示截面对 z 轴的惯性矩。

9-5 求如图 9.23 所示 T 形截面对图中形心轴 z 轴的惯性矩。

9-6 将两根不等边角钢∠125×80×1 拼成如图 9.24 所示 T 形截面，求该截面对水平形心轴的惯性矩。

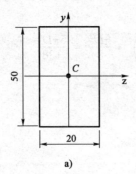 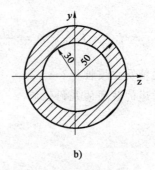

图 9.22(尺寸单位:mm)

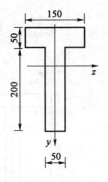 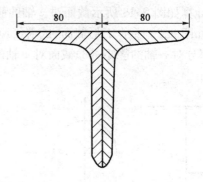

图 9.23(尺寸单位:mm)　　　　　　图 9.24(尺寸单位:mm)

第十章 弯曲内力

本章主要介绍弯曲变形的基本概念,弯曲变形的内力和内力图的绘制。绘制内力图的方法有三种:内力方程法、微分关系法和区段叠加法。

第一节 梁的平面弯曲的概念和计算简图

一 弯曲的工程实例

在工程中经常遇到这样一类构件,它们所承受的荷载是作用线垂直于杆件轴线的横向力,或者位于通过杆轴纵向平面内的外力偶。在这些外力的作用下,杆件的横截面要发生相对的转动,杆件的轴线也要弯成曲线,这种变形称为**弯曲变形**。凡是以弯曲变形为主要变形的构件,通常称为**梁**。

梁是工程结构中应用得非常广泛的一种构件。例如图 10.1a)、b)、c)所示的混凝土公路桥梁、房屋建筑的阳台挑梁和水利工程的水闸立柱等。

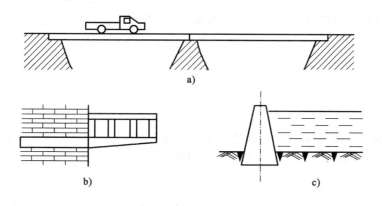

图 10.1

二 梁的平面弯曲的概念

梁的轴线方向称为**纵向**,垂直于轴线的方向称为**横向**。梁的横截面是指梁垂直于轴线的截面,一般都存在着对称轴,常见的有圆形、矩形、工字形和 T 形等。梁的纵向平面是指过梁的轴线的平面,有无穷多个,但通常所说的纵向平面是指梁横截面的纵向对称轴与梁的轴线所构成的平面,称为梁的**纵向对称面**。如果梁的外力和外力偶都作用在梁的纵向对称面内,那么梁的轴线将在此对称面内弯成一条平面曲线,这样的弯曲变形称为**平面弯曲**,

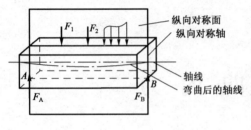

图 10.2

如图 10.2 所示。产生平面弯曲变形的梁,称为平面弯曲梁。

平面弯曲梁是工程中最常见的构件,平面弯曲是最基本的弯曲问题,掌握它的计算对于工程应用及进一步研究复杂的弯曲问题都有十分重要的意义。本章主要研究平面弯曲问题。

作用线垂直于梁的轴线的集中力,称为横向外力。平面弯曲梁在横向外力作用下发生的弯曲变形称为**横力弯曲**,如图 10.3a)所示。平面弯曲梁在平面外力偶的作用下发生的弯曲变形称为**纯弯曲**,如图 10.3b)所示。

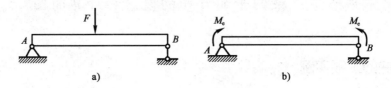

图 10.3

三 梁的计算简图

在进行对梁的工程分析和计算时,不必把梁复杂的工程图原样画出来,而是以能够代表梁的结构、荷载情况的,按照一定的规律简化出来的图形来代替,这种简化后的图形称为梁的**计算简图**。梁的计算简图可以通过以下三个方面的简化得来。

1. 梁的简化

梁本身可用其轴线来代表,但要在图上注明梁的结构尺寸数据,必要时也要把梁的截面尺寸用简单的图形表示出来。

2. 荷载的简化

梁上的荷载一般简化为集中力、集中力偶和均布荷载,分别用 F、q、M_e 表示。集中力和均布荷载的作用点简化在轴线上,集中力偶的作用面简化在纵向对称面内。

3. 支座的简化

梁的支承情况很复杂,但为了计算的方便,可以简化为活动铰支座、固定铰支座和固定端支座三种情况。

图 10.4a)是如图 10.1a)所示的混凝土公路桥第一跨的计算简图。其中,公路桥梁本身用直线 AB 代表,左端的支承简化成固定铰支座,有两个约束反力 F_{Ax} 和 F_{Ay};右端的支承简化成活动铰支座,有一个约束反力 F_{By};正在行驶中的汽车简化成集中力 F,桥梁本身的自重简化成均布荷载 q。

图 10.4b)是如图 10.1b)所示的房屋建筑中阳台挑梁的计算简图。其中,挑梁本身用直线 AB 代表,左端的支承简化成固定端支座,有三个约束反力 F_{Ax}、F_{Ay} 和 M_A,右端是一个自由端,无约束反力,其上的荷载简化成均布荷载 q。

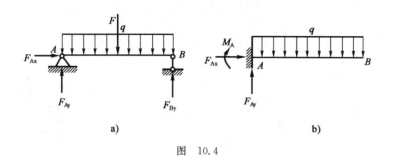

图 10.4

四 梁的基本形式

1. 静定梁与超静定梁的概念

梁可以分为静定梁和超静定梁。如果梁的支座反力的数目等于梁的静力平衡方程的数目,就可以由静力平衡方程来完全确定支座反力,这样的梁称为静定梁,如图 10.5a)所示。反之,如果梁的支座反力的数目多于梁的静力平衡方程的数目,就不能由静力平衡方程来完全确定支座反力,这样的梁称为超静定梁,如图 10.5b)所示。本书仅讨论静定梁,超静定梁则放到结构力学课程中研究。

图 10.5

2. 静定梁的形式

静定梁有三种形式:简支梁、悬臂梁和外伸梁,其计算简图如图 10.6a)、b)、c)所示。

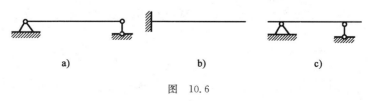

图 10.6

第二节 梁的内力——剪力和弯矩

一 梁的内力

梁的任一横截面上的内力,在作用于梁上的外力确定后,可由截面法求得。图 10.7a)是一个受集中力 F 作用的简支梁,现在求其任意横截面 m-m 上的内力。

首先沿截面 m-m 假想地把梁 AB 截成左、右两段,然后取其中一段作为研究对象。例如,取梁的左段为研究对象,梁的右段对左段的作用则以截面上的内力来代替,如图 10.7b)所示。根据静力平衡条件,在截面 m-m 上必然存在着一个沿截面方向的内力 F_s。由平衡方程

$$\sum Y = 0 \quad F_A - F_s = 0$$
$$F_s = F_A$$

得

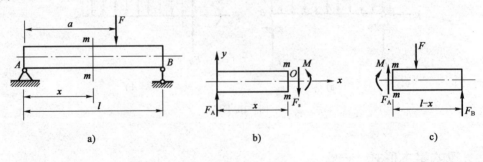

图 10.7

其中，F_s 称为剪力，它是横截面上分布内力系在截面方向的合力。由图 10.7b) 中可以看出，剪力 F_s 和支座反力组成了一个力偶，因而在横截面 m-m 上还必然存在着一个内力偶 M 与之平衡，由平衡方程

$$\sum M_O = 0 \quad M - F_A x = 0$$

得

$$M = F_A x$$

其中，M 称为弯矩，它是横截面上分布内力系的合力偶矩。

二 剪力和弯矩的符号规定

在上面的讨论中，如果取右段梁为研究对象，同样也可求得横截面 m-m 上的剪力 F_s 和弯矩 M，如图 10.7c) 所示。但是，根据力的作用与反作用定律，取左段梁与右段梁作为研究对象求得的剪力 F_s 和弯矩 M 虽然大小相等，但方向相反。为了使无论取左段梁还是右段梁得到的同一截面上的 F_s 和 M 不仅大小相等，而且正负号一致，需要根据梁的变形来规定 F_s 和 M 的符号。

1. 剪力的符号规定

梁截面上的剪力对所取梁段内任一点的矩为顺时针方向转动时为正，反之为负，如图 10.8a) 所示。

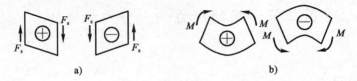

图 10.8

2. 弯矩的符号规定

梁截面上的弯矩使所取梁段上部受压、下部受拉时为正，反之为负，如图 10.8b) 所示。

根据上述正负号的规定，在图 10.7b)、c) 两种情况中，横截面 m-m 上的剪力 F_s 和弯矩 M 均为正。

【例 10.1】 简支梁如图 10.9a)所示,求横截面 1-1、2-2、3-3 上的剪力和弯矩。

【解题分析】 求梁上指定截面内力的基本方法是截面法。截面法的使用前提是构件所受外力为已知,为此需要先计算梁的支座反力。注意:使用截面法时截面内力 F_s、M 应设为正。

【解】 (1)求支座反力

由梁的平衡方程求得支座 A、B 处的反力为

$$F_A = F_B = 10\text{kN}$$

(2)求横截面 1-1 上的剪力和弯矩

沿截面 1-1 假想地把梁截成两段,取受力较简单的左段为研究对象,设截面上的剪力 F_s、弯矩 M 均为正,如图 10.9b)所示。

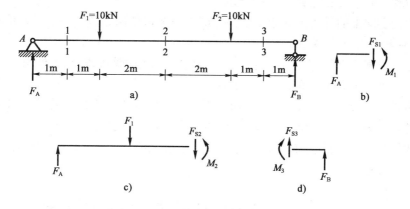

图 10.9

列出平衡方程

$$\sum Y = 0 \quad F_A - F_{S1} = 0$$
$$\sum M_O = 0 \quad M_1 - F_A \times 1\text{m} = 0$$

得

$$F_{s1} = F_A = 10\text{kN}$$
$$M_1 = F_A \times 1\text{m} = 10\text{kN} \cdot \text{m}$$

计算结果 F_{s1} 和 M_1 为正,表明两者的实际方向与假设相同,即 F_{s1} 为正剪力,M_1 为正弯矩。

(3)求横截面 2-2 上的剪力和弯矩

沿截面 2-2 假想地把梁分成两段,取左段为研究对象,设截面上的剪力 F_{s2} 和弯矩 M_2 均为正,如图 10.9c)所示。列出平衡方程

$$\sum Y = 0 \quad F_A - F_1 - F_{s2} = 0$$
$$\sum M_O = 0 \quad M_2 - F_A \times 4\text{m} + F_1 \times 2\text{m} = 0$$

得

$$F_{s2} = F_A - F_1 = 0$$
$$M_2 = F_A \times 4\text{m} + F_1 \times 2\text{m} = 20\text{kN} \cdot \text{m}$$

由计算结果可知,M_2 为正弯矩。

(4)求横截面 3-3 上的剪力和弯矩

沿截面 3-3 假想地把梁分成两段,取右段为研究对象,设截面上的剪力 F_{s3} 和弯矩 M_3 均为正,如图 10.9d)所示。列出平衡方程

$$\sum Y = 0 \quad F_B + F_{s3} = 0$$

$$\sum M_O = 0 \quad F_B \times 1\text{m} - M_3 = 0$$

得

$$F_{s3} = -F_B = -10\text{kN}$$

$$M_3 = F_B \times 1\text{m} = 10\text{kM} \cdot \text{m}$$

计算结果明，F_{s3} 的实际方向与假设相反，为负剪力；M_3 为正弯矩。

从上述例题的计算过程中可以总结出如下规律：

1）梁的任一横截面上的剪力，在数值上等于该截面左边（或右边）梁上所有外力在截面方向投影的代数和，即 $F_s = \sum F_左$ 或 $F_s = \sum F_右$。

截面左边梁上向上的外力或右边梁上向下的外力在该截面方向上的投影为正，反之为负。可简单记为：左上为正，右下为正。

2）梁的任一横截面上的弯矩，在数值上等于该截面左边（或右边）梁上所有外力对该截面形心的矩的代数和。即 $M = \sum M_左$ 或 $M = \sum M_右$。

截面左边梁上的外力对该截面形心的矩为顺时针转向，或右边梁上的外力对该截面形心的矩为逆时针转向为正，反之为负。可简单记为：左顺为正，右逆为正。

利用上述规律，可以直接根据横截面左边或右边梁上的外力来求该截面上的剪力或弯矩，而不必列出平衡方程。

第三节　内力方程法绘制剪力图和弯矩图

梁横截面上的内力有剪力和弯矩，因此梁的内力图也分为剪力图和弯矩图。剪力图表示梁横截面上的剪力沿梁轴线的变化规律；弯矩图表示梁横截面上的弯矩沿梁轴线的变化规律。由内力图可以确定梁最大内力的数值及其所在的位置，为梁的强度和刚度计算提供必要的依据。

梁的剪力图和弯矩图的绘制方法主要有内力方程法、微分关系法和区段叠加法。

一　剪力方程和弯矩方程

由例 10.1 可以看出，在一般情况下，梁横截面上的剪力和弯矩是随着截面位置变化而变化的。沿梁的轴线建立 x 坐标轴，以坐标 x 表示梁横截面的位置，则梁横截面上的剪力和弯矩都可以表示为坐标 x 的函数，即

$$F_s = F_s(x) \tag{10.1}$$

$$M = M(x) \tag{10.2}$$

以上两个函数表达式分别称为梁的剪力方程和弯矩方程。写方程时，一般是以梁的左端为 x 坐标的原点，有些特殊情况，为了便于计算，也可以把坐标原点取在梁的右端。

关于剪力方程和弯矩方程的定义域问题，作如下的说明：

1）在集中力作用的截面上，剪力是突变的，故该截面不包括在剪力方程的定义域中。

2）在集中力偶作用的截面上，弯矩是突变的，故该截面不包括在弯矩方程的定义域中。

二 剪力图和弯矩图的绘制

与轴力图和扭矩图一样,剪力图和弯矩图用来表示梁各横截面上的剪力与弯矩随截面位置 x 变化而变化的规律。绘制时,以平行于梁轴线的 x 轴为横坐标,表示截面的位置,以截面上的剪力值或弯矩值为纵坐标,按适当的比例分别绘出剪力方程和弯矩方程的图线,称为**剪力图和弯矩图**。这种利用内力方程绘制内力图的方法称为**内力方程法**,这是绘制内力图的基本方法。

在绘制剪力图时,正的剪力绘制在 x 轴线的上方,负的剪力绘制在 x 轴线的下方,并标明大小和正负号。在土木工程中,弯矩图的绘制有其特殊的规定,即弯矩图绘制在梁的受拉侧,只标明大小,不标注正负号。

【例 10.2】 绘制如图 10.10a)所示简支梁的剪力图和弯矩图。

【解题分析】 用内力方程法绘制剪力图和弯矩图,关键是正确地列出剪力方程和弯矩方程,可以利用例 10.1 总结出来的规律直接写出剪力方程和弯矩方程。为列内力方程需先求出支座反力。

【解】 (1)求支座反力

取梁整体为研究对象,由平衡方程 $\sum M_A=0$、$\sum M_B=0$,得

$$F_A = F_B = \frac{ql}{2}$$

(2)列出剪力方程和弯矩方程

取图中的 A 点为坐标原点,建立 x 坐标轴,由坐标为 x 的横截面左边梁上的外力列出剪力方程和弯矩方程,得

$$F_s(x) = F_A - qx = \frac{ql}{2} - qx \quad (0 < x < l)$$

$$M(x) = F_A x - q\frac{x^2}{2} = \frac{ql}{2}x - \frac{q}{2}x^2 \quad (0 \leqslant x \leqslant l)$$

在支座 A、B 两处有集中力作用,剪力在此两截面处有突变,因而剪力方程的适用范围为 $(0,l)$;支座 A、B 两处虽有集中力作用,但弯矩在两截面处没有突变,因而弯矩方程的适用范围为 $[0,l]$。

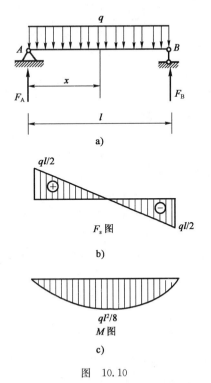

图 10.10

(3)绘剪力图和弯矩图

由剪力方程可以看出,该梁的剪力图是一条直线,只要算出两个点的剪力值就可以绘出

$$x=0, F_{sA} = \frac{q}{2}l \quad x=l, F_{sB} = -\frac{q}{2}l$$

弯矩图是一条二次抛物线,至少需要算出三个点的弯矩值才能大致绘出

$$x=0, M_A=0 \quad x=l, M_B=0 \quad x=\frac{1}{2}l, M_C = \frac{ql^2}{8}$$

根据求出的各值,绘出梁的剪力图和弯矩图分别如图 10.10b)、c)所示。由图可见,最大剪力发生在 A、B 两支座的内侧截面上,其值为 $|F_s|_{max}=\frac{1}{2}ql$,而此两处的弯矩值为零;最大弯矩发生在梁的中点截面上,其值为 $M_{max}=\frac{1}{8}ql^2$,而该截面的剪力为零。

【例 10.3】 绘制如图 10.11a)所示简支梁的剪力图和弯矩图。

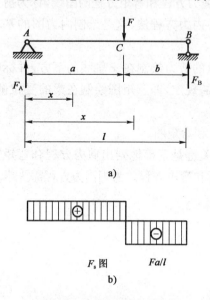

图 10.11

【解题分析】 因为梁上 C 点处有集中力 F,所以 AC、CB 段的内力方程不同,必须分段列出。

【解】(1)求支座反力

取梁整体为研究对象,由平衡方程 $\sum M_A=0$、$\sum M_B=0$,得

$$F_A=\frac{Fa}{l}, F_B=\frac{Fb}{l}$$

(2)列出剪力方程和弯矩方程

取图中的 A 点为坐标原点,建立 x 坐标轴。两段的内力方程分别为

AC 段:

$$F_s(x)=F_A=\frac{Fb}{l}(0<x<a)$$

$$M(x)=F_A x=\frac{Fb}{l}x(0\leqslant x\leqslant a)$$

BC 段:

$$F_s(x)=F_A-F=-\frac{Fa}{l}(a<x<l)$$

$$M(x)=F_s(l-x)=\frac{Fa}{l}(a\leqslant x\leqslant l)$$

支座 A、B 和集中力作用点 C 处均有剪力突变,因而两段剪力方程的适用范围分别为 $(0,a)$ 和 (a,b)。

(3)绘制剪力图和弯矩图

由剪力方程可以看出,梁的剪力图为两条水平线,在向下的集中力 F 的作用点 C 处剪力图发生突变,突变值等于集中力的大小;由弯矩方程可以看出,梁的弯矩图为两条斜率不同的斜直线,在集中力的作用点 C 处相交,形成向下凸的尖角。梁的剪力图和弯矩图分别如图 10.11b)、c)所示。

由剪力图可以看出:如果 $a>b$,则最大剪力发生在 CB 梁段任一横截面上,其值为 $|F_s|_{max}=\frac{Fa}{l}$;由弯矩图可以看出:最大弯矩发生在集中力作用的截面上,其值为 $M_{max}=\frac{Fab}{l}$,也恰是剪力图改变正负号的截面。

【例 10.4】 绘制如图 10.12a)所示简支梁的剪力图和弯矩图。

【解题分析】 因为梁上 C 点处有集中力偶,所以 AC、CB 段的内力方程不同,也必须分段列出。

【解】 (1)求支座反力

支座 A、B 处的反力 F_A 和与 F_B 组成一个反力偶,与外力偶 M 相平衡,于是有

$$F_A = F_B = \frac{M_e}{l}$$

(2)列出剪力方程和弯矩方程

取图中的 A 点为坐标原点,建立 x 坐标轴,AC、CB 两段的内力方程分别为

AC 段:

$$F_s(x) = -F_A = -\frac{M_e}{l}(0 < x \leqslant a)$$

$$M(x) = -F_A x = -\frac{M_e}{l}x(0 \leqslant x \leqslant a)$$

CB 段:

$$F_s(x) = -F_B = -\frac{M_e}{l}(a \leqslant x < l)$$

$$M(x) = F_B(l-x) = \frac{M_e}{l}(l-x)(a < x \leqslant l)$$

在集中力偶作用的 C 截面处,弯矩有突变,因而两段梁弯矩方程的适用范围分别为 $[0,a]$、(a,l)。

(3)绘制剪力图和弯矩图

由剪力方程可以看出,梁的剪力图是一条与梁轴线平行的直线;由弯矩方程可以看出,弯矩图是两条互相平行的斜直线,在集中力偶作用的 C 截面处,弯矩发生突变,突变值等于集中力偶矩的大小。梁的剪力图和弯矩图分别如图 10.12b)、c)所示。

由剪力图可以看出:无论集中力偶作用在梁的哪一个位置,剪力的大小和正负都不会改变,可见集中力偶的作用位置不影响剪力图;由弯矩图可以看出:如果 $a>b$,则最大弯矩发生在集中力偶作用点 C 的左侧截面上,其值为 $M_{max} = \frac{M_e a}{l}$。

【例 10.5】 绘制如图 10.13a)所示悬臂梁的剪力图和弯矩图。

【解题分析】 悬臂梁由于有自由端的存在,求解有一定的特殊性。可以不求支座反力,而从自由端直接计算。因此取如图 10.13a)所示的 B 点为坐标原点,列出剪力方程和弯矩方程。

【解】 (1)列出剪力方程和弯矩方程

$$F_s(x) = qx(0 \leqslant x < l)$$

$$M(x) = -\frac{1}{2}qx^2(0 \leqslant x < l)$$

(2)绘制剪力图和弯矩图

由剪力方程可以看出:剪力图是一条斜直线;由弯矩方程可以看出:弯矩图是一条二次抛物线。绘出的剪力图和弯矩图分别如图 10.13b)、c)所示。由图可见,最大剪力和最大弯矩都发生在 A 端的右侧截面上,其值分别为 $F_{smax} = ql$ 和 $|M|_{max} = \frac{ql^2}{2}$。

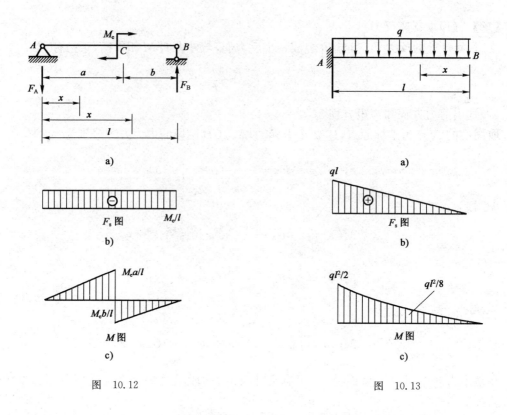

图 10.12　　　　　　　　　图 10.13

第四节　用微分关系法绘制剪力图和弯矩图

一　弯矩、剪力、分布荷载集度之间的微分关系

在例 10.2 中,如果规定向下的分布荷载集度 q 为负,则将弯矩 $M(x)$ 对 x 求导数,就得到剪力 $F_s(x)$,再将 $F_s(x)$ 对 x 求导数,就得到分布荷载集度 $q(x)$。可以证明,在直梁中普遍存在如下关系

$$\frac{dF_s(x)}{dx}=q(x) \tag{10.3}$$

$$\frac{dM(x)}{dx}=F_s(x) \tag{10.4}$$

由式(10.3)和式(10.4)还可以进一步得到

$$\frac{dM^2(x)}{dx^2}=q(x) \tag{10.5}$$

式(10.3)~式(10.5)就是弯矩、剪力与分布荷载集度之间的微分关系。

根据式(10.3)~式(10.5),可以得出剪力图和弯矩图的如下规律:

1)在无荷载作用的梁段上,$q(x)=0$。由 $\frac{dF(x)}{dx}=q(x)$ 可知,该梁段内各横截面上的剪力 $F_s(x)$ 为常数,表明剪力图必为平行于 x 轴的直线。同时,根据 $\frac{dM(x)}{dx}=F(x)=$ 常数可知,弯矩 $M(x)$ 是 x 的一次函数,表明弯矩图必为斜直线,其倾斜方向由剪力符号决定:

当 $F_s(x) > 0$ 时，弯矩图为向右下倾斜的直线；

当 $F_s(x) < 0$ 时，弯矩图为向右上倾斜的直线；

当 $F_s(x) = 0$ 时，弯矩图为水平直线。

以上这些规律可以从例 10.3 和例 10.4 的剪力图和弯矩图中得到验证。

2) **在均布荷载作用的梁段上**，$q(x) =$ 常数 $\neq 0$。由 $\dfrac{d^2 M(x)}{dx^2} = \dfrac{dF_s(x)}{dx} = q(x) =$ 常数可知，该梁段内各横截面上的剪力 $F_s(x)$ 为 x 的一次函数，表明剪力图必为斜直线；弯矩 $M(x)$ 为 x 的二次函数，表明弯矩图必为二次抛物线。剪力图的倾斜方向和弯矩图的凹凸情况由 $q(x)$ 的符号决定：

当 $q(x) > 0$ 时，剪力图为向右上倾斜的直线，弯矩图为向上凸的抛物线；

当 $q(x) < 0$ 时，剪力图为向右下倾斜的直线，弯矩图为向下凸的抛物线。

以上这些规律可以从例 10.2 和例 10.5 的剪力图和弯矩图中得到验证。

3) **若梁某截面上的剪力为零**，即 $F_s(x) = 0$，则由 $\dfrac{dM(x)}{dx} = F(x) = 0$ 可知，该截面的弯矩 $M(x)$ 必为极值，表明梁的最大弯矩有可能发生在剪力为零的截面上。这个规律可以从例 10.2 的剪力图和弯矩图中得到验证。

4) **在集中力的作用处**，剪力图有突变，其差值等于该集中力的大小。由于剪力值的突变，弯矩图在此处形成了尖角。这个规律可以从例 10.3 的剪力图和弯矩图中得到验证。

5) **集中力偶的作用处**，剪力图没有变化，弯矩图有突变，其差值等于该集中力偶矩的大小。同时，由于该处的剪力图是连续的，该处两侧的弯矩图的切线应相互平行。这个规律可以从例 10.4 的剪力图和弯矩图中得到验证。

6) 根据弯矩、剪力与分布荷载集度之间的微分关系，还可以进一步得出：若梁段上作用有按线性规律分布的荷载，即 $q(x)$ 为 x 的一次函数，则剪力图为一条二次抛物线，弯矩图为一条三次抛物线。

二、弯矩、剪力、分布荷载集度之间的积分关系

由式(10.3)可以得出：在 $x=a$ 和 $x=b$ 处的两个横截面间的积分为

$$\int_a^b dF_s(x) = \int_a^b dq(x)$$

它可写为

$$F_{sB} - F_{sA} = \int_a^b dq(x) \tag{10.6}$$

式中：F_{sA}、F_{sB}——分别表示在 $x=a$ 和 $x=b$ 两个横截面上的剪力。

上式表明：**任何两个截面上的剪力之差，等于这两个截面间梁段上荷载图的面积**。

同理，由式(10.4)可以得出

$$M_B - M_A = \int_a^b dF(x) \tag{10.7}$$

式中：M_A、M_B——分别表示在 $x=a$ 和 $x=b$ 两个横截面上的弯矩。

上式表明:**任何两个截面上的弯矩之差,等于这两个截面间梁段上剪力图的面积。**

式(10.6)和式(10.7)即为弯矩、剪力、分布荷载集度之间的积分关系,它们可以用于梁的剪力图和弯矩图的绘制,但在应用时要注意式中的各量都是代数量。

三 用微分关系法绘制梁的剪力图和弯矩图

利用弯矩、剪力、分布荷载集度之间的微分关系和积分关系,可以简捷地绘制梁的剪力图和弯矩图,其步骤如下:

1)根据梁的受力情况,将梁分成若干段,并判断各段梁的剪力图和弯矩图的形状。

2)计算特殊截面上的剪力值和弯矩值。

3)根据剪力图、弯矩图的形状和特殊截面上的剪力值和弯矩值,逐段绘出剪力图和弯矩图。

【**例 10.6**】 用微分关系法绘制如图 10.14a)所示简支梁的剪力图和弯矩图。

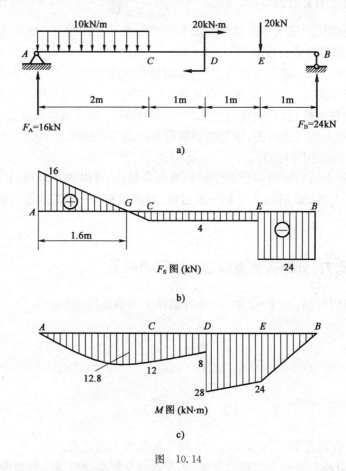

图 10.14

【**解题分析**】 根据梁的外力情况,将梁分为 AC、CD、DE 和 EB 四段。先根据梁上荷载逐段绘制剪力图,再根据剪力图绘制弯矩图。

【**解**】 (1)求支座反力

由梁的平衡方程 $\sum M_A = 0$、$\sum M_B = 0$ 得

$$F_A = 16\text{kN}, F_B = 24\text{kN}$$

(2)绘制剪力图

AC 段的剪力图是一条向右下倾斜的直线,只要知道 F_{sA}^R 和 F_{sC} 的大小,就可以方便地绘出。在支座 A 处,作用支座反力 $F_A=16$kN,A 的右侧截面的剪力值向上突变,突变值等于 F_A 的大小,即

$$F_{sA}^R = 16\text{kN}$$

由式(10.6)知,C 截面上的剪力为

$$F_{sC} = F_{sA}^R - 10\text{kN/m} \times 2\text{m} = -4\text{kN}$$

由 AC 段的剪力方程 $F_{sA}^R - qx = 16 - 10x = 0$,得到剪力为零的截面 G 的位置为

$$x = \frac{F_s^R}{q} \quad 即 \quad x_G = 1.6\text{m}$$

C 截面到 E 的左侧截面这个梁段,除在 D 处作用集中力偶外,无其他荷载作用,剪力图是水平直线,其值等于 C 截面上的剪力值-4kN。E 截面受向下集中力作用,剪力图向下突变,突变值的大小为集中力 20kN。EB 段上无荷载作用,剪力图也为水平线,剪力值均为-24kN。支座 B 处作用支反力 $F_B=24$kN,剪力图向上突变,突变值等于支反力的大小,恰使 B 的右侧截面上的剪力为零,这从一个侧面验证了剪力图绘制的正确性。全梁的剪力图如图 10.14b)所示。

(3)绘制弯矩图

AC 段上受向下的均布荷载作用,弯矩图为向下凸的抛物线。截面 A 上的弯矩 $M_A=0$,由式(10.7)得截面 G 上的弯矩为

$$M_G = M_A + \frac{1}{2} \times 16 \times 1.6 = 12.8\text{kN} \cdot \text{m}$$

截面 C 上的弯矩为

$$M_C = M_G - \frac{1}{2} \times 4 \times 0.4 = 12\text{kN} \cdot \text{m}$$

CD 段无荷载作用,且剪力为负,故弯矩图为向上倾斜的直线。由式(10.7)得 D 左侧截面上的弯矩为

$$M_D^L = M_C - 4 \times 1 = 8\text{kN} \cdot \text{m}$$

截面 D 受集中力偶作用,力偶矩为顺时针转向,故弯矩图向下突变,突变值为集中力偶矩的大小,D 的右侧截面上的弯矩为

$$M_D^R = M_D^L + 20 = 28\text{kN} \cdot \text{m}$$

DE 段无荷载作用,且剪力为负,故弯矩图为向上倾斜的直线。由式(10.7)得截面 E 上的弯矩为

$$M_E = M_D^R - 4 \times 1 = 24\text{kN} \cdot \text{m}$$

EB 段无荷载作用,且剪力为负,故弯矩图为向上倾斜的直线。截面 B 上的弯矩 $M_B=0$。全梁的弯矩图如图 10.14c)所示。全梁的最大弯矩发生在 D 的右侧截面上,其值为 $M_{max}=28$kN·m。

【例 10.7】 用微分关系法绘制如图 10.15a)所示外伸梁的剪力图和弯矩图。

【解题分析】 全梁受向下的均布荷载 q 作用,因为 A、B 处有支座反力,故将梁分成 CA、AB、BD 三段。注意到全梁的分布荷载 q=常数,因此全梁剪力图的斜率应相同,而弯矩图均为二次抛物线。

【解】 (1)求支座反力

利用对称性,支座反力为
$$F_A = F_B = 3qa$$

(2)绘制剪力图

三段梁的剪力图都应是向右下倾斜的直线。A、B 两支座处分别受向上的集中反力作用,剪力图在 A 截面和 B 截面处产生向上突变,其值分别等于 F_A、F_B 的大小。

利用式(10.6)计算有关截面上的剪力为
$$F_{sC} = 0$$
$$F_{sA}^L = F_{sC} - q \times a = -qa$$
$$F_{sA}^R = F_{sA}^L + F_A = -qa + 3qa = 2qa$$
$$F_{sB}^L = F_{sA}^R - q \times 4a = 2qa - 4qa = -2qa$$
$$F_{sB}^R = F_{sA}^L + F_B = -2qa + 3qa = qa$$
$$F_{sD} = 0$$

并由 $F_{sA}^R - qx = 2qa - qx = 0$,得剪力为零的截面位置为
$$x_R = 2a$$

根据以上分析和计算的结果,绘制出全梁的剪力图,如图 10.15b)所示。

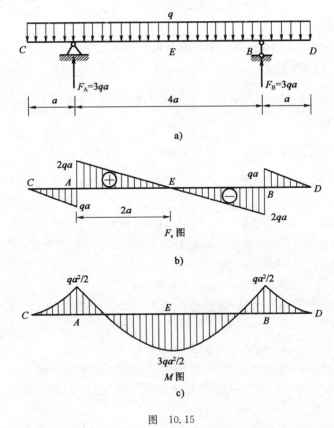

图 10.15

(3)绘制弯矩图

根据全梁受向下均布荷载 q 作用,CA、AB 和 BD 三段梁的弯矩图都是下凸的抛物线。由式(10.7)计算有关截面上的弯矩为

$$M_C = 0 \quad M_A = M_C - \frac{1}{2} \times qa \times a = -\frac{1}{2}qa^2$$

$$M_D = 0 \quad M_E = M_A - \frac{1}{2} \times 2qa \times 2a = \frac{3}{2}qa^2$$

由剪力图和弯矩图可以看出：全梁的最大剪力发生在 A 的右侧截面和 B 的左侧截面，其值为 $|F_s|_{max} = 2qa$。全梁的最大弯矩发生在跨中截面 E 上，其值为 $M_{max} = \frac{3}{2}qa^2$。

第五节　用区段叠加法绘制弯矩图

一 叠加原理

在小变形假设和线弹性假设的基础上，计算构件在多个荷载共同作用下的某一个参数时，可以先分别计算出每个荷载单独作用时所引起的参数值，然后再求出所有荷载引起的参数值的总和。这种方法可归纳为一个带有普遍性意义的原理，即**叠加原理**，其内容可以表述为：**由几个外力所引起的某一个参数（包括内力、应力、位移等），其值等于各个外力单独作用时所引起的该参数值之总和。**

梁的弯矩图可以利用叠加原理来绘制，即先分别作出梁在各项荷载单独作用下的弯矩图，然后将其相对应的纵坐标叠加，就可得出梁在所有荷载共同作用下的弯矩图。

对梁的整体利用叠加原理来绘制弯矩图，事实上是比较繁琐的，并不实用。如果先对梁进行分段处理，再在每一个区段上运用叠加原理进行弯矩图的叠加，这样就方便和实用得多，这种方法通常称为区段叠加法。

二 区段叠加法

首先，讨论如图 10.16a)所示简支梁弯矩图的绘制。

如图 10.16a)所示，简支梁上作用的荷载分两部分：跨间均布荷载 q 和端部集中力偶荷载 M_A 和 M_B。当端部集中力偶荷载 M_A 和 M_B 单独作用时，梁的弯矩图为一条直线，如图 10.16b)所示。当跨间均布荷载 q 单独作用时，梁的弯矩图为一条二次抛物线，如图 10.16c)所示。当跨间均布荷载 q 和端部集中力偶 M_A 和 M_B 共同作用时，梁的弯矩图如图 10.16d)所示，它是图 10.16b)和图 10.16c)两个图形的叠加。

值得注意的是，**弯矩图的叠加是指纵坐标的叠加**。即在图 10.16d)中，纵坐标 M_q 与 M、M_F 一样垂直于杆轴线 AB，而不垂直图中虚线。

其次，讨论如图 10.17a)所示梁中任意直线段 AB 的弯矩图的绘制。

取梁中 AB 段为研究对象，其上作用的力除均布荷载 q 外，还有 A、B 两个端面上的内力，如图 10.17b)所示。比较 AB 段梁和如图 10.16a)所示简支梁（也可称为 AB 段梁的相应简支梁），发现两者的受力是完全相同的，因而两者的弯矩图也应相同。于是，绘制梁的任意直杆段弯矩图的问题就归结成为绘制相应简支梁弯矩图的问题。而如前所述，相应简支梁的弯矩图可利用叠加原理绘制。这就是利用叠加原理绘制结构直杆段弯矩图的区段叠加法。图 10.17d)就是采用区段叠加法绘出的直梁 AB 段的弯矩图。

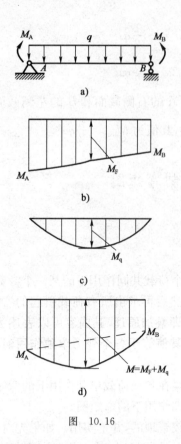

图 10.16

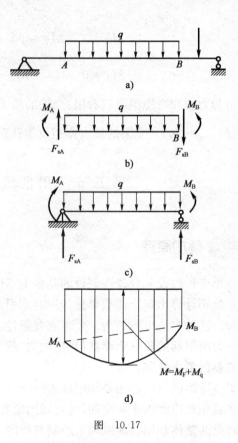

图 10.17

三 用区段叠加法绘制梁的弯矩图

采用区段叠加法绘制梁的弯矩图,可归结成以下两个主要步骤:

1)在梁上选取外力的不连续点(如集中力、集中力偶作用点、均布荷载作用的起点和终点等)作为控制截面,并求出控制截面上的弯矩值。

2)用区段叠加法分段绘制梁的弯矩图。如控制截面间无荷载作用时,用直线连接两控制截面上的弯矩值就绘出了该段的弯矩图;如控制截面间有均布荷载作用时,先用虚直线连接两控制截面上的弯矩值,然后以此虚直线为基线,叠加上该段在均布荷载单独作用下的相应的简支梁的弯矩图,从而绘制出该段的弯矩图。

【例 10.8】 用区段叠加法绘制例 10.7 中外伸梁的弯矩图。

【解题分析】 区段叠加法的关键是分区段、确定控制截面,并求出控制截面上的弯矩值。然后根据梁上荷载选择线形(直线、虚线、抛物线)连线。即在梁上选取外力的不连续点 C、A、B、D 作为控制截面,即可进行相应的计算。

【解】 (1)求支座反力

前面已求出支座反力为

$$F_A = F_B = 3qa$$

(2)计算控制截面上的弯矩值

如图 10.18a)所示,前面已计算出各控制截面上的弯矩值分别为

$$M_C = M_D = 0 \quad M_A = M_B = -\frac{1}{2}qa^2$$

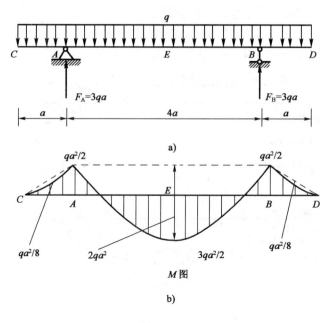

图 10.18

(3) 绘制弯矩图

根据弯矩 M_C、M_A、M_B 和 M_D 的值,在 M 图上定出各点,并以虚线相连。计算相应的简支梁中点截面上的弯矩值分别为

$$M_{qCA} = M_{qBD} = \frac{1}{8}qa^2$$

$$M_{qAB} = \frac{1}{8}q \times (4a)^2 = 2qa^2$$

以三条虚线为基线,分别叠加相应简支梁在均布荷载作用下的弯矩图。E 截面上的弯矩值为

$$M_E = \frac{-\frac{1}{2}qa^2 - \frac{1}{2}qa^2}{2} + 2qa^2 = \frac{3}{2}qa^2$$

整个梁的弯矩图如图 10.18b) 所示。由图可以看出,全梁的最大弯矩发生在截面 E 上,其值为

$$M_{max} = \frac{3}{2}qa^2$$

【例 10.9】 用区段叠加法绘制如图 10.19a) 所示简支梁的弯矩图。

【解题分析】 梁上荷载较为复杂,控制截面多,分区段也多。但只有 CE 段有分布荷载,弯矩图为曲线(连接 C、E 两控制截面时先用虚直线,再叠加抛物线),其他梁段弯矩图均为斜直线,直接连接两相邻的控制截面即可。

【解】 (1) 求支座反力

由梁的平衡方程求出支座反力为

$$F_A = 17\text{kN}, F_G = 7\text{kN}$$

(2) 计算控制截面上的弯矩值

选择 A、B、C、D、E、F、G 为控制截面,求出各控制截面上的弯矩值为

$$M_A = M_G = 0 \quad M_B = F_A \times 1 = 17 \text{kN} \cdot \text{m}$$
$$M_C = F_A \times 2 - 8 \times 1 = 26 \text{kN} \cdot \text{m} \quad M_E = F_C \times 2 + 16 = 30 \text{kN} \cdot \text{m}$$
$$M_F^L = F_C \times 1 + 16 = 23 \text{kN} \cdot \text{m} \quad M_F^R = F_C \times 1 = 7$$

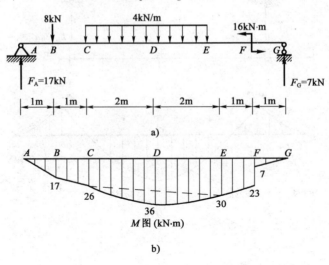

图 10.19

(3) 绘制弯矩图

依次在 M 图上定出各点。在 AB、BC、EF 和 FG 各无荷载作用段，连接两点的直线即为弯矩图。而在有均布荷载作用的 CE 段，先连虚线，再叠加上相应简支梁在均布荷载作用下的弯矩图，就可以绘制出 CE 段的弯矩图。整个梁的弯矩图如图 10.19b) 所示。D 截面上的弯矩值为

$$M_D = \frac{26+30}{2} + \frac{1}{8} \times 4 \times 4^2 = 36 \text{kN} \cdot \text{m}$$

需要注意的是，用叠加法绘制弯矩图虽然简捷，但有时不能方便地给出全梁的最大弯矩值，上例中的 M_D 就不是全梁的最大弯矩。因此，在第七章的强度计算中其使用受到限制。而在结构力学中常用此法快速绘制结构的弯矩图。

【例 10.10】 绘制如图 10.20a) 所示外伸梁的剪力图和弯矩图，并求出梁的最大弯矩。

【解题分析】 工程中绘制梁的剪力图和弯矩图，并不要求用固定的某种方式，而是以方便、快捷为准。一般剪力图可用微分关系法快速绘出；欲求最大弯矩时，弯矩图也可用区段叠加法绘出（根据微分关系可知梁的最大弯矩发生在剪力为零的截面上，利用该段梁的剪力方程，求出剪力为零的截面位置，再用截面法求出该截面的最大弯矩）。

【解】 (1) 求支座反力

由梁的平衡方程可以求出支座反力为

$$F_A = 7 \text{kN}, F_B = 5 \text{kN}$$

(2) 绘制剪力图

首先把整个梁分成 AC、CD、DB、BE 四段。各段的剪力图均为直线，其中 DB、BE 段无荷载作用，剪力图为水平直线，AC、CD 段有均布荷载作用，剪力图为斜直线。计算各控制截面的剪力值为

$$F_{sA} = 7\text{kN} \quad F_{sC}^{L} = 7 - 4 \times 1 = 3\text{kN}$$
$$F_{sC}^{R} = 3 - 2 = 1\text{kN} \quad F_{sD} = 1 - 4 \times 1 = -3\text{kN}$$
$$F_{sB}^{R} = 2\text{kN}$$

整个梁的剪力图如图 10.20b)所示。

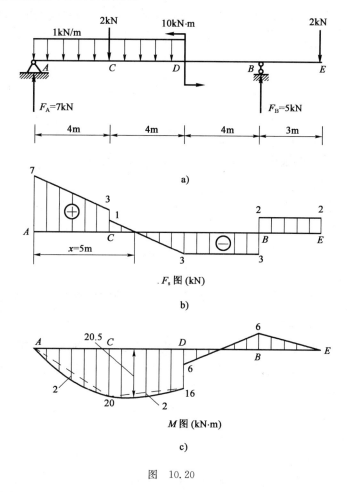

图 10.20

（3）绘制弯矩图

弯矩图可用区段叠加法绘出。选取 A、C、D、B 和 E 作为控制截面，求出各控制截面上的弯矩值为

$$M_A = M_E = 0$$
$$M_C = 7 \times 4 - 1 \times 4 \times 2 = 20\text{kN} \cdot \text{m}$$
$$M_D^L = 7 \times 8 - 1 \times 8 \times 4 - 2 \times 4 = 16\text{kN} \cdot \text{m}$$
$$M_D^R = 16 - 10 = 6\text{kN} \cdot \text{m}$$
$$M_B = -2 \times 3 = -6\text{kN} \cdot \text{m}$$

依次在 M 图上定出各点。在 DB 和 BE 两段无荷载作用，连接两点的直线即为弯矩图。而在有均布荷载作用的 AC、CD 段，先连接虚线，再叠加上相应简支梁在均布荷载作用下的弯矩图。整个梁的弯矩图如图 10.20b)所示。

(4)求最大弯矩

梁的最大弯矩发生在 CD 段内剪力为零的截面上,该段梁的剪力方程为
$$F_s(x) = 7 - 2 - x$$

令 $F_s(x) = 0$,得 $x = 5$m

即在 $x = 5$m 处的横截面上,存在最大弯矩。由截面法可求得该截面上的弯矩为
$$M_{max} = 20.5 \text{kN} \cdot \text{m}$$

◀ 小 结 ▶

平面弯曲是杆件的基本变形形式之一,在土建工程中经常遇到。对梁作内力分析及绘制剪力图、弯矩图是计算梁的强度和刚度的前提,同时这部分内容在后续课程中反复用到,故应熟练掌握。

1. 平面弯曲时,梁横截面上有两个内力分量——剪力 F_s 和弯矩 M

它们的正负号规定是:

(1)剪力。截面上的剪力使所考虑的梁段有顺时针方向转动的趋势时为正;反之为负。

(2)弯矩。截面上的弯矩使所考虑的梁段产生向下凸的变形时为正;反之为负。

2. 计算截面内力的方法

(1)截面法计算截面内力:假想将梁在指定截面处截开后,画出脱离体的受力图,列出静力平衡方程求解内力。这是求内力的基本方法,是计算内力的各种方法的基础,必须足够重视。不能因有许多简捷方法而忽视这种基本方法。

(2)运用剪力和弯矩的规律直接由外力来确定截面上内力的大小和正负。

3. 绘制剪力和弯矩图的方法

(1)内力方程法

根据所列的剪力方程和弯矩方程绘制剪力图和弯矩图。

(2)微分关系法

运用 M、F_s、q 之间的微分关系绘制剪力图和弯矩图。

(3)用叠加法绘制弯矩图(含区段叠加法)

根据内力方程绘制内力图是基本的方法,应注意掌握。运用 M、F_s、q 之间的微分关系来绘制内力图,是简捷实用的方法。在熟悉几种简单荷载作用下梁的 M 图后,应用叠加法绘制弯矩图是一种简便而有效的方法。区段叠加法在今后《工程力学》(下)绘制结构内力图时十分有用。此法亦可移至《工程力学》(下)第三章中讲授。

应用前两种方法绘制内力时,应注意以下几点:

① 重视校核支座反力的正确性。

② 注意分段。集中力作用处、集中力偶作用处、分布荷载集度突变处等都是分段点。

③ 计算截面内力或建立内力方程时都要正确判断内力的正负号。

(4)梁上荷载与剪力图、弯矩图的线型关系表(表 10.1)

梁上荷载与剪力图、弯矩图的线型关系   表 10.1

图线类型\荷载	梁段上无荷载			$q=$ 常数		集中力 F 作用处		集中力偶 M 作用处
剪力图	— （水平线）	— （水平线）	— （水平线）	$q<0\ \downarrow$ ╲	$q>0\ \uparrow$ ╱	$F\downarrow$ 向下突变	$F\uparrow$ 向上突变	剪力图无变化
弯矩图	$F_s>0$ 时 下斜线	$F_s=0$ 时 水平线	$F_s<0$ 时 上斜线	曲线下凸	曲线上凸	有转折		$M\curvearrowright$ 向下突变	$M\curvearrowleft$ 向上突变

思考题

1. 什么是弯曲变形？
2. 什么是梁的纵向对称面？它对理解梁的平面弯曲有什么意义？
3. 什么是梁的纯弯曲和横力弯曲？其在荷载、变形和内力方面的主要区别是什么？
4. 弯曲内力有哪些？如何计算？
5. 绘制梁的内力图的方法有哪些？其适用情况如何，各具有什么特点？
6. 说明弯矩、剪力和分布荷载集度三者之间的微分和积分关系，及其在绘制梁的内力图中的作用。
7. 什么是叠加原理？叠加原理成立的条件是什么？叠加原理对绘制梁的内力图有什么作用？
8. 什么是区段叠加法？用区段叠加法绘制梁的弯矩图的步骤是什么？

习题

10-1 求如图 10.21 所示各梁中指定截面上的剪力和弯矩，并注意分别对比 1-1 和 2-2，3-3 和 4-4 截面的剪力和弯矩值，找出规律。

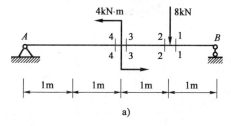

a)

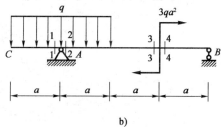

b)

图 10.21

10-2 用内力方程法或微分关系法绘制如图 10.22 所示各梁的剪力和弯矩图。

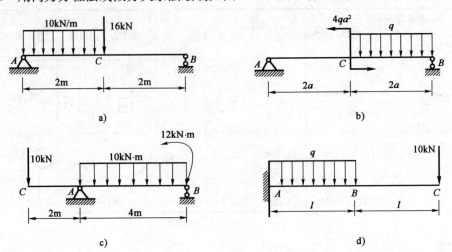

图 10.22

10-3 用微分关系法绘制如图 10.23 所示各梁的剪力图和弯矩图。

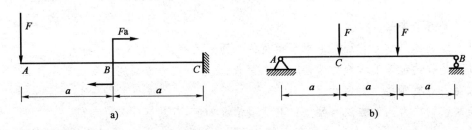

图 10.23

10-4 用微分关系法或区段叠加法绘制如图 10.24 所示各梁的剪力图和弯矩图。

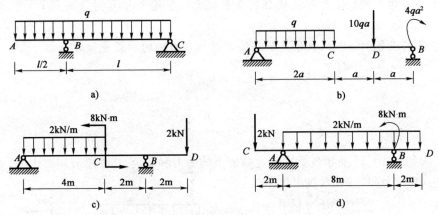

图 10.24

第十一章 弯曲应力及强度计算

第一节 概　　述

在求出梁横截面上的剪力和弯矩后,还必须进一步研究内力在横截面上的分布情况,找出各点的应力分布规律及计算公式,从而解决梁的强度问题。

一 内力与应力的关系

弯曲时,梁横截面上的内力一般有剪力和弯矩,相应的横截面上同时有切应力和正应力,如图 11.1 所示。内力是由横截面上各点的应力合成的:剪力 F_s 是由与横截面相切的切应力合成的;而弯矩 M 是由与横截面垂直的正应力合成的内力偶矩。即

$$F_s = \int_A \tau \mathrm{d}A, M = \int_A y\sigma \mathrm{d}A$$

在小变形情况下,切应力仅与剪力 F_s 有关,正应力仅与弯矩 M 有关。本章将分别讨论两种应力和相应的强度条件及梁的强度计算。

二 纯弯曲与横力弯曲

在如图 11.2 所示梁 AC 和 DB 段内,各横截面上有弯矩又有剪力,因而各横截面上既有正应力又有切应力,这两段梁的弯曲称为**横力弯曲**。在 CD 段内,各横截面上弯矩等于常量而剪力等于零,因而各横截面上只有正应力而无剪应力,这段梁的弯曲称为纯弯曲。为了集中讨论弯矩与正应力的关系,下面取纯弯曲情况来推导正应力的计算公式。

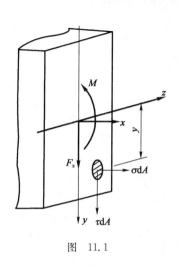

图　11.1

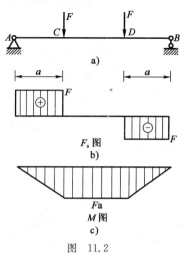

图　11.2

第二节 梁横截面上的正应力

一 纯弯曲时梁横截面上的正应力

在纯弯曲的情况下,采用与推导圆轴扭转切应力公式相似的方法。从变形的几何关系、应力与应变的物理关系、静力平衡关系三个方面进行分析。

1. 变形的几何关系

为了找出梁横截面上正应力的变化规律,必须先找出纵向线应变在该截面上的变化规律。为此,作弯曲实验观察梁的变形。取一根矩形截面梁,在其表面上画上一些垂直于轴线的横向线和平行于轴线的纵向线,如图 11.3a)所示,然后在梁两端纵向对称面内施加一对大小相等、转向相反的外力偶矩,使梁发生纯弯曲变形,如图 11.3b)所示。梁变形后可观察到如下现象:

1)纵向线:变成圆弧线,上部(凹边)纵向线缩短,下部(凸边)纵向线伸长。
2)横向线:仍保持直线,只是相对转了一个角度,但仍与弯曲后的轴线垂直(正交)。
3)横截面宽度变化:在纵向伸长区,梁的宽度减小;在纵向线缩短区,梁的宽度增大,如图 11.3b)所示,情况与轴向拉(压)时的变形相似。

根据观察到的表面现象,对梁的内部变形情况进行推断,作出以下假设:

1)**平面假设**:横截面变形后仍保持为一平面,且垂直于变形后的轴线,只是各横截面绕某轴转动了一个角度。

2)**纵向纤维的单向受力假设**:假设梁是由许多纵向纤维组成的,变形后由于纵向直线垂直于横向直线,即直角没有改变,可以认为各纤维没有受到横向剪切和挤压,只受拉伸或压缩作用。这就是纵向纤维单向受力假设。

根据上面变形现象和假设,可以推想梁变形后上部(凹边)纤维缩短、下部(凸边)纤维伸长,根据变形的连续性,纵向纤维沿截面高度应是连续变化的,所以从下边伸长区到上边缩短区,中间必然有一层纤维既不伸长也不缩短,这一层长度不变的过渡层称为中性层。中性层与横截面的交线称为**中性轴**,如图 11.4 所示,用 z 轴表示。显然,在平面弯曲时,中性轴 z 必然垂直于横截面的对称轴 y。因此,梁的纯弯曲变形可以看作是各横截面绕各自中性轴转过一个角度。

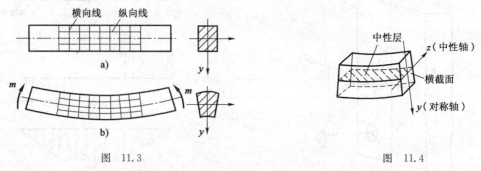

图 11.3　　　　　　　　　　图 11.4

如图 11.5a)所示,分析横截面上距离中性层为 y 处的某纵向纤维 ab 的线应变。为此,用横截面 1—1 和 2—2 从纯弯曲梁中截取微段 dx,设 y 轴为横截面的对称轴,z 轴为中性轴(具体位置尚待确定)。梁变形后,如图 11.5b)所示,由平面假设可知 1—1 和 2—2 截面仍保持为平面,两横截面相对转角为 $d\theta$,中性层上纤维的曲率半径为 ρ。纵向纤维 ab 变形后的长度为 $a'b'=(\rho+y)d\theta$,中性层上纤维 O_1O_2 的长度在梁变形后是不变的,即 $O_1O_2=ab=dx=\rho d\theta$,则纵向纤维 ab 的线应变为

$$\varepsilon = \frac{a'b'-ab}{ab} = \frac{a'b'-dx}{dx} = \frac{(\rho+y)d\theta-\rho d\theta}{\rho d\theta} = \frac{y}{\rho} \quad (11.1)$$

对于同一截面,ρ 为常量。因此,式(11.1)表明横截面上某点处的线应变与其到中性轴的距离 y 成正比。

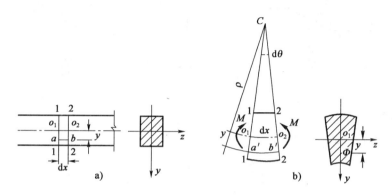

图 11.5

2. 应力与应变的物理关系

根据各纵向纤维单向受力假设,当材料在弹性范围内时,即可应用虎克定律 $\sigma=E\varepsilon$。由此得出横截面上某点的正应力为

$$\sigma = E\varepsilon = \frac{Ey}{\rho} \quad (11.2)$$

上式表明**横截面上正应力的分布规律**:横截面上任一点处的正应力与该点到中性轴的距离 y 成正比。即正应力随着截面高度按直线规律变化,中性轴上各点处的正应力为零,离中性轴最远的上下边缘处正应力最大,如图 11.6a)或 b)所示。由图可以看出,横截面上 y 坐标相同各点的正应力相同。但是,式(11.2)尚不能用来计算正应力。因为式中 ρ 为变形后中性轴的曲率半径,还没有求出,且中性轴的位置也没有确定。这就需要考虑应力与应变的静力平衡关系来解决。

3. 静力平衡关系

如图 11.6 所示,纯弯曲梁的横截面上只有正应力,而无切应力。在横截面上取一微面积 dA,其上有法向微内力 σdA,横截面上各点处的法向微内力组成一个空间平行力系。这样的平行力系可简化成三个内力分量,即平行于轴线 x 的轴力 F_N,对 z 轴的内力偶矩 M_z 和对 y 轴的内力偶矩 M_y,它们分别是

$$F_N = \int_A \sigma dA, M_y = \int_A z\sigma dA, M_z = \int_A y\sigma dA$$

纯弯曲时,根据内力分析可知截面上轴力 F_N 和对 y 轴的力偶矩 M_y 都不存在,只有对 z 轴的力偶矩,即

$$F_N = \int_A \sigma dA = 0 \quad (11.3)$$

$$M_y = \int_A z\sigma\,\mathrm{d}A = 0 \tag{11.4}$$

$$M_z = \int_A y\sigma\,\mathrm{d}A = M \tag{11.5}$$

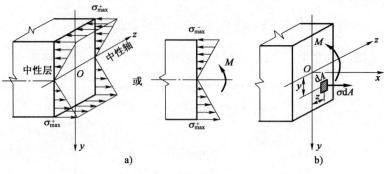

图 11.6

(1) 中性轴的位置

将式(11.2)代入式(11.4)得

$$F_N = \int_A \frac{Ey}{\rho}\,\mathrm{d}A = \frac{E}{\rho}\int_A y\,\mathrm{d}A = \frac{E}{\rho}S_z = 0$$

上式中,由于 $\frac{E}{\rho}$ 为常数且不等于零,要满足上式,只有 $S_z=0$。由截面的几何性质可知,只有当 z 轴通过截面的形心时,截面对 z 轴的静矩才可能等于零。这就确定了中性轴的位置:**中性轴必须通过横截面的形心,即中性轴是形心轴**。

将式(11.2)代入式(11.5)得

$$M_y = \int_A z\sigma\,\mathrm{d}A = \int_A z\frac{Ey}{\rho}\,\mathrm{d}A = \frac{E}{\rho}\int_A zy\,\mathrm{d}A = \frac{E}{\rho}I_{yz} = 0$$

要满足上式,只有 $I_{yz}=0$。而 $I_{yz}=0$ 是横截面对 y 轴和 z 轴的惯性积,由截面的几何性质可知,z 轴、y 轴为主惯性轴,因为已知 z 轴为形心轴,**所以中性轴是截面的形心主惯性轴**。

(2) 曲率 $\frac{1}{\rho}$ 的确定

将式(11.2)代入式(11.5)得

$$M_z = \int_A y\sigma\,\mathrm{d}A = \int_A y\frac{Ey}{\rho}\,\mathrm{d}A = \frac{E}{\rho}\int_A y^2\,\mathrm{d}A = \frac{E}{\rho}I_z = M$$

于是得到梁弯曲时中性层的曲率表达式为

$$\frac{1}{\rho} = \frac{M}{EI_z} \tag{11.6}$$

式中:I_z——横截面对中性轴的惯性矩;

$\frac{1}{\rho}$——梁轴线变形后的曲率,它反映了梁变形的程度。

式(11.6)是研究梁弯曲变形的基本公式。由该式可知,当弯矩 M 一定时,EI_z 值越大,则曲率越小,梁就越不易弯曲。因此,EI_z 表示梁抵抗弯曲变形的能力,称为梁的**弯曲刚度**。

(3) 正应力公式

将式(11.6)代入式(11.2)得纯弯曲时梁横截面上任一点正应力的计算公式,即

$$\sigma = \frac{My}{I_z} \tag{11.7}$$

式中:M——横截面上的弯矩;
y——横截面上欲求正应力点到中性轴的距离。

横截面上的最大正应力值为

$$\sigma_{\max} = \frac{My_{\max}}{I_z} \tag{11.8}$$

令

$$W_z = \frac{I_z}{y_{\max}} \tag{11.9}$$

则最大正应力可表示为

$$\sigma_{\max} = \frac{M}{W_z} \tag{11.10}$$

式中:W_z——截面对中性轴的弯曲截面系数,只与横截面的形状尺寸有关,是衡量截面抗弯能力的几何量,其常用单位是 mm^3 或 m^3。如图 11.7 所示,几种常用截面的 I_z、W_z 如下:

矩形截面 $\qquad I_z = \dfrac{bh^3}{12} \quad W_z = \dfrac{bh^2}{6} \tag{11.11}$

圆形截面 $\qquad I_z = \dfrac{\pi D^4}{64} \quad W_z = \dfrac{\pi D^3}{32} \tag{11.12}$

空心圆形截面

$$I_z = \frac{\pi D^4}{64}(1-\alpha^4)$$

$$W_z = \frac{\pi D^3}{32}(1-\alpha^4) \quad \alpha = \frac{d}{D} \tag{11.13}$$

各种常用型钢的惯性矩 I_z 和弯曲截面系数 W_z 可从型钢规格表中查出。

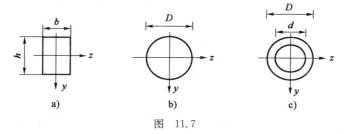

图 11.7

需要注意:

1)若截面为非对称截面,中性轴 z 不是横截面的对称轴时,横截面上的最大拉应力和最大压应力不相等,需利用式(11.8)分别进行计算。

2)应用以上公式计算正应力 σ 时,M 及 y 均以绝对值代入,正应力 σ 的正负号可直接通过观察梁的变形来判断。当 M 为正时,中性轴上部截面受压,下部截面受拉,如图 11.8a)所示。当 M 为负时,中性轴上部截面受拉,下部截面受压,如图 11.8b)所示。根据所求正应力点的位置,若在受拉区则 σ 为正;若在受压区则 σ 为负。

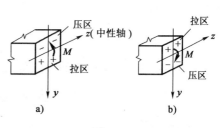

图 11.8

二、正应力公式的使用条件及推广

1. 使用条件

(1)平面弯曲的梁

正应力公式是在平面弯曲的前提下推导出的,所以公式只能用于发生平面弯曲(外力作用平面与轴线的弯曲平面为同一平面)的梁。

(2)材料处于弹性范围内

正应力公式在推导过程中应用了虎克定律,因此公式只是在材料处于弹性范围内时才适用。

2. 正应力公式的推广

1)正应力公式是由矩形截面梁推导出来的,但对具有一个纵向对称轴(如工字形、T字形、圆形等)的梁也都适用,因为在推导公式的过程中并没有用到矩形的几何性质。

2)正应力公式是在纯弯曲情况下以平面假设为基础推导出来的,在横力弯曲时,由于横截面上有切应力存在,会使截面发生翘曲,不再成为平面。特别在剪力不为常数时,剪力对正应力有影响。但由精确分析证明,当梁的跨度 L 和截面高度 h 之比 $l/h>5$(即细长梁)时,剪力带来的影响很小。因此,**正应力公式可推广应用于横力弯曲时梁的正应力计算。**

【例 11.1】 矩形截面梁如图 11.9a)所示,求梁固定端 A 的右侧截面上 a、b、c、d 四点处的正应力,并指出该截面的最大拉应力和最大压应力。截面尺寸如图 11.9b)所示。

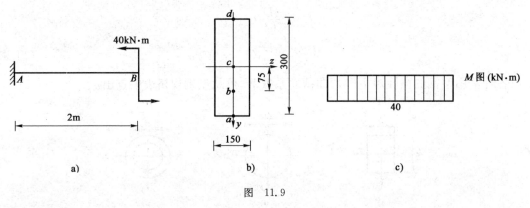

图 11.9

【解题分析】 由梁上荷载可知,该梁为纯弯曲梁,题目欲求指定截面任意点的正应力,由式 11.7 可知,欲求 σ,需先求出 A 截面上的弯矩 M 和截面对中性轴的惯性矩 I_z。

【解】 (1)绘制弯矩图

如图 11.9c)所示,可知 A 点右侧截面上的弯矩为

$$M_A = 40 \text{kN} \cdot \text{m}$$

(2)计算截面对中性轴的惯性矩 I_z

$$I_z = \frac{bh^3}{12} = \frac{150 \times 300^3}{12} = 33.75 \times 10^7 \text{mm}^4$$

(3)计算各点处的正应力

$$\sigma_a = \frac{My_a}{I_z} = \frac{40 \times 10^6 \times \frac{300}{2}}{33.75 \times 10^7} = 17.78\text{MPa} \quad (拉应力)$$

$$\sigma_b = \frac{My_b}{I_z} = \frac{40 \times 10^6 \times 75}{33.75 \times 10^7} = 8.88\text{MPa} \quad (拉应力)$$

$$\sigma_c = \frac{My_c}{I_z} = \frac{40 \times 10^6 \times 0}{33.75 \times 10^7} = 0$$

$$\sigma_d = \frac{My_d}{I_z} = \frac{40 \times 10^6 \times \frac{300}{2}}{33.75 \times 10^7} = 17.78\text{MPa} \quad (压应力)$$

A 截面的最大拉应力发生在下边缘处:$\sigma_{tmax} = \sigma_a = 17.78\text{MPa}$

A 截面的最大压应力发生在上边缘处:$\sigma_{cmax} = \sigma_d = 17.78\text{MPa}$

【例 11.2】 求如图 11.10a)、b)所示 T 形截面梁的最大拉应力和最大压应力。已知 $I_z = 7.64 \times 10^6 \text{mm}^4$,$y_1 = 52\text{mm}$,$y_2 = 88\text{mm}$。

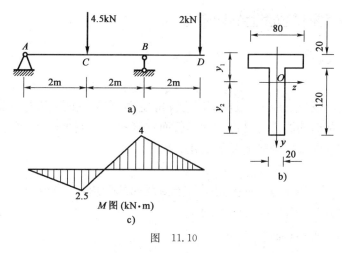

图 11.10

【解题分析】 由梁上荷载及截面图形可知,该梁为横力弯曲的非对称截面梁。欲求最大应力,应用式(11.8)计算。因为截面为非对称截面,正负最大弯矩都要考虑,所以必须绘出弯矩图,得出最大正负弯矩。通过分别计算比较,求得全梁的最大拉应力和最大压应力。

【解】 (1)绘制弯矩图

如图 11.10c)所示,梁的最大正弯矩发生在截面 C 上,梁的最大负弯矩发生在截面 B 上,其值分别为

$$M_C = 2.5\text{kN} \cdot \text{m} \quad M_B = 4\text{kN} \cdot \text{m}$$

(2)计算截面 C 上的最大拉应力和最大压应力

$$\sigma_{tC} = \frac{M_C y_2}{I_z} = \frac{2.5 \times 10^6 \times 88}{7.64 \times 10^6} = 28.80\text{MPa}$$

$$\sigma_{cC} = \frac{M_C y_1}{I_z} = \frac{2.5 \times 10^6 \times 52}{7.64 \times 10^6} = 17.0\text{MPa}$$

(3)计算截面 B 上的最大拉应力和最大压应力

$$\sigma_{tB} = \frac{M_B y_1}{I_z} = \frac{4 \times 10^6 \times 52}{7.64 \times 10^6} = 27.23\text{MPa}$$

$$\sigma_{cB} = \frac{M_B y_2}{I_z} = \frac{4 \times 10^6 \times 88}{7.64 \times 10^6} = 46.07 \text{MPa}$$

(4)计算结果分析

最大拉应力发生在截面 C 的下边缘处：$\sigma_{tmax} = \sigma_{tC} = 28.80\text{MPa}$

最大压应力发生在截面 B 的下边缘处：$\sigma_{Cmax} = \sigma_{cB} = 46.07\text{MPa}$

第三节 梁横截面上的切应力

梁横力弯曲时，横截面上既有弯矩又有剪力，因而横截面上既有正应力又有切应力。前面研究了梁的正应力，现在研究梁的切应力。由于梁的切应力在横截面上的分布规律与截面形状有关，本节以矩形截面梁为例，对切应力公式进行推倒，并对其他几种常用截面梁的切应力作简要介绍。

一 矩形截面梁横截面上的切应力

1. 切应力分布假设

(1)假设来源

因为梁的侧面上没有切应力，根据切应力互等定理，在横截面上靠近两侧面边缘的切应力方向一定平行于横截面的侧边。又因为矩形截面宽度相对于高度较小，所以推断沿截面宽度方向切应力大小和方向都不会有明显的变化。

(2)假设

横截面上各点处的切应力方向一定平行于横截面的侧边，且横截面上各点处的切应力大小沿截面宽度均匀分布，如图 11.11b)所示。

2. 横截面上切应力公式的推导

如图 11.11a)所示简支梁为横力弯曲梁，取其微段 dx 研究。假设微段 dx 上无横向外力作用，则根据弯矩、剪力和均布荷载集度三者之间的微分关系可以推断出横截面 m-m 和 n-n 的受力情况，如图 11.11c)所示。

如图 11.11b)所示，根据切应力分布规律假设，横截面上距中性轴 z 为 y 处的切应力应互相平行且相等，均为 τ。为计算 τ，将微段 dx 在 y 处用一个假想的水平面 p-p 切开。取下半部分研究，设 m-m-p-p 和 n-n-p-p 截面的面积为 A^*，截面上由弯曲正应力构成的轴向力分别为 F_1 和 F_2。由于两侧截面上的弯矩不等，所以 $F_1 \neq F_2$。根据切应力互等定理，在切开后下面部分的顶面 p-p-p-p 上存在着 τ'，由 τ' 构成了该顶面上的剪力 F_3，如图 11.11d)、e)所示。

由 $\sum x = 0$ 得 $\qquad F_2 - F_1 - F_3 = 0 \qquad$ (11.14)

式中 $\quad F_1 = \int_{A^*} \sigma_1 dA = \int_{A^*} \frac{My^*}{I_z} dA = \frac{M}{I_z} \int_{A^*} y^* dA = \frac{MS_z^*}{I_z}$

(11.15)

$$F_2 = \int_{A^*} \sigma_2 dA = \int_{A^*} \frac{M + F_s dx}{I_z} y^* dA = \frac{M + F_s dx}{I_z} \int_{A^*} y^* dA = \frac{M + F_s dx}{I_z} S_z^* \quad (11.16)$$

$$F_3 = \tau' b dx = \tau b dx \qquad (11.17)$$

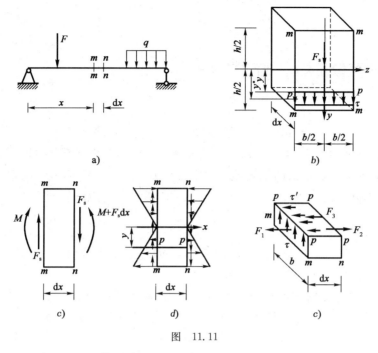

图 11.11

将式(11.15)～式(11.17)代入式(11.14)得

$$\tau b\,dx = \frac{M+F_s dx}{I_z}S_z^* - \frac{M}{I_z}S_z^*$$

经整理得
$$\tau = \frac{F_s S_z^*}{b I_z} \tag{11.18}$$

式中:S_z^*——横截面上所求切应力点水平线以上或以下部分面积 A^* 对中性轴 z 的静矩,$S_z^* = \int_{A^*} y^* dA$

式(11.18)即为横截面上任一点切应力的计算公式。

3. 矩形截面梁横截面切应力分布规律及最大剪应力

由式(11.18)可知,对于如图 11.12 所示的矩形截面,若计算截面上任意一点 K 处的切应力,应先计算

$$S_z^* = A^* y_c' = \left(\frac{h}{2}-y\right)b\left[y+\frac{1}{2}\left(\frac{h}{2}-y\right)\right] = \frac{b}{2}\left[\left(\frac{h}{2}\right)^2 - y^2\right]$$

$$I_z = \frac{bh^3}{12}$$

将以上两式代入式(11.18),得

$$\tau = \frac{3}{2} \cdot \frac{F_s}{bh}\left(1 - 4\frac{y^2}{h^2}\right)$$

上式表明,**矩形截面梁的切应力沿横截面高度呈抛物线规律分布**,如图 11.12b)所示。在截面的上、下边缘$\left(y=\pm\frac{h}{2}\right)$处,切应力等于零,在中性轴($y=0$)处,切应力最大,且最大值为

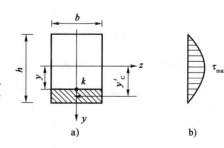

图 11.12

$$\tau_{\max} = \frac{3}{2} \cdot \frac{F_s}{bh} = \frac{3}{2} \cdot \frac{F_s}{A} \tag{11.19}$$

二、其他形状截面梁横截面上的切应力

1. 工字形截面梁

工字形截面由上、下翼缘和腹板组成,如图 11.13a)所示,翼缘和腹板上均存在切应力。但计算表明,截面上剪力 F_s 的 95%~97%由腹板承担,故只考虑腹板上的切应力。而腹板是一个狭长矩形,矩形截面切应力两个假设均适用(τ 方向与 F_s 一致,沿宽度均布),由矩形截面任意一点的切应力计算公式(11.9)可得工字形截面腹板上任一点的切应力为

$$\tau_f = \frac{F_s S_z^*}{I_z d} \tag{11.20a}$$

式中:S_z^*——腹板上所求切应力点以上或以下部分面积 A^* 对中性轴 z 的静矩;
　　　d——腹板的宽度,可由型钢表查得。

腹板上切应力的分布规律如图 11.13b)所示。其最大切应力仍发生在中性轴上各点,在腹板与翼缘交接处,由于翼缘面积对中性轴的静矩仍然有一定值,所以切应力较大,使得整个腹板上的切应力接近于均匀分布。于是可以近似认为

$$\tau_{\max} \approx \frac{F_s}{h_f d} = \frac{F_s}{A_f} \tag{11.20b}$$

工字形截面梁翼缘的全部面积都距中性轴较远,每一点的正应力都很大,所以工字梁的最大特点是用翼缘承担大部分弯矩,腹板承担大部分剪力。

2. T 字形截面梁

T 字形截面可视为由两个矩形截面组合而成,如图 11.14 所示,竖向的矩形截面与工字形截面的腹板相似,水平的矩形为翼缘。截面上切应力形成"切应力流"。竖向矩形部分的切应力计算公式与工字形截面梁腹板部分 τ 的计算公式相同。

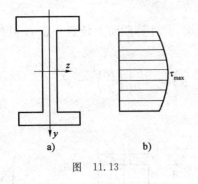

图 11.13

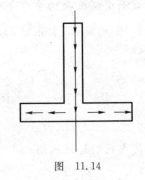

图 11.14

3. 圆形截面梁和空心圆截面梁

可以证明,圆形截面梁和圆环形截面梁横截面上的最大切应力均发生在中性轴上的各点处,并沿中性轴均匀分布,如图 11.15 所示。计算公式分别为

圆形截面 $$\tau_{\max} = \frac{4}{3} \cdot \frac{F_s}{A} \tag{11.21}$$

空心圆截面 $$\tau_{max} = 2 \cdot \frac{F_s}{A} \qquad (11.22)$$

式中：F_s——横截面上的剪力；
A——横截面面积。

【例 11.3】 已知梁横截面上剪力 $F_s=100\text{kN}$，试分别计算如图 11.16a)、b)所示矩形和工字形横截面上 a、b 点处的切应力。

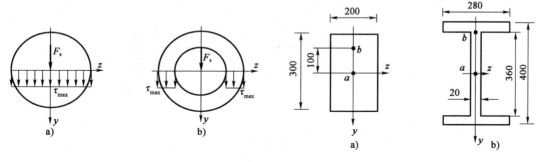

图 11.15　　　　　　　　　图 11.16

【解题分析】 由切应力分布规律可知，a 点为最大切应力所在点，可直接用矩形、工字形的最大切应力公式计算。b 点为任意点，应分别用式(11.18)和式(11.20b)计算。在公式的应用中，应注意截面几何性质 I_z 和 S_z^* 的计算。

【解】 (1)矩形截面切应力的计算
① a 点的切应力，由式(11.19)得
$$\tau_a = \tau_{max} = \frac{3}{2} \times \frac{F_s}{bh} = \frac{3}{2} \cdot \frac{100 \times 10^3}{300 \times 200} = 2.5\text{MPa}$$

② b 点的切应力
b 点所在水平横线以上部分面积对 z 轴的静矩为
$$S_z^* = A^* y_c^* = 200 \times 50 \times 125 = 1.25 \times 10^6 \text{mm}^3$$
横截面对 z 轴的惯性矩为
$$I_z = \frac{bh^3}{12} = \frac{200 \times 300^3}{12} = 4.5 \times 10^8 \text{mm}^4$$
由式(11.18)得
$$\tau_b = \frac{F_s S_z^*}{bI_z} = \frac{100 \times 10^3 \times 1.25 \times 10^6}{200 \times 4.5 \times 10^8} = 1.39\text{MPa}$$

(2)工字形截面切应力的计算
① 计算截面的几何参数
$$I_z = \frac{bh^3}{12} - 2 \times \frac{b_1 h_1^3}{12} = \frac{280 \times 400^3}{12} - 2 \times \frac{130 \times 360^3}{12} = 4.8 \times 10^8 \text{mm}^4$$
b 点所在水平横线以上部分面积对 z 轴的静矩为
$$S_z^* = A^* y_c^* = 280 \times 20 \times 190 = 1.064 \times 10^6 \text{mm}^3$$

② a 点的切应力
由式(11.20b)得
$$\tau_{max} \approx \frac{F_s}{h_f d} = \frac{100 \times 10^3}{360 \times 20} = 13.89\text{MPa}$$

③b 点的切应力
由式(11.20a)得
$$\tau_f = \frac{F_s S_z^*}{I_z d} = \frac{100 \times 10^3 \times 1.064 \times 10^6}{4.8 \times 10^8 \times 20} = 11.08 \text{MPa}$$

【例 11.4】 如图 11.17 所示矩形截面简支梁,受均布荷载 q 作用。求梁的最大正应力和最大切应力,并进行比较。

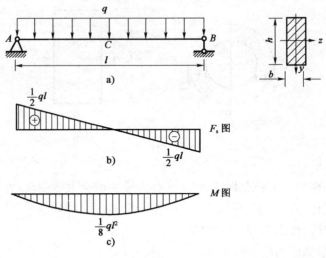

图 11.17

【解题分析】 梁的横截面为矩形,属于对称截面梁。求最大正应力,可使用式(11.10) $\sigma_{\max} = \frac{M}{W_z}$。求最大切应力可使用式(11.19) $\tau_{\max} = \frac{3}{2} \cdot \frac{F_s}{bh}$。由公式可知,欲求最大正应力和最大切应力,需先求出全梁的最大弯矩和最大剪力。

【解】 (1)绘制梁的剪力图和弯矩图
如图 11.17b)、c)所示,由图可知
$$F_{s\max} = \frac{1}{2}ql \quad M_{s\max} = \frac{1}{8}ql^2$$

(2)计算最大正应力和最大切应力
由式(11.10)和式(11.19)可知

$$\sigma_{\max} = \frac{M}{W_z} = \frac{\frac{1}{8}ql^2}{\frac{bh^2}{6}} = \frac{3ql^2}{4bh^2}$$

$$\tau_{\max} = \frac{3}{2} \cdot \frac{F_s}{bh} = \frac{3}{2} \cdot \frac{\frac{1}{2}ql}{bh} = \frac{3ql}{4bh}$$

(3)计算最大正应力和最大切应力的比值

$$\frac{\sigma_{\max}}{\tau_{\max}} = \frac{\frac{3ql^2}{4bh^2}}{\frac{3ql}{4bh}} = \frac{l}{h}$$

从本例可以看出：梁的最大正应力和最大切应力的比值为梁的跨度 l 与梁的截面高度 h 之比。因为一般梁的跨度远大于其高度，所以梁内的主要应力是正应力。

第四节　梁的强度计算

工程中所用的梁多为横力弯曲梁，在梁的横截面上同时存在着正应力和切应力。为了保证梁安全工作，不论是正应力还是切应力都不能超出一定的限度，即要满足梁的强度条件。梁的最大正应力发生在横截面上距中性轴最远的各点处，此处切应力为零，是单向拉伸或压缩；梁的最大切应力发生在中性轴上各点处，此处正应力为零，是纯剪切。因此，可以分别建立梁的正应力强度条件和切应力强度条件。

有些类型截面的梁，例如工字形截面梁，存在着一些特殊的点，例如翼缘和腹板的交界处，正应力和切应力有可能均有较大的数值，已不是单纯的单向拉伸、压缩或纯剪切状态。这类问题属于正应力和切应力联合作用下的强度问题，不能简单地应用梁的正应力强度条件或切应力强度条件解决，而要应用梁的主应力强度条件解决，这类问题将在强度理论中加以研究。

一　梁的危险截面和危险点

对于等截面直梁，梁的最大正应力发生在最大弯矩所在的横截面上距离中性轴最远的各点处。最大弯矩所在的横截面称为**正应力的危险截面**，在该危险截面上，距中性轴最远的各点处的正应力值最大，称为**正应力的危险点**。

同理，等截面直梁的最大切应力发生在最大剪力所在的横截面上的中性轴上的各点处。最大剪力所在横截面称为**切应力的危险截面**，该危险截面上中性轴上各点称为**切应力的危险点**。

二　梁的正应力强度条件和强度计算

梁的正应力危险点处有梁的最大正应力 σ_{max}，若梁的许用正应力为 $[\sigma]$，则梁的正应力强度条件为

$$\sigma_{max} \leqslant [\sigma] \tag{11.23}$$

对于等截面直梁，利用式(11.10)，上式可改写为

$$\sigma_{max} = \frac{M_{max}}{W_z} \leqslant [\sigma] \tag{11.24}$$

对于脆性材料，由于 $[\sigma_t] \neq [\sigma_c]$，则要求梁的最大拉应力 σ_{tmax} 不超过材料的许用拉应力 $[\sigma_t]$，最大压应力 σ_{cmax} 不超过材料的许用压应力 $[\sigma_c]$，即

$$\sigma_{tmax} \leqslant [\sigma_t] \tag{11.25}$$
$$\sigma_{cmax} \leqslant [\sigma_c] \tag{11.26}$$

利用正应力强度条件，可以对梁进行正应力强度校核、设计截面尺寸和确定许用荷载等三方面的强度计算。

1) 当梁的材料、横截面形状尺寸和荷载已经确定，即 $[\sigma]$、W_z 和 M_{max} 确定时，可以根据式 (11.24) 是否成立来判断梁的安全状况，即进行强度校核。

2)当梁的材料和荷载已经确定,即[σ]和M_{max}确定时,可以根据式(11.24)确定W_z的取值,从而设计截面的尺寸。

3)当梁的材料和横截面已经确定,即[σ]和W_z确定时,可以根据式(11.24)确定梁的许用弯矩M_{max},再根据弯矩与荷载的关系,确定梁的许用荷载。

【例 11.5】 如图 11.18a)所示由一根 40a 号工字钢制成的悬臂梁,在自由端作用一集中荷载 $F=25.3$kN。已知钢的许用应力[σ]=160MPa,若考虑梁的自重,试校核梁的正应力强度。

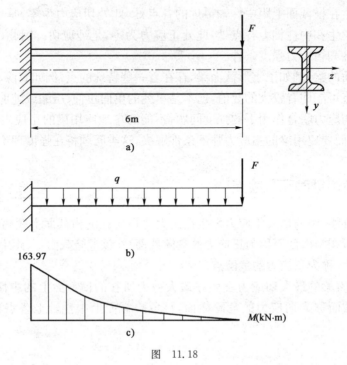

图 11.18

【解题分析】 校核梁的正应力强度,对于等截面直梁而言,关键是确定全梁的最大弯矩。本例的梁为型钢,考虑梁的自重时,梁的自重 q 可从型钢规格表中查出,相关的截面几何性质参数也可从型钢规格表中查出。

【解】 (1)查表确定 q 及截面几何参数

查型钢规格表可知,40a 号工字钢的自重为

$$q = 67.6 \text{kg/m} = 676 \text{N/m} \quad W_z = 1090 \text{cm}^3 = 1.09 \times 10^6 \text{mm}^3$$

(2)绘制梁弯矩图

考虑自重后如图 11.18b)的弯矩图,如图 11.18c)所示,由图可知

$$M_{max} = 163.97 \text{kN} \cdot \text{m}$$

(3)校核梁的正应力强度

$$\sigma_{max} = \frac{M_{max}}{W_z} = \frac{163.97 \times 10^6}{1.09 \times 10^6} = 150.43 \text{MPa} < [\sigma] = 160 \text{MPa}$$

所以该梁满足正应力强度要求。

【例 11.6】 在例 11.2 中,如果材料的许用拉应力$[\sigma_t]=30$MPa,许用压应力$[\sigma_c]=$90MPa,试校核该梁的正应力强度。

【解题分析】 本例所给材料的$[\sigma_t] \neq [\sigma_c]$，截面不对称于中性轴，且弯矩有正有负，梁的危险截面可能分别是最大正弯矩和最大负弯矩所在的截面，梁的正应力强度计算应对这两个截面分别进行。

【解】 利用例11.2的计算结果，在C截面的下边缘各点处的应力为
$$\sigma_{tmax} = 28.80\text{MPa} < [\sigma_t] = 30\text{MPa}$$
在B截面的下边缘各点处的应力为
$$\sigma_{cmax} = 46.07\text{MPa} < [\sigma_c] = 90\text{MPa}$$
所以该梁满足正应力强度要求。

三 梁的切应力强度条件和强度计算

梁的切应力危险点处有最大切应力τ_{max}，若梁的许用切应力为$[\tau]$，则梁的切应力强度条件为
$$\tau_{max} \leqslant [\tau] \tag{11.27}$$
对于等截面直梁，上式可以改写为
$$\tau_{max} = \frac{F_{smax} S_{xmax}}{I_x b} \leqslant [\tau] \tag{11.28}$$

与梁的正应力强度条件的应用相似，利用切应力强度条件，也可以对梁进行切应力强度校核、设计截面尺寸和确定许用荷载三方面的强度计算。

在进行梁的强度计算时，必须同时满足正应力和切应力两种强度条件。对于一般的跨度与横截面高度比值较大的梁，其主要应力是正应力，通常只按正应力强度条件进行强度计算，而切应力强度能自然满足。但在以下几种特殊情况下，还必须进行梁的切应力强度计算。

1) 梁的最大弯矩较小，而最大剪力却很大。例如，支座附近受集中荷载作用或跨度与横截面高度比值较小的短粗梁。

2) 自行焊接的薄壁截面梁，当其腹板部分的厚度与高度之比小于型钢横截面的相应比值时。

3) 木梁。由于梁的最大切应力发生在中性轴上的各点处，根据切应力互等定理，在梁的中性层上会产生τ_{max}，而木材沿纵向纤维方向的抗切能力较低，易发生中性层剪切破坏。因而对木梁还应该进行切应力强度计算。

【例11.7】 矩形截面简支梁如图11.19a)所示，已知$h=200\text{mm}$，$b=150\text{mm}$，$q=3.6\text{kN/m}$，$l=5\text{m}$，如果材料为木材，许用正应力$[\sigma]=120\text{MPa}$，许用切应力，$[\tau]=1.2\text{MPa}$，试校核该梁的强度。

【解题分析】 题目要求校核梁的强度，而没有明确指出是校核正应力强度，还是校核切应力强度。此时，应首先判断是否要校核切应力强度，一般情况下，只校核正应力强度即可。由于该题梁的材料为木材，故还应校核梁的切应力强度。

【解】 (1) 绘制剪力图和弯矩图
如图11.19b)、c)所示，最大剪力和最大弯矩为
$$F_{smax} = 9\text{kN} \quad M_{max} = 11.25\text{kN} \cdot \text{m}$$
(2) 正应力强度校核
由式(11.10)，梁的最大正应力为

$$\sigma_{\max} = \frac{M_{\max}}{W_z} = \frac{11.25 \times 10^6}{\frac{150 \times 200^2}{6}} = 11.25 \text{MPa} < [\sigma] = 12 \text{MPa}$$

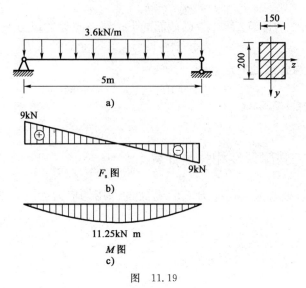

图 11.19

可见梁满足正应力强度要求。

(3)切应力强度校核

由式(11.19),梁的最大切应力为

$$\tau_{\max} = \frac{3}{2} \cdot \frac{F_s}{bh} = \frac{3}{2} \cdot \frac{9 \times 10^3}{150 \times 200} = 0.45 \text{MPa} < [\tau] = 1.2 \text{MPa}$$

可见梁的切应力强度也满足要求。

【例 11.8】 如图 11.20a)所示工字形截面外伸梁,已知材料的许用应力$[\sigma]=160$MPa,$[\tau]=100$MPa,试选择工字钢型号。

【解题分析】 题目要求选择工字钢的型号,即为截面设计。需先求出支座反力,绘制出剪力图和弯矩图。即可按正应力强度条件 $\sigma_{\max} = \frac{M_{\max}}{W_z} \leqslant [\sigma]$ 确定 W_z,然后查型钢表选择截面尺寸。虽然是标准型钢,由于支座 B 处有较大支座反力,还应进行切应力的强度校核。

【解】 (1)绘制剪力图和弯矩图

如图 11.20b)、c)所示,最大剪力和最大弯矩分别为

$$F_{s\max} = 36 \text{kN}, \quad M_{\max} = 42 \text{kN} \cdot \text{m}$$

(2)按正应力强度条件选择工字钢型号

由式(11.24)得

$$W_z \geqslant \frac{M_{\max}}{[\sigma]} = \frac{42 \times 10^6}{160} = 26.25 \times 10^4 = 262.5 \text{cm}^3$$

查型钢规格表,选用 22a 号工字钢,其 $W_z=309\text{cm}^3>262.5\text{cm}^3$,可满足要求。

(3)校核切应力强度

查型钢规格表可得 22a 号工字钢的如下数据:

$$I_z : S_z = 18.9 \text{cm} = 189 \text{mm}, d = 7.5 \text{mm}$$

于是

$$\tau_{max} = \frac{F_{smax}S_z}{I_z d} = \frac{36 \times 10^3}{189 \times 7.5} = 25.40 \text{MPa} < [\tau] = 100 \text{MPa}$$

可见满足切应力强度条件,因此可选用 22a 号工字钢。

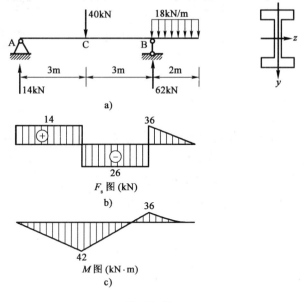

图 11.20

四 梁的合理截面

梁的合理截面主要是从安全性和经济性两个方面考虑的,即在保证梁安全性的前提下通过合理选择梁的截面,达到节约材料和降低制造费用的目的。

梁的强度主要取决于梁的正应力强度条件式(11.24),即

$$\sigma_{max} = \frac{M_{max}}{W_z} \leqslant [\sigma] \tag{11.29}$$

从上式可以看出,当梁的最大弯矩 M_{max} 和材料 $[\sigma]$ 一定时,梁的强度仅与弯曲截面系数 W_z 有关。提高弯曲截面系数 W_z 就可以提高梁的强度。提高弯曲截面系数的简单方法是加大横截面尺寸,但是这会增加构件的自重和制造费用。应该采用尽可能小的截面面积,通过设计合理的截面形状来提高弯曲截面系数。工程中经常采用以下几个方面的措施:

1. 将材料配置于距中性轴较远处

弯曲正应力分布规律是沿横截面高度呈线性分布的,其最大值在远离中性轴的边缘各点处。当最大正应力达到许用应力时,中性轴附近各点的正应力值仍然很小,即中性轴附近的材料没有得到充分的利用。因此,应将较多材料配置在远离中性轴的部位,以使构件的材料得到充分利用,从而提高梁的抗弯能力。

如图 11.21b)所示为矩形截面,高度为 h,宽度为 b。当 z 轴为中性轴时,$W_z = bh^2/6$;当 y 轴为中性轴时,$W_y = b^2h/6$。显然,$W_z > W_y$,说明矩形截面竖置时因为较多材料远离中性轴,弯曲截面系数较大,而比横置时即图 11.21a)合理。

进一步将竖置矩形截面中性轴附近材料取出,移置到距中性轴较远的部位,形成工字形截面或箱形截面,如图 11.21c)、d)所示,则弯曲截面系数 W_z 将增加很多,也更合理。

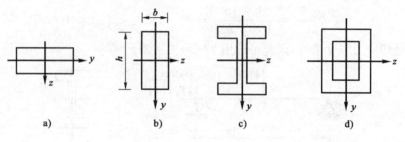

图 11.21

2. 采用不对称于中性轴的截面

对于抗压强度大于抗拉强度的脆性材料,如果采用对称于中性轴的截面,则由于弯曲拉应力达到材料许用拉应力时,弯曲压应力还没有达到许用压应力,受压一侧的材料没有得到充分利用。因此,应采用不对称于中性轴的截面,如图 11.22a)、b)所示,并使中性轴尽量靠近受拉的一侧,如图 11.22c)所示。满足下式是理想的,即

$$\frac{y_1}{y_2} = \frac{[\sigma_t]}{[\sigma_c]} \tag{11.30}$$

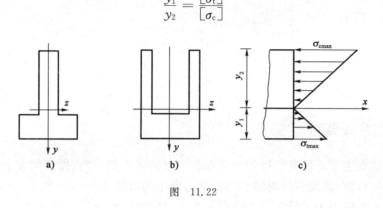

图 11.22

3. 采用变截面梁

对于等截面梁,当梁危险截面上危险点处的应力值达到许用应力时,其他截面的应力值均小于许用应力,材料没有充分利用。为提高材料的利用率、减轻梁的自重,可以设计成变截面梁,使各截面的 W_z 随截面的弯矩 M 变化而变化。这种各截面应力值同时达到许用应力值的梁又称为等强度梁。等强度梁的弯曲截面系数 W_z,可按下式确定

$$W_z(x) = \frac{M(x)}{[\sigma]} \tag{11.31}$$

等强度梁是合理的结构形式,但由于其外形复杂、加工难度大,工程中一般采用近似等强度梁的变截面梁。

上面对截面合理形状的分析,是从梁的正应力强度方面来考虑的,通常这是决定截面形状的主要因素。此外,还应考虑刚度、稳定及制造、使用等方面的因素。在选择梁的截面时,应全面考虑各种因素。例如,在设计矩形截面梁时,从强度方面考虑,加大截面的高度,减小截面的宽度,可在截面面积相同的情况下,得到较大的抗弯截面模量 W_z。但是,如果片面强调这方面,使截面的高度过大,宽度过小,梁就可能在荷载作用下发生较大的侧向变形而失去稳定。又如,从强度方面看,箱形截面比矩形截面好,但是,箱形截面的施工工艺要比矩形截面复杂得多,虽节省了材料,但增加了施工成本,哪一个更经济就需要综合考虑了。

小 结

本章主要研究梁平面弯曲时,横截面上正应力和切应力的分布规律及其计算,并在此基础上建立了强度条件,从而进行梁的强度计算。它们都是材料力学中重要和基本的内容,其中的正应力计算和梁的正应力强度计算尤为重要。

1. 梁弯曲时横截面上的正应力、切应力及其分布规律(见表11.1)

梁弯曲时横截面上的正应力、切应力及其分布规律　　　　表11.1

截面内力	公式 截面形状	矩 形	工字形	圆 形	空心圆形
正应力	公式	任意一点:$\sigma=\dfrac{My}{I}$	非对称截面:$\sigma_{\max}=\dfrac{M\cdot y_{\max}}{I_z}$	对称截面:$\sigma_{\max}=\dfrac{M}{W_z}$	
	分布规律	中性轴	中性轴处正应力为零；上下边缘处出现最大拉应力或最大压应力		
切应力	公式	任一点切应力: $\tau=\dfrac{F_s S_z^*}{b I_z}$ 最大切应力: $\tau_{\max}=\dfrac{3}{2}\cdot\dfrac{F_s}{bh}=\dfrac{3}{2}\cdot\dfrac{F_s}{A}$	任一点切应力: $\tau_f=\dfrac{F_s S_z^*}{I_z d}$ 最大切应力: $\tau_{\max}\approx\dfrac{F_s}{h_f d}$	最大切应力: $\tau_{\max}=\dfrac{4}{3}\cdot\dfrac{F_s}{A}$	最大切应力: $\tau_{\max}=2\cdot\dfrac{F_s}{A}$
	分布规律				

对表中的公式应有透彻的理解,并能正确应用。使用中应注意明确式中各项符号的力学意义。为了简便,对应力的正负号常采用直观法来确定。即在计算某点的正应力时,对公式中的 M 和 y 都只取其绝对值,至于应力的正、负(是拉应力还是压应力)则由梁的变形来确定。即当截面上的弯矩为正时,梁产生下凸变形,则中性轴以下为拉应力,中性轴以上为压应力。当弯矩为负时,则相反。在计算某点的切应力时,式中各量也以绝对值代入,而切应力 τ 的方向,可直接由截面上剪力 F_s 的方向来确定,即 τ 与 F_s 的方向一致。

2. 梁弯曲时的强度计算

(1)强度条件

在进行梁的强度计算时,必须同时满足:

正应力强度条件　　　　　　　　$\sigma_{\max}=\dfrac{M_{\max}}{W_z}\leqslant[\sigma]$

切应力强度条件
$$\tau_{max} = \frac{F_{smax}S_{xmax}}{I_x b} \leqslant [\tau]$$

对于一般的跨度与横截面高度比值较大的梁,其主要应力是正应力,通常只按正应力强度条件进行强度计算。但在以下几种特殊情况下还必须进行梁的切应力强度计算:

①梁的最大弯矩较小,而最大剪力很大。例如,支座附近受集中荷载作用或跨度与横截面高度比值较小的短粗梁。

②自行焊接的薄壁截面梁,当其腹板部分的厚度与高度之比小于型钢横截面的相应比值时。

③木梁。木材沿纵向纤维方向的抗切能力较低,易发生中性层剪切破坏。因而,对木梁还应该进行切应力强度计算。

(2)对梁进行强度计算的一般步骤

①绘制梁的剪力图和弯矩图,从而确定最大弯矩和最大剪力所在的截面,即确定危险截面。

②根据截面上的正应力和切应力的分布规律确定 σ_{max} 和 τ_{max} 的所在点。

③分别按正应力强度条件和切应力强度条件进行强度计算。

注意:对非对称截面梁进行强度计算时,由于中性轴不是截面的对称轴,梁上同时存在正负弯矩时,最大正应力(拉应力或压应力)不一定发生在弯矩绝对值最大的截面上,因此在进行强度计算时,应对具有最大正弯矩和最大负弯矩两个截面上的正应力分别进行分析和比较。

思考题

1. 梁的横截面上存在什么应力?它们的正负号是如何规定的?
2. 梁的正应力在横截面上如何分布?最大正应力发生在截面的什么位置?
3. 如何判别正应力的正负号?
4. 以矩形截面梁、工字形截面梁为例,说明梁的切应力在横截面上如何分布?最大切应力发生在截面的什么位置?
5. 在梁的强度计算时,若梁的截面为非对称截面,应注意什么问题?
6. 选择梁合理截面的原则是什么?

习题

11-1 如图 11.23 所示悬臂梁受均布荷载 $q=20$kN/m 和集中力 $F=18$kN 作用。计算固定端 A 的右侧截面上 a、b、c、d 四点处的正应力。

11-2 如图 11.24 所示外伸梁,确定梁的危险截面,画出 B 截面的正应力分布规律图,并求梁的最大拉应力和最大压应力。

11-3 简支梁受力如图 11.25 所示,求全梁的最大切应力,并绘出横截面上的切应力分布规律图。

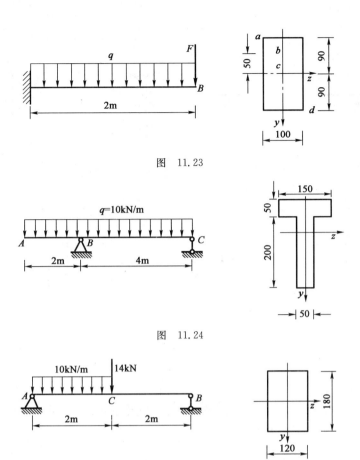

图 11.23

图 11.24

图 11.25

11-4 如图 11.26 所示槽形截面悬臂梁,已知材料的许用应力$[\sigma_t]=35$MPa,$[\sigma_c]=120$MPa,试校该梁的正应力强度。

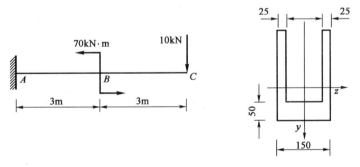

图 11.26

11-5 外伸梁受力作用如图 11.27 所示,已知材料的许用应力$[\sigma]=160$MPa,$[\tau]=85$MPa。试选择工字钢型号。

11-6 如图 11.28 所示受纯弯曲 T 形截面梁,已知材料的许用拉应力和压应力的关系为$[\sigma_c]=4[\sigma_t]$,试从正应力强度观点考虑 b 为何值合适。

11-7 如图 11.29 所示 T 形截面铸铁悬臂梁。已知材料许用拉应力为$[\sigma_t]=40$MPa,许用压应力为$[\sigma_c]=80$MPa。截面对形心轴的惯性矩为$I_z=101.8\times 10^6$mm^4。试校核此梁的强度。

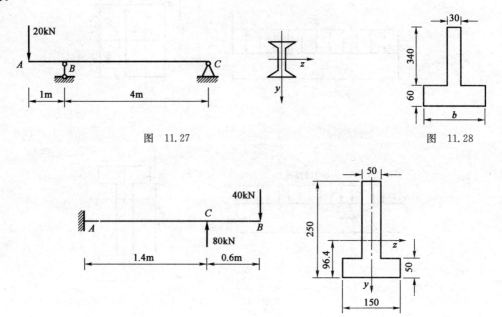

图 11.27   图 11.28

图 11.29

11-8 某悬臂钢梁受力如图 11.30 所示。钢的许用应力$[\sigma]=170$MPa,试按正应力强度条件确定下述截面的面积,并比较所耗费的材料:1)圆形截面 A_1;2)正方形截面 A_2;3)矩形截面 A_3,已知 $h:b=2:1$;4)工字形截面 A_4。

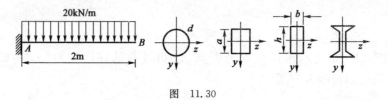

图 11.30

第十二章　弯曲变形

第一节　概　　述

工程中对某些受弯杆件除强度要求外,往往还有刚度要求,即要求其变形不能过大。以车床主轴为例,若其变形过大,将影响齿轮的啮合和轴承的配合,造成磨损,产生噪声,降低寿命,还会影响加工精度。再以吊车梁为例,当变形过大时,将使梁上小车行走困难,出现爬坡现象,还会引起较严重的振动。所以变形超过允许数值,也认为是失效的一种。此外,在求解超静定梁及讨论稳定与动荷载问题时,都会涉及变形的计算。因此,研究梁的变形非常重要。

在外力作用下,梁的轴线由直线变为曲线,变弯后的梁轴线称为**挠曲线**。它是一条连续而光滑的曲线,如图 12.1 所示。如果作用在梁上的外力均位于梁的同一纵向对称面内,则挠曲线为一平面曲线,并位于该对称面内。若沿变形前的梁轴线建立 x 轴,沿梁端截面的纵向对称轴建立 w 轴,并忽略剪力引起的截面翘曲,则当梁发生弯曲变形时,各横截面仍保持平面,并在 x-w 平面内发生移动与转动。

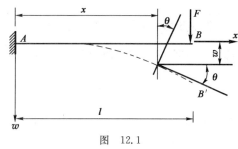

图 12.1

梁的弯曲变形引起的位移用以下两个基本量来描述:

1. 挠度

横截面形心的线位移可以分解成沿梁轴线的水平线位移和垂直于梁轴线的线位移。由于材料力学研究的是小变形,沿梁轴线的位移可以忽略不计,而直接用垂直于梁轴线的线位移代表横截面形心的线位移,称为该横截面的**挠度**,用符号 w 表示。规定沿 w 轴正向(即向下)的挠度为正,反之则为负。

2. 转角

梁的横截面除了在形心处产生线位移外,还要绕本身的中性轴转过一个角度,称为该截面的转角,用符号 θ 表示。规定转角顺时针转向时为正,反之则为负。根据平面假设,梁变形后的横截面仍保持为平面并与挠曲线正交,因而横截面的转角也等于挠曲线在该截面处的切线与 x 轴的夹角,如图 12.1 所示。

梁横截面的挠度 w 和转角 θ 都随着截面位置 x 的变化而变化,是 x 的连续函数,即

$$w = w(x) \tag{12.1}$$

$$\theta = \theta(x) \tag{12.2}$$

以上两式分别称为梁的挠曲线方程和转角方程。在小变形的条件下,挠曲线上任一点处切线的斜率等于该处横截面的转角,即

$$\theta = \tan\theta = \frac{dw}{dx} \tag{12.3}$$

所以,只要知道梁的挠曲线方程 $w = w(x)$,就可以求解梁任一横截面的挠度和转角。

第二节 挠曲线近似微分方程

在前面的学习中,已经推导出梁在纯弯曲时的曲率公式为 $1/\rho = M/(EI)$。在横力弯曲时,除了弯矩,剪力也将引起弯曲变形。但对于跨度远远大于横截面高度的梁,剪力引起的弯曲变形可以忽略不计。于是,曲率公式可以写成

$$\frac{1}{\rho(x)} = \frac{M(x)}{EI} \tag{12.4}$$

由高等数学的知识,可知平面曲线的曲率可以写成

$$\frac{1}{\rho(x)} = \pm \frac{\dfrac{d^2w}{dx^2}}{\left[1 + \left(\dfrac{dw}{dx}\right)^2\right]^{3/2}} \tag{12.5}$$

在小变形时,梁的挠曲线是一条平缓的曲线,$\dfrac{dw}{dx}$(即转角 θ)的数值很小,因此 $\left(\dfrac{dw}{dx}\right)^2$ 为高阶微量,其值与 1 相比可以忽略不计,于是上式可以近似写成

$$\frac{1}{\rho(x)} = \pm \frac{d^2w}{dx^2} \tag{12.6}$$

将式(12.6)代入式(12.4),得

$$\pm \frac{d^2w}{dx^2} = \frac{M(x)}{EI} \tag{12.7}$$

根据弯矩和挠度的符号规定,则弯矩 M 和 $\dfrac{d^2w}{dx^2}$ 恒为异号,如图 12.2 所示。

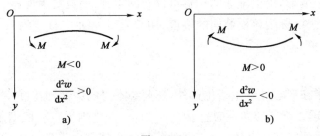

图 12.2

所以

$$\frac{d^2w}{dx^2} = -\frac{M(x)}{EI} \tag{12.8}$$

式(12.8)称为梁的**挠曲线近似微分方程**。对此方程积分,便可以得到转角方程(一次积分)和挠曲线方程(二次积分),进而求得梁任一截面的挠度和转角。

第三节 用积分法求梁的变形

对挠曲线近似微分方程式(12.8)进行积分,可以得到转角的通解和挠曲线的通解,即

$$\theta = \frac{\mathrm{d}w}{\mathrm{d}x} = -\int \frac{M}{EI}\mathrm{d}x + C \tag{12.9}$$

$$w = -\iint \frac{M}{EI}\mathrm{d}x\mathrm{d}x + Cx + D \tag{12.10}$$

式中的 C 和 D 为积分常数,可以通过位移边界条件和变形连续条件来确定。**位移边界条件**是指梁在某些截面处的已知位移条件。例如,梁在固定铰支座处的挠度为零,在固定端处的挠度和转角都为零。**变形连续条件**是指梁在任意截面处,有唯一的挠度和转角,即梁的挠曲线是一条连续且光滑的曲线,不会出现如图 12.3 所示的不连续(截面挠度不唯一)、不光滑(截面转角不唯一)的情况。

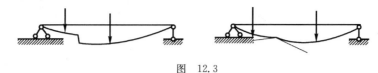

图 12.3

积分常数确定后,将其代入式(12.9)和式(12.10)中,便可以得到梁的转角方程和挠曲线方程,从而求解梁任一截面的挠度和转角。这种求解挠度和转角的方法称为**积分法**。

【例 12.1】 试求如图 12.4 所示悬臂梁的挠曲线方程和转角方程,并计算梁的最大挠度和最大转角。设 EI 为常数。

【解题分析】 挠曲线方程和转角方程是对挠曲线近似微分方程进行积分得到的,由式(12.8)可知挠曲线近似微分方程与梁的弯矩方程 $M(x)$ 有直接关系,所以应先列出梁的弯矩方程 $M(x)$,再由位移边界条件确定积分常数。

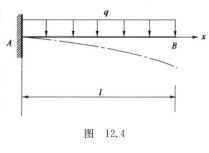

图 12.4

【解】 (1)列出梁的弯矩方程、挠曲线近似微分方程

$$M(x) = -\frac{q(l-x)^2}{2}$$

梁的挠曲线近似微分方程为

$$\frac{\mathrm{d}^2 w}{\mathrm{d}x^2} = -\frac{M(x)}{EI} = \frac{1}{EI} \cdot \frac{q(l-x)^2}{2} \tag{12.11}$$

(2)积分求解转角方程和挠曲线方程

对式(12.11)积分一次得

$$\theta = \frac{\mathrm{d}w}{\mathrm{d}x} = \frac{1}{EI}\left(\frac{1}{2}ql^2 x - \frac{1}{2}qlx^2 + \frac{1}{6}qx^3\right) + C \tag{12.12}$$

对式(12.10)积分一次得

$$w = \frac{1}{EI}\left(\frac{1}{4}ql^2 x^2 - \frac{1}{6}qlx^3 + \frac{1}{24}qx^4\right) + Cx + D \tag{12.13}$$

固定端 A 处的位移边界条件是
$$x = 0 \text{ 时}, \theta_A = 0$$
$$x = 0 \text{ 时}, w_A = 0$$

代入式(12.12)和式(12.13)中得 $C=0, D=0$
所以,转角方程和挠曲线方程分别为

$$\theta = \frac{dw}{dx} = \frac{1}{6EI}(3ql^2x - 3qlx^2 + qx^3) \tag{12.14}$$

$$w = \frac{1}{24EI}(6ql^2x^2 - 4qlx^3 + qx^4) \tag{12.15}$$

(3)求解最大转角和最大挠度

观察梁的变形,可知最大挠度和最大转角都发生在自由端 B 处。将 $x=l$ 代入转角方程和挠曲线方程,得

$$\theta_{\max} = \theta_B = \frac{ql^3}{6EI}$$

$$w_{\max} = w_B = \frac{ql^4}{8EI}$$

所得 θ_B 和 w_B 均为正值,说明横截面 B 顺时针转动,截面形心向下移动。

【例 12.2】 试求如图 12.5 所示简支梁的挠曲线方程和转角方程,并确定梁的最大挠度和最大转角。设 EI 为常数。

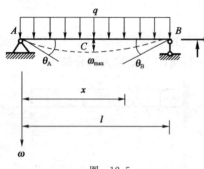

图 12.5

【解题分析】 同例 12.1,本题仍从求解梁的弯矩方程 $M(x)$ 入手,再由位移边界条件确定积分常数。

【解】 (1)梁的弯矩方程

$$M(x) = -\frac{q(x^2 - lx)}{2}$$

梁的挠曲线近似微分方程为

$$\frac{d^2w}{dx^2} = \frac{q(x^2 - lx)}{2EI} \tag{12.16}$$

(2)积分求解转角方程和挠曲线方程

对式(12.16)积分一次得

$$\theta = \frac{q}{2EI}\left(\frac{x^3}{3} - \frac{lx^2}{2}\right) + C \tag{12.17}$$

对式(12.17)积分一次得

$$w = \frac{q}{2EI}\left(\frac{x^4}{12} - \frac{lx^3}{6}\right) + Cx + D \tag{12.18}$$

由位移边界条件可知
支座 A 处:$x=0, w=0$;支座 B 处:$x=l, w=0$
分别代入式(12.18)中得

$$C = \frac{ql^3}{24EI}, D = 0$$

所以转角方程和挠曲线方程分别为

$$\theta = \frac{q}{24EI}(4x^3 - 6lx^2 + l^3)$$

$$w = \frac{q}{24EI}(x^4 - 2lx^3 + l^3x)$$

(3)求解最大转角和最大挠度

观察梁的变形,可知最大挠度发生在梁跨中截面 C 处。

将 $x=l/2$ 代入挠曲线方程得 $\quad w_{max}=w_C=\dfrac{5ql^4}{384EI}$

最大转角发生在支座 A 或支座 B 处,其值为

$$\theta_{max}=\theta_A=\dfrac{ql^3}{24EI},\theta_B=-\theta_{max}=-\dfrac{ql^3}{24EI}$$

第四节 用叠加法求梁的变形

积分法是求梁的挠度和转角的基本方法,其优点是可以求出梁的挠曲线方程和转角方程,进而求得梁任一横截面的挠度和转角。缺点是计算繁琐,不适宜梁上荷载复杂的情形。

在小变形及线弹性变形的前提下,梁的挠度和转角都与梁上的荷载成线性关系。当梁上同时作用多个荷载时,可以根据叠加原理,先分别求出每个荷载单独作用下梁横截面的挠度和转角,然后进行叠加,求出全部荷载共同作用下的挠度和转角,这种方法称为**叠加法**。

为了便于用叠加法求解梁的挠度和转角,把梁在简单荷载作用下的挠度和转角列于表 12.1 中,以备查用。

简单荷载作用下梁的变形 表 12.1

序号	梁的计算简图	挠曲线方程	转 角	挠 度
1		$w=\dfrac{Fx}{6EI}(3l-x)$	$\theta_B=\dfrac{Fl^2}{2EI}$	$w_B=\dfrac{Fl^3}{3EI}$
2		$w=\dfrac{qx^2}{24EI}(6l^2-4lx+x^2)$	$\theta_B=\dfrac{ql^3}{6EI}$	$w_B=\dfrac{ql^4}{8EI}$
3		$w=\dfrac{M_e x^2}{2EI}$	$\theta_B=\dfrac{M_e l}{EI}$	$w_B=\dfrac{M_e l^2}{2EI}$
4		$w=\dfrac{Fx}{48EI}(3l^2-4x^2)$ $(0\leqslant x\leqslant l/2)$ $w=\dfrac{F(l-x)}{48EI}(-l^2+8lx-4x^2)$ $(l/2\leqslant x\leqslant l)$	$\theta_A=\dfrac{Fl^2}{16EI}$ $\theta_B=-\dfrac{Fl^2}{16EI}$	$w_C=\dfrac{Fl^3}{48EI}$

续上表

序号	梁的计算简图	挠曲线方程	转角	挠度
5		$w = \dfrac{Fbx}{6lEI}(l^2 - x^2 - b^2)$ $(0 \leqslant x \leqslant a)$ $w = \dfrac{Fa(l-x)}{6lEI}(2lx - x^2 - a^2)$ $(a \leqslant x \leqslant l)$	$\theta_A = \dfrac{Fab(l+b)}{6lEI}$ $\theta_B = -\dfrac{Fab(l+a)}{6lEI}$	$a > b:$ $w_C = \dfrac{Fb}{48EI}(3l^2 - 4b^2)$ $w_{max} = \dfrac{Fb}{9\sqrt{3}lEI}(l^2 - b^2)^{3/2}$ $(x = \sqrt{(l^2 - b^2)/3} \text{ 处})$
6		$w = \dfrac{qx^2}{24EI}(6l^2 - 4lx + x^2)$	$\theta_A = \dfrac{ql^3}{24EI}$ $\theta_B = -\dfrac{ql^3}{24EI}$	$w_C = \dfrac{5ql^4}{384EI}$
7		$w = \dfrac{M_e l}{6lEI}(l^2 - x^2)$	$\theta_A = \dfrac{M_e l}{6EI}$ $\theta_B = -\dfrac{M_e l}{3EI}$	$w_C = \dfrac{M_e l^2}{16EI}$ $w_{max} = \dfrac{M_e l^2}{9\sqrt{3}EI}$ $(x = l/\sqrt{3} \text{ 处})$
8		$w = \dfrac{M_e x}{6lEI}(l^2 - 3b^2 - x^2)$ $(0 \leqslant x \leqslant a)$ $w = \dfrac{M_e(l-x)}{6lEI}(3a^2 - 2lx + x^2)$ $(a \leqslant x \leqslant l)$	$\theta_A = \dfrac{M_e}{6lEI}(l^2 - 3b^2)$ $\theta_B = \dfrac{M_e}{6lEI}(l^2 - 3a^2)$ $\theta_D = \dfrac{M_e}{6lEI}(l^2 - 3a^2 - 3b^2)$	$w_{1max} = \dfrac{M_e}{9\sqrt{3}lEI}(l^2 - 3b^2)^{3/2}$ $(x = \sqrt{(l^2 - 3b^2)/3} \text{ 处})$ $w_{2max} = \dfrac{M_e}{9\sqrt{3}lEI}(l^2 - 3a^2)^{3/2}$ $(x = \sqrt{(l^2 - 3a^2)/3} \text{ 处})$
9		$w = \dfrac{Fax}{6lEI}(x^2 - l^2)$ $(0 \leqslant x \leqslant l)$ $w = \dfrac{F(l-x)}{6lEI}[a(3x-l) - (x-l)^2]$ $(l \leqslant x \leqslant l+a)$	$\theta_A = -\dfrac{Fal}{6EI}$ $\theta_B = \dfrac{Fal}{3EI}$ $\theta_D = \dfrac{Fa}{6EI}(2l + 3a)$	$w_{1max} = -\dfrac{Fal^2}{9\sqrt{3}EI}$ $(x = l/\sqrt{3} \text{ 处})$ $w_D = w_{2max} = \dfrac{Fa^2}{3EI}(l + a)$
10		$w = \dfrac{M_e x}{6lEI}(x^2 - l^2)$ $(0 \leqslant x \leqslant l)$ $w = \dfrac{M_e}{6EI}(l^2 - 4lx + 3x^2)$ $(l \leqslant x \leqslant l+a)$	$\theta_A = -\dfrac{M_e l}{6EI}$ $\theta_B = \dfrac{M_e l}{3EI}$ $\theta_D = \dfrac{M_e}{3EI}(l + 3a)$	$w_{1max} = \dfrac{M_e l^2}{9\sqrt{3}EI}$ $(x = l/\sqrt{3} \text{ 处})$ $w_D = w_{2max} = \dfrac{M_e a}{6EI}(2l + 3a)$
11		$w = \dfrac{qa^2 x}{12lEI}(x^2 - l^2)$ $(0 \leqslant x \leqslant l)$ $w = \dfrac{q(x-l)}{24lEI}[2a^2 x(x+l) - 2a(2l+a)(x-l)^2 + l(x-l)^3]$ $(l \leqslant x \leqslant l+a)$	$\theta_A = -\dfrac{qa^2 l}{12EI}$ $\theta_B = \dfrac{qa^2 l}{6EI}$ $\theta_D = \dfrac{qa^2}{6EI}(l + a)$	$w_{1max} = -\dfrac{qa^2 l^2}{18\sqrt{3}EI}$ $(x = l/\sqrt{3} \text{ 处})$ $w_D = w_{2max} = \dfrac{qa^3}{24EI}(4l + 3a)$

利用叠加法计算位移时,通常会遇到两类情况:一类情况是梁上的荷载可以分成若干个典型荷载,其中每个荷载都可以直接查表求出位移,然后进行叠加计算;另一类情况是梁上的荷载不能化成可以直接查表的若干个典型荷载,需要将梁上荷载经过适当转化后,才能利用表中的结果进行叠加运算。前一类情况称为**直接叠加**或**荷载叠加**,后一类情况称为**间接叠加**或**位移叠加**,也称为**逐段刚化法**。

一 直接叠加计算梁的位移

当计算梁在若干个典型荷载同时作用下的位移时,可以查表求出每一个典型荷载单独作用时的位移,然后进行叠加得出最后结果。

【**例 12.3**】 如图 12.6 所示简支梁,同时受均布荷载 q 和集中荷载 F 作用,试用叠加法计算梁的最大挠度。设 EI 为常数。

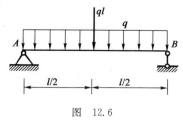

图 12.6

【**解题分析**】 简支梁所受荷载可以分解成跨中集中力荷载和满跨均布荷载,查表求出简支梁在集中力荷载和均布荷载单独作用下的最大挠度,再将结果进行叠加就可以得到集中力荷载和均布荷载共同作用下的最大挠度。

【**解**】 (1)查表 12.1 中 4 和 6 项,简支梁在集中力荷载和均布荷载单独作用下的最大挠度都发生在跨中,即

$$w_{Cq} = \frac{5ql^4}{384EI}(\downarrow)$$

$$w_{CF} = \frac{(ql)l^3}{48EI} = \frac{ql^4}{48EI}(\downarrow)$$

(2)在荷载 q 和 F 共同作用下,该梁的最大挠度为

$$w_{max} = w_{Cq} + w_{CF} = \frac{5ql^4}{384EI} + \frac{ql^4}{48EI} = \frac{13ql^4}{384EI}(\downarrow)$$

二 间接叠加计算梁的位移

在荷载作用下,杆件的整体变形是由各个微段变形积累的结果。同样,杆件在某点处的位移也是各部分变形在该点处引起的位移的叠加。杆件常常可以被看作是由两部分组成的:基本部分和附属部分。基本部分的变形将使附属部分产生刚体位移,称为**牵连位移**;附属部分由于自身变形引起的位移,称为**附加位移**。因此,附属部分的实际位移等于牵连位移与附加位移之和,这就是**间接叠加法**。在计算外伸梁、变截面悬臂梁和折杆的位移时常用到此种方法。

【**例 12.4**】 如图 12.7a)所示变截面悬臂梁,设 EI 为常数。试用叠加法计算:
1)梁 B 截面处的挠度和转角。
2)梁自由端 C 处的挠度和转角。

【**解题分析**】 (1)求梁 B 截面处的挠度和转角,可用直接叠加法。查表 12.1 中 1 和 3 项,计算时注意表 12.1 公式中的梁长 l,应代 $l/2$。

(2)求梁自由端 C 处的挠度和转角,注意到 BC 段上无外力,BC 段自身不产生变形。但在

AB 段变形的前提下,BC 段随之产生刚性位移,所以 BC 段的挠曲线为与 B 点相切的斜直线。求得 w_B 和 θ_B 后,利用几何关系即可求得截面 C 处的挠度和转角。

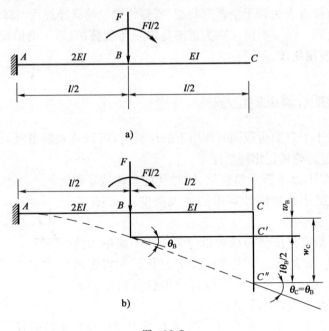

图 12.7

【解】 (1)计算梁 B 截面处的挠度和转角

查表 12.1 中 1 项得

$$\theta_{B1} = \frac{Fl^2}{2EI} = \frac{F\left(\dfrac{l}{2}\right)^2}{2(2EI)} = \frac{Fl^2}{16EI}(\curvearrowleft) \quad w_{B1} = \frac{Fl^3}{3EI} = \frac{F\left(\dfrac{l}{2}\right)^3}{3(2EI)} = \frac{Fl^3}{48EI}(\downarrow)$$

查表 12.1 中 3 项得

$$\theta_{B3} = \frac{M_e l}{EI} = \frac{\dfrac{Fl}{2}\left(\dfrac{l}{2}\right)}{(2EI)} = \frac{Fl^2}{8EI}(\curvearrowleft) \quad w_{B3} = \frac{M_e l^2}{2EI} = \frac{\dfrac{Fl}{2}\left(\dfrac{l}{2}\right)^2}{2(2EI)} = \frac{Fl^3}{32EI}(\downarrow)$$

叠加可得 B 截面的挠度和转角分别为

$$\theta_B = \theta_{B1} + \theta_{B3} = \frac{Fl^2}{16EI} + \frac{Fl^2}{8EI} = \frac{3Fl^2}{16EI}(\curvearrowleft)$$

$$w_B = w_{B1} + w_{B3} = \frac{Fl^3}{48EI} + \frac{Fl^3}{32EI} = \frac{5Fl^3}{96EI}(\downarrow)$$

(2)计算梁自由端 C 处的挠度和转角

利用几何关系,考虑到梁的变形为小变形,由图 12.7b)即可求得截面 C 处的挠度和转角,即

$$\theta_C = \theta_B = \frac{3Fl^2}{16EI}(\curvearrowleft)$$

$$w_C = CC' + C'C'' = w_B + \theta_B \frac{l}{2} = \frac{5Fl^3}{96EI} + \frac{3Fl^2}{16EI} \times \frac{l}{2} = \frac{7Fl^3}{48EI}(\downarrow)$$

【例 12.5】 如图 12.8a)所示变截面悬臂梁,试用叠加法计算梁自由端 C 处的挠度和转角。设 EI 为常数。

【解题分析】 该梁的基本部分为 AB 梁段，附属部分为 BC 梁段。所求 C 点位移是由 AB 段和 BC 段共同变形引起的。首先将 AB 梁段刚化（不会发生位移），计算 BC 梁段在外荷载作用下 C 点的位移（附加位移）。然后将 BC 梁段刚化，利用理论力学中的刚体荷载平移定理，将集中力荷载 F 平移到 B 点，计算 AB 梁段（基本部分）的变形引起的 C 点位移（牵连位移）。最后将 C 点的附加位移和牵连位移叠加即可。

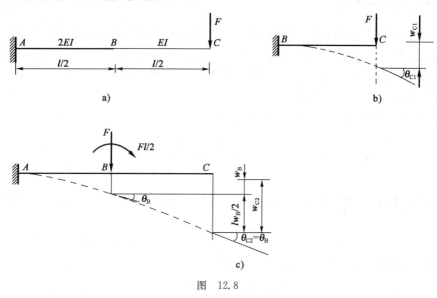

图 12.8

【解】 (1) 将 AB 梁段刚化，如图 12.8b) 所示，计算 C 点的附加位移

查表 12.1 中 1 项得

$$w_{C1} = \frac{F\left(\frac{l}{2}\right)^3}{3EI} = \frac{Fl^3}{24EI}(\downarrow), \quad \theta_{C1} = \frac{F\left(\frac{l}{2}\right)^2}{2EI} = \frac{Fl^2}{8EI}(\curvearrowleft)$$

(2) BC 梁段刚化，计算 C 点的牵连位移

BC 梁段刚化后，将集中力荷载 F 由 C 点平移至 B 点，如图 12.8c) 所示。查表 12.1 中 1、3 项得出截面 B 的挠度和转角（可直接利用例 12.4 中的计算结果），即

$$w_B = \frac{Fl^3}{48EI} + \frac{Fl^3}{32EI} = \frac{5Fl^3}{96EI}(\downarrow), \quad \theta_B = \frac{Fl^2}{16EI} + \frac{Fl^2}{8EI} = \frac{3Fl^2}{16EI}(\curvearrowleft)$$

C 点的牵连位移（悬臂梁 AB 变形引起的 BC 段平移）为

$$w_{C2} = w_B + \frac{l}{2}\theta_B = \frac{5Fl^3}{96EI} + \frac{l}{2} \cdot \frac{Fl^2}{16EI} = \frac{7Fl^3}{48EI}(\downarrow)$$

$$\theta_{C2} = \theta_B = \frac{3Fl^2}{16EI}(\curvearrowleft)$$

(3) 叠加求解 C 的位移

$$w_C = w_{C1} + w_{C2} = \frac{Fl^3}{24EI} + \frac{7Fl^3}{48EI} = \frac{3Fl^3}{16EI}(\downarrow)$$

$$\theta_C = \theta_{C1} + \theta_{C2} = \frac{Fl^2}{8EI} + \frac{3Fl^2}{16EI} = \frac{5Fl^2}{16EI}(\curvearrowleft)$$

第五节 梁的刚度计算

一 梁的刚度条件

在工程中,根据强度条件对梁进行设计后,往往还要进行梁的刚度校核,检查梁的位移是否在规定的范围内,防止梁的变形过大。例如,桥梁的挠度如果太大,当车辆通过时就会产生很大的振动;机床的主轴如果挠度过大,就会影响工件的加工精度;传动轴在支座处的转角过大,将导致轴承发生严重的磨损等。

为了使梁有足够的刚度,应满足下列刚度条件:

$$|w_{max}| \leqslant [w]$$
$$|\theta_{max}| \leqslant [\theta]$$
(12.19)

式中的$[w]$和$[\theta]$为规定的许可挠度和许可转角,根据梁的用途,$[w]$和$[\theta]$的值可在相关设计规范中查得。

对于土木、建筑工程中的梁,一般不必进行转角的校核。常常采用最大挠度和跨度之比小于许用挠跨比的刚度条件对梁的刚度进行计算,即

$$\frac{w_{max}}{l} \leqslant \left[\frac{w}{l}\right]$$
(12.20)

式中的$\left[\dfrac{w}{l}\right]$为梁的许用挠跨比,可以查阅相关设计规范,一般在 1/1000~1/100 之间。

【例 12.6】 圆木简支梁受分布荷载作用,如图 12.9 所示。已知 $l=4\text{m}$,$q=1.5\text{kN/m}$,材料的许用正应力$[\sigma]=10\text{MPa}$,弹性模量 $E=10^4\text{MPa}$,许用挠跨比$\left[\dfrac{w}{l}\right]=1/200$。求解梁横截面所需直径$d$。

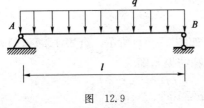

图 12.9

【解题分析】 结合前面的知识,需要同时保证梁的强度条件和刚度条件。根据强度条件求得一个最小直径的解,再根据刚度条件求得一个最小直径的解,两者中取大值,即是同时满足强度条件和刚度条件的横截面直径。

【解】 (1)根据强度条件

$$\sigma_{max} = \frac{M_{max}}{W} \leqslant [\sigma]$$

其中,最大弯矩发生在跨中截面 $M_{max}=\dfrac{ql^2}{8}$,$W=\dfrac{\pi d^3}{32}$代入上式得

$$\frac{\dfrac{ql^2}{8}}{\dfrac{\pi d^3}{32}} \leqslant [\sigma]$$

整理得

$$d \geqslant \sqrt[3]{\frac{4ql^2}{\pi[\sigma]}} = \sqrt[3]{\frac{4 \times 1.5 \times 10^3/10^3 \times 4^2 \times 10^6}{\pi \times 10}} = 145.14 \text{mm}$$

(2)根据刚度条件

$$\frac{w_{\max}}{l} \leqslant \left[\frac{w}{l}\right]$$

其中,最大挠度发生在跨中截面,由表 12.1 可知 $w_{\max}=5ql^4/(384EI)$,$I=\pi d^4/64$,代入上式得

$$\frac{5ql^3}{384E\frac{\pi d^4}{64}} \leqslant \left[\frac{w}{l}\right]$$

整理得

$$d \geqslant \sqrt[4]{\frac{5ql^3}{6\pi E\left[\frac{w}{l}\right]}} = \sqrt[4]{\frac{5 \times 1.5 \times 10^3/10^3 \times (4 \times 10^3)^3}{6\pi \times 10^4 \times (1/200)}} = 150.24 \text{mm}$$

为了同时满足强度条件和刚度条件,该圆木梁所需最小直径 $d=155$mm。

二 提高梁抗弯能力的主要途径

从表 12.1 中可以看出,梁的挠度和转角与荷载情况、支座条件、跨度长短、梁的截面惯性矩及其材料的弹性模量有关。因此,为了减小梁的弯曲变形,应该从考虑这些因素入手。一般可采取以下途径:

1. 增大梁的抗弯刚度 EI

这里包括了弹性模量 E 和惯性矩 I 两个因素。应当指出的是,对于钢材而言,采用高强度的钢材可以大大提高梁的强度,但不能增大梁的刚度,因为高强度钢材与普通低碳钢的 E 值相差不大。因此,主要应设法增大 I 值,这样不仅可以提高梁的抗弯刚度,而且往往也能提高梁的强度。所以,工程中常采用工字梁、箱形、槽形等形状的截面。

2. 调整跨长和改变结构

从表 12.1 中可以看到,梁的挠度和转角与梁长的 n 次幂成正比(在不同的荷载形式下,n 分别等于 1、2、3、4)。如果在满足使用要求的前提下,能设法缩短梁的跨长,就能显著地减小梁的挠度和转角。例如,桥式起重机的钢梁通常采用双外伸梁,如图 12.10a)所示,而不是简支梁,如图 12.10b)所示,这样可使最大挠度减小许多。

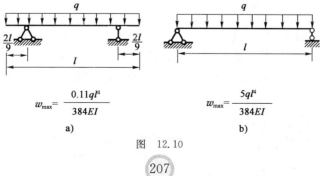

图 12.10

在跨度不能缩短的情况下,可采取增加支座的方法来减小梁的变形。例如,在悬臂梁的自由端或简支梁的跨中增加支座,都可以显著地减小梁的挠度。当然,增加支座后,原来的静定梁就成为超静定梁。有关超静定梁的求解,将在结构力学课程中学习。

◀ 小　　结 ▶

本章主要内容为梁的变形计算和梁的刚度计算。介绍了两种计算位移的方法,即积分法和叠加法;位移计算是本章重点。主要内容及方法归纳如下:

1. 梁的挠曲线近似微分方程

(1)变弯后的梁轴线称为**挠曲线**,它是一条连续而光滑的曲线,挠度和转角是描述梁弯曲变形的两个基本量。

(2) $\dfrac{\mathrm{d}^2 w}{\mathrm{d}x^2} = -\dfrac{M(x)}{EI}$ 称为梁的**挠曲线近似微分方程**。对此方程积分,便可得到转角方程(一次积分)和挠曲线方程(二次积分),进而求得梁任一截面的挠度和转角。

2. 积分法求梁的变形

(1)用积分法计算位移的步骤

①选取并在图上标明坐标系。

②列出梁的弯矩方程和挠曲线的近似微分方程(梁上有荷载变化时应注意分段列出)。

③对挠曲线的近似微分方程进行积分。

④根据梁的边界条件(若分段还需用变形连续条件)确定积分常数。

⑤将有关的 x 值代入转角方程和挠曲线方程计算该截面的转角和挠度。

(2)用积分法计算位移时的注意事项

①当列出弯矩方程与挠曲线近似微分方程不需分段时,积分常数只有两个,这时利用边界条件就可以确定这些常数;当需分段时,必须同时利用边界条件和变形连续条件。

②对变截面梁,因为各段的 EI 不同,无论变截面处有无荷载作用,均需分段列出弯矩方程与挠曲线近似微分方程。

3. 叠加法求梁的变形

(1)直接叠加计算梁的位移

当计算梁在若干个典型荷载同时作用下的位移时,可以查表求出每一个典型荷载单独作用时的位移,然后进行叠加得出最后结果。

(2)间接叠加计算梁的位移

求解外伸梁、变截面悬臂梁的位移时,杆件常常可以被看成由两部分组成的:基本部分和附属部分。基本部分的变形将使附属部分产生**牵连位移**;附属部分由于自身变形引起**附加位移**。因此,附属部分的实际位移等于牵连位移与附加位移之和。

(3)用叠加法计算位移时应注意的事项

①明确各简单荷载作用下位移的正负号。为了便于判定各简单荷载作用下位移的正负,可先画出梁在各简单荷载作用下挠曲线的大致形状,这样某截面的挠度向下还是向上,转角是

顺时针还是逆时针转,便可一目了然。

②用间接叠加法计算位移,此类问题比较灵活,需要对梁进行分析和某些处理后,才能使用表中的公式。其中经常用到力系等效和变形等效的概念,而变形等效往往容易被忽略。如例 12.5,将图 12.8a)中的力 F 从 C 点移到 B 点得到图 12.8c),此时,力系是等效的,AB 段的变形也等效,但 BC 段的变形就不等效了,所以一定要有图 12.8b)对 BC 段的变形计算。

4. 梁的刚度计算

(1)梁的刚度条件

引入梁的刚度条件,主要是为了防止梁的变形过大。刚度条件一般为

$$|w_{\max}| \leqslant [w] \text{ 和 } |\theta_{\max}| \leqslant [\theta]$$

或

$$\frac{w_{\max}}{l} \leqslant \left[\frac{w}{l}\right]$$

(2)提高梁抗弯能力的主要途径

梁的挠度和转角与荷载情况、支座条件、跨度长短、梁的截面惯性矩及其材料的弹性模量有关。因此,为了减小梁的弯曲变形,一般可采取以下途径:

①增大梁的抗弯刚度 EI。
②调整跨长 l 和改变结构。

思考题

1. 挠度和转角的定义及其正负号的规定。
2. 什么是挠曲线方程和转角方程及其它们之间的关系?
3. 什么是边界条件? 什么是变形连续条件?
4. 积分法求解梁的变形(挠度和转角)的基本思路和步骤。
5. 在确定积分常数时,什么情况下需考虑变形连续条件?
6. 叠加法求解梁的变形(挠度和转角)的基本思路和步骤。
7. 如何进行梁的刚度校核?

习题

12-1 写出如图 12.11 各梁的边界条件和连续条件,并用积分法求各梁的转角方程和挠曲线方程。弯曲刚度 EI 为常数。

12-2 用叠加法求解如图 12.12 所示各梁指定的挠度和转角,弯曲刚度 EI 为常数。

12-3 如图 12.13 所示悬臂梁的弯曲刚度为 $EI = 5 \times 10^{13}\,\text{N} \cdot \text{mm}^2$,梁的许用挠跨比 $[w/l] = 1/200$,试对梁进行刚度校核。

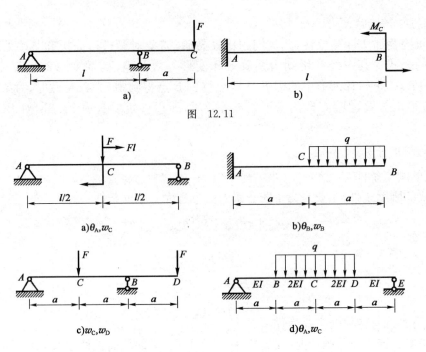

图 12.11

图 12.12

12-4 如图12.14a)、b)所示简支梁由工字刚制成,材料的许用应力$[\sigma]=170$MPa,弹性模量$E=2.1\times10^5$MPa,梁的许用挠跨比$[w/l]=1/500$,试按正应力强度条件和刚度条件选择工字钢的型号。

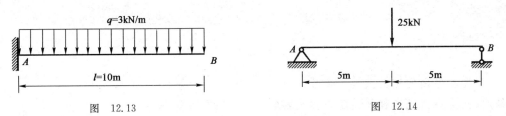

图 12.13   图 12.14

第十三章　应力状态分析与强度理论

第一节　应力状态的概念

在前面几章中,研究杆件在各种基本变形下的应力时,主要是研究杆件横截面上的应力,并根据横截面上的最大应力建立相应的强度条件。但是,在工程中对某些受力构件来说,仅知道杆件横截面上的应力和强度是不够的。例如,铸铁试件在压缩时,沿与轴线大约成 45°左右的斜截面发生破坏,如图 13.1a)所示。由拉(压)杆斜截面上的应力公式知,这是由于在与轴线成 45°的斜截面上存在最大切应力所引起的。又如,混凝土梁弯曲时,除了在跨中底部会发生竖向裂缝外,在靠近支座部位还会发生斜向裂缝,如图 13.1b)所示。斜向裂缝是因为在裂缝方向的斜截面上存在最大拉应力所引起的。另外,在工程中还会遇到一些受力复杂的杆件,例如同时受扭转和弯曲的杆件,其危险点处同时存在着较大的正应力和切应力,杆件的破坏是由这两种应力共同作用的结果,必须在综合考虑危险点处正应力和切应力影响的基础上,建立新的强度准则,才能解决这类杆件的强度问题。

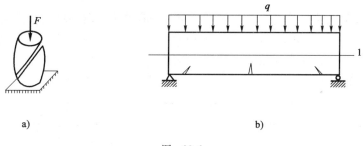

图　13.1

一　一点处的应力状态

为了分析破坏现象以及解决复杂受力构件的强度问题,必须首先研究通过受力构件内一点处所有截面上应力的变化规律。我们把通过受力构件内一点处的各个不同方位截面上应力的大小和方向情况,称为**一点处的应力状态**。

应用前几章的知识可以分析构件中一点处的应力状态。例如,如图 13.2a)所示,研究拉伸构件中的任一点 k,在横截面方向上 k 点只有正应力,而在斜截面上 k 点既有正应力又有切应力。如图 13.2b)所示,在受扭圆轴的横截面上,若所取点的位置不同,则应力的大小、方向不同。如图 13.2c)所示,在受横力弯曲的矩形截面梁的横截面上,a 点处只有正应力,b 点处只有切应力,c 点处既有正应力又有切应力。可见,构件内点的方位不同、位置不同,都会使点的应力状态发生变化。

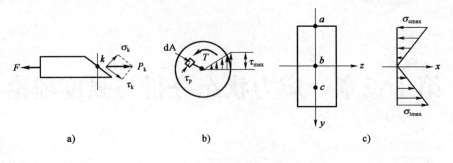

图 13.2

二、应力状态的表示

1. 单元体

为了研究受力构件内一点处的应力状态,可围绕该点取出一个边长为微分量的正六面体,称为**单元体**,并分析单元体六个面上的应力。由于单元体的边长无限小,可以认为在单元体的每个面上应力都是均匀分布的,且在单元体内相互平行的截面上应力都是相同的。如果知道了单元体的三个互相垂直平面上的应力,其他任意截面上的应力都可以通过截面法求得,则该点处的应力状态就可以确定了。因此,可用单元体的三个互相垂直平面上的应力来表示一点处的应力状态。

2. 单元体应力图的绘制

一般来讲,在受力构件内某一点处取单元体,总是将其一对面取为横截面,其他两对面则是互相垂直的纵向截面。例如,如图 13.3a)所示,在轴向受拉杆内任一点 A 处,取出单元体如图 13.3b)所示,其左、右两个横截面上只有正应力 $\sigma=F_N/A=F/A$,前、后、上、下四个纵向截面上没有应力存在,因此可简化为微小的正方形,如图 13.3c)所示。

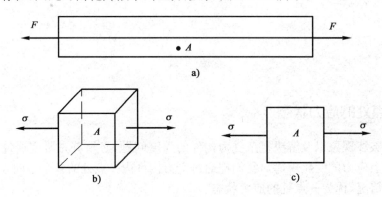

图 13.3

图 13.4a)为一受扭圆轴,其内表层任一点 A 处的单元体可用一对横截面、一对径向截面和一对同轴圆柱面来截取,横截面上的应力分布情况如图 13.4b)所示。单元体如图 13.4c)所示,左、右两个横截面上受切应力 $\tau=T/W_p=M_e/W_p$ 作用,根据切应力互等定律,单元体上、下两个面上也存在切应力。单元体前、后两个面上没有应力存在,因此可简化为如图 13.4d)所示的微小正方形。

发生横力弯曲的矩形截面梁及横截面上的应力分布情况如图 13.5 所示,在梁内同一横截面上 A、B、C、D、E 各点处取出的单元体分别如图 13.6a)、b)、c)、d)、e)所示。单元体各个面上的应力可以根据弯曲正应力、切应力的分布规律、计算公式和切应力互等定理确定。

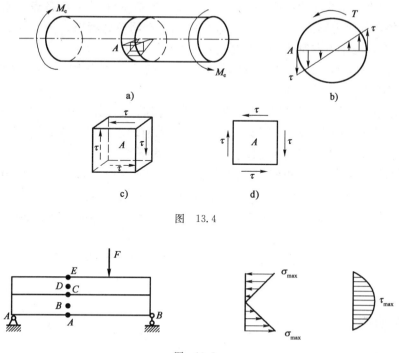

图 13.4

图 13.5

3. 主应力与主平面

当围绕一点所取单元体的方位不同时,单元体各个面上的应力也不同。理论分析证明,对于受力构件内任一点,总可以找到三对互相垂直的平面,在这些面上只有正应力而没有切应力,如图 13.3b)和图 13.6a)、e)所示,这些切应力为零的平面称为主平面,其上的正应力称为主应力。三个主应力分别用 σ_1、σ_2、σ_3 表示,并按代数值大小排序,即 $\sigma_1 \geqslant \sigma_2 \geqslant \sigma_3$。例如当三个主应力的数值为 100MPa、50MPa、-150MPa 时,按照规定应是 $\sigma_1 = 100$MPa、$\sigma_2 = 50$MPa、$\sigma_3 = -150$MPa。围绕一点按三个主平面取出的单元体称为主应力单元体。

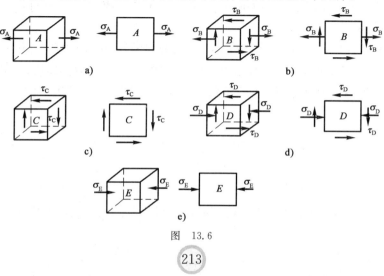

图 13.6

三、应力状态的分类

为了应力状态分析的方便,需要对应力状态进行分类。如果单元体上的全部应力都位于同一平面内,则称为**平面应力状态**,例如图 13.3、图 13.4 和图 13.6 中各点处的应力状态。如果单元体上的全部应力不都位于同一平面内,则称为**空间应力状态**。例如从地层深处某点取出的单元体,它在三个方向都受到压力的作用,处于空间应力状态。

若平面应力状态的单元体中,正应力都等于零,仅有切应力作用,则称为**纯剪切应力状态**,如图 13.4 和图 13.6c)所示的应力状态。

应力状态也可以按主应力的情况分类。若单元体的三个主应力中只有一个不等于零,则称为**单向应力状态**如图 13.3 和图 13.6a)、e)所示;若有两个不等于零,则称为**二向应力状态**,或**双向应力状态**;若三个全不为零,则称为**三向应力状态**。

从上面的分类可以看出,单向和二向应力状态属于平面应力状态,三向应力状态属于空间应力状态。有时把单向应力状态也称为**简单应力状态**,而把平面和空间应力状态统称为**复杂应力状态**。工程中常见的是平面应力状态,因此本章主要对平面应力状态进行分析。

第二节 平面应力状态分析

1. 任一斜截面上的应力

平面应力状态的单元体及其平面图形分别如图 13.7a)、b)所示,在单元体上建立直角坐标系,让 x、y 轴的正向分别与两个互相垂直的平面的外法线的方向一致。这两个平面分别称为 x 平面和 y 平面。设 x 平面和 y 平面上的应力分别为 σ_x、τ_x 和 σ_y、τ_y。设任一斜截面 ef 的外法线 n 与 x 轴的夹角为 α,该斜截面也称为 α 截面。现在用截面法求单元体上任一斜截面 ef 上的应力。

在以下的计算中,规定从 x 轴正向到外法线 n 为逆时针转向时,角 α 为正,反之为负。应力的符号规定与以前相同,即对正应力,规定拉应力为正,压应力为负;对于切应力,规定其对单元体内任一点的矩为顺时针转动方向时为正,反之为负。图 13.7c)中的 σ_x、τ_x 和 σ_y、σ_α、τ_α 均为正值,τ_y 为负值。

用 α 截面将单元体截开,取左边部分 ebf 为研究对象,α 截面上的应力用 σ_α、τ_α 来表示,如图 13.7c)所示。设斜截面 ef 的面积为 $\mathrm{d}A$,则 eb 面积为 $\mathrm{d}A\cos\alpha$,bf 面的面积为 $\mathrm{d}A\sin\alpha$。将作用于楔形体上所有的力分别向 n 和 t 轴投影,如图 13.7d)所示,列出平衡方程

$$\sum n = 0$$

$$\sigma_\alpha \mathrm{d}A + (\tau_x \mathrm{d}A\cos\alpha)\sin\alpha - (\sigma_x \mathrm{d}A\cos\alpha)\cos\alpha + (\tau_y \mathrm{d}A\sin\alpha)\cos\alpha - (\sigma_y \mathrm{d}A\sin\alpha)\sin\alpha = 0$$

$$\sum t = 0$$

$$\tau_\alpha \mathrm{d}A - (\tau_x \mathrm{d}A\cos\alpha)\cos\alpha - (\sigma_x \mathrm{d}A\cos\alpha)\sin\alpha + (\tau_y \mathrm{d}A\sin\alpha)\sin\alpha + (\sigma_y \mathrm{d}A\sin\alpha)\cos\alpha = 0$$

利用三角函数关系,将上面的式子整理后,可以得到任意斜截面上正应力 σ_α 和切应力 τ_α 的计算公式为

$$\sigma_\alpha = \frac{\sigma_x + \sigma_y}{2} + \frac{\sigma_x - \sigma_y}{2}\cos2\alpha - \tau_x\sin2\alpha \tag{13.1}$$

$$\tau_\alpha = \frac{\sigma_x - \sigma_y}{2}\sin2\alpha + \tau_x\cos2\alpha \tag{13.2}$$

式中各量均以代数值代入。利用式(13.1)和式(13.2)可求解单元体任意斜截面上的正应力和切应力,此法称为**解析法**。使用这两个公式时,一定要注意式中各量的正负号。

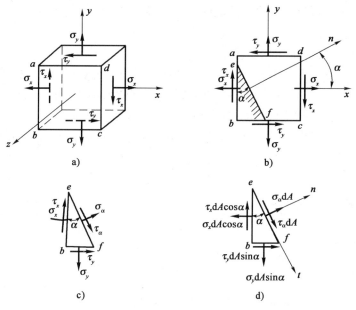

图 13.7

2. 主平面和主应力

对于平面应力状态,因为单元体有一对面上没有应力,所以这一对面就是主平面,且必有一个数值为零的主应力。下面分析单元体的其余两个主平面和主应力。

(1) 确定主平面的位置

由主平面的定义可知,切应力为零的平面为主平面。设在 $\alpha=\alpha_0$ 斜截面上,切应力 $\tau_{\alpha_0}=0$,由式(13.2)有

$$\tau_{\alpha_0} = \frac{\sigma_x - \sigma_y}{2}\sin2\alpha_0 + \tau_x\cos2\alpha_0 = 0$$

得

$$\tan2\alpha_0 = -\frac{2\tau_x}{\sigma_x - \sigma_y} \tag{13.3}$$

上式就是确定主平面位置的公式。由式(13.3)可确定两个相互垂直的主平面,为了使用方便,设这两个主平面的位置角为 α_0 和 α_0',并限定它们为正的或负的锐角,如图 13.8 所示。

(2) 主应力的计算

主平面的位置 α_0、α_0' 确定后,将其代入式(13.1),即

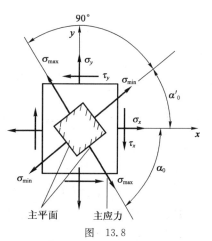

图 13.8

可得到最大和最小两个主应力

$$\sigma_{\min}^{\max} = \frac{\sigma_x + \sigma_y}{2} \pm \sqrt{\left(\frac{\sigma_x - \sigma_y}{2}\right)^2 + \tau_x^2} \tag{13.4}$$

将式(13.4)中两式相加,得

$$\sigma_{\max} + \sigma_{\min} = \sigma_x + \sigma_y \tag{13.5}$$

上式表明,单元体两个相互垂直的截面上的正应力之和为一定值。式(13.5)常用来检验主应力计算的正确与否。

(3) 主应力和主平面之间的对应关系

理论分析证明,由单元体上 τ_x(或 τ_y)所在平面,顺着 τ_x(或 τ_y)方向转动而得到的那个主平面上的主应力为 $\sigma_{\max}$;逆着 τ_x(或 τ_y)方向转动而得到的那个主平面上的主应力为 $\sigma_{\min}$,如图 13.8 所示。简述为:**顺 τ 转最大,逆 τ 转最小**。

上述法则称为 **τ 判别法**。在确定了两个主平面和主应力后,利用这个结论可以解决主应力与主平面之间的对应关系,如图 13.8 所示。

二 图解法(应力圆法)

1. 应力圆的概念

将式(13.1)改写为

$$\sigma_\alpha - \frac{\sigma_x + \sigma_y}{2} = \frac{\sigma_x - \sigma_y}{2}\cos 2\alpha - \tau_x \sin 2\alpha$$

将上式和式(13.2)两边分别平方后相加,整理得

$$\left(\sigma_\alpha - \frac{\sigma_x + \sigma_y}{2}\right)^2 + \tau_\alpha^2 = \left(\frac{\sigma_x - \sigma_y}{2}\right)^2 + \tau_x^2$$

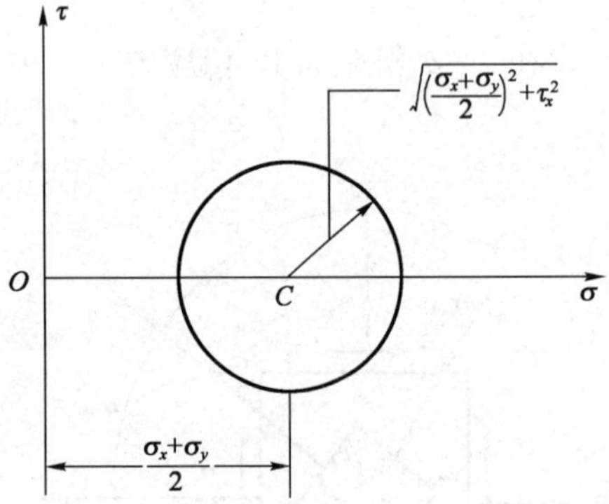

在 o-σ-τ 直角坐标系中,上式表示一个圆,其圆心坐标为 $\left(\frac{\sigma_x + \sigma_y}{2}, 0\right)$,半径为 $\sqrt{\left(\frac{\sigma_x - \sigma_y}{2}\right)^2 + \tau_x^2}$,如图 13.9 所示。此圆称为**应力圆**,也称为**莫尔圆**。(因它由德国工程师莫尔在 1882 年首次提出,故命名)

2. 应力圆的绘制方法

若单元体的应力状态如图 13.10a)所示,设 $\sigma_x > \sigma_y > 0$,$\tau_x > 0$。其应力圆的绘制方法如下:

1) 以 σ 为横坐标轴,以 τ 为纵坐标轴,建立直角坐标系 o-σ-τ,取定比例尺。

2) 取横坐标 $OB_1 = \sigma_x$,纵坐标 $B_1D_1 = \tau_x$,确定 $D_1(\sigma_x, \tau_x)$ 点,取横坐标 $OB_2 = \sigma_y$,纵坐标 $B_2D_2 = \tau_y$,确定 $D_2(\sigma_y, \tau_y)$ 点。

3) 连接 D_1 和 D_2 两点,连线与横坐标轴相交于 C 点,C 点即为圆心。

4) 以 C 点为圆心,以 CD_1 或 CD_2 为半径作圆,即为应力圆。如图 13.10b)所示。

图 13.9

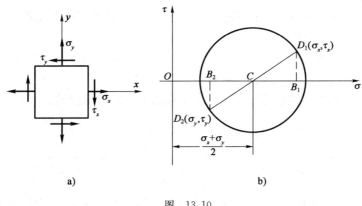

图 13.10

3. 单元体与相应应力圆之间的对应关系

(1) 点面对应

应力圆上某一点的坐标值对应着单元体某一方位面上的正应力和切应力。如应力圆上 D_1 点坐标 (σ_x,τ_x) 对应着单元体 x 面上的应力值，应力圆上 D_2 点坐标 (σ_y,τ_y) 对应着单元体 y 面上的应力值。

(2) 二倍角转向相同

应力圆上 D_1 点的半径 CD_1 逆时针转过 $180°$，到达 CD_2 的位置，而单元体上 x 面的法线只要转过 $90°$ 就能到达 y 面法线的位置。可见，应力圆上对应点处半径转过的角度是其单元体对应面上法线转过角度的 2 倍，且转向相同。

4. 应力圆的应用

(1) 求解单元体任意斜截面上的应力

欲求如图 13.11a)所示单元体任意 α 截面上的应力 σ_α、τ_α，按应力圆的绘制方法绘出应力圆后，只要将应力圆的半径 CD_1 按 α 的方向转动 2α 角，得到半径 CD_α，则圆周上的 D_α 点的横、纵坐标的值就是 α 截面的正应力 σ_α 和切应力 τ_α，由图可量得

$$\sigma_\alpha = OB_\alpha, \quad \tau_\alpha = B_\alpha D_\alpha$$

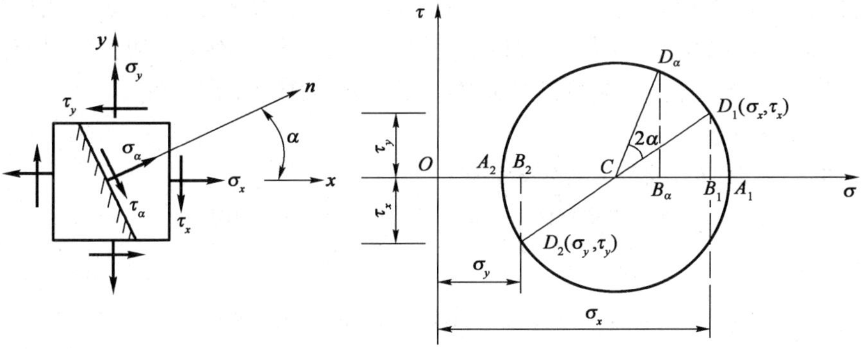

图 13.11

(2)求解单元体的主平面和主应力

根据主平面和主应力的定义,在绘制出的应力圆上,应力圆与 σ 轴的交点 A_1、A_2 即为主平面所在位置,如图13.12所示。

由图可量得主应力数值为

$$\sigma_{\max} = OA_1, \sigma_{\min} = OA_2$$

由图13.12b)中的几何关系可以证明计算主应力大小的计算公式:

$$\sigma_{\max} = OA_1 = OC + CA_1 = \frac{\sigma_x + \sigma_y}{2} + \sqrt{\left(\frac{\sigma_x - \sigma_y}{2}\right)^2 + \tau_x^2}$$

$$\sigma_{\min} = OA_2 = OC - CA_2 = \frac{\sigma_x + \sigma_y}{2} - \sqrt{\left(\frac{\sigma_x - \sigma_y}{2}\right)^2 + \tau_x^2}$$

(3)由图可量得主平面的方位角 $2\alpha_0$ 和 $2\alpha_0'$ 与单元体的对应关系,如图13.12a)所示,需要注意的是,在应力圆上最大主应力所在位置,是从表示 x 截面的 D_1 点顺时针转过 $2\alpha_0$。则在单元体上,最大主应力应从 x 截面顺时针转过 α_0。

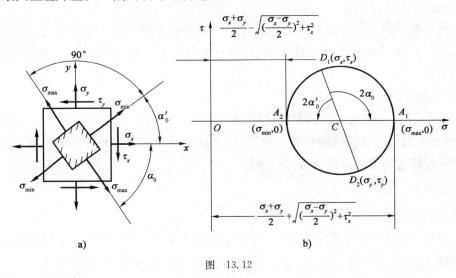

图 13.12

【例13.1】 从受力构件内某点处取出的单元体的应力状态如图13.13a)所示,求该点处 $\alpha = 30°$ 斜截面上的应力。

【解题分析】 求单元体任意斜截面上的应力,可以用解析法直接套用式(13.1)和式(13.2)求解;也可以准确绘制应力圆,按照应力圆与单元体任意斜截面应力的对应法则求解。无论用哪一种方法,都要注意正确判断单元体上正应力、切应力的正负号。

解 (1)解析法求解

由单元体图,根据应力的符号规定,可知

$$\sigma_x = -100 \text{MPa}, \tau_x = -20 \text{MPa}, \sigma_y = -40 \text{MPa}$$

代入式(13.1)得

$$\sigma_{30°} = \frac{\sigma_x + \sigma_y}{2} + \frac{\sigma_x - \sigma_y}{2} \cos(2 \times 30°) - \tau_x \sin(2 \times 30°)$$

$$= \frac{-100 + (-40)}{2} + \frac{-100 - (-40)}{2} \cos 60° - (-20) \sin 60°$$

$$= -67.68 \text{MPa}$$

代入式(13.2)得

$$\tau_{30°} = \frac{\sigma_x - \sigma_y}{2}\sin(2\times 30°) + \tau_x \cos(2\times 30°)$$

$$= \frac{-100-(-40)}{2}\sin 60° + (-20)\cos 60°$$

$$= -35.98\text{MPa}$$

求得应力表示在单元体上,如图13.13a)所示。

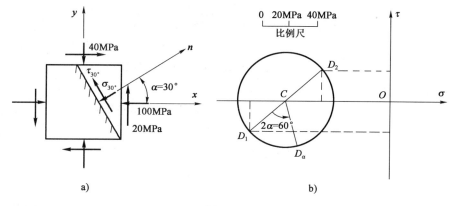

图 13.13

(2)图解法求解

应用应力圆求解,按绘制应力圆的步骤,建立坐标系,选取适当的比例尺,绘制单元体相应的应力圆如图13.13b)所示。自半径CD_1按α转向(逆时针)转过$2\alpha=60°$角度到达D_α点,按同一比例尺量得D_α点的横坐标和纵坐标分别为

$$\sigma_{30°} = -67\text{MPa}$$

$$\tau_{30°} = -36\text{MPa}$$

【例13.2】 已知受力构件内危险点处单元体的应力状态如图13.14a)所示。1)求主应力和主平面,并在单元体上表示出来。2)用应力圆校核计算结果。

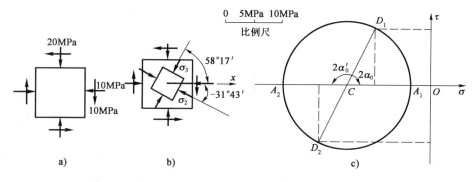

图 13.14

【解题分析】 可以用解析法直接套用式13.4求解单元体的主应力,再根据式13.3求出主平面的方位角,也可以正确绘制应力圆,按照应力圆与单元体的对应法则直接量取。

【解】 (1)求主应力

由单元体图,根据应力的符号规定,有

$$\sigma_x = -10\text{MPa}, \sigma_y = -20\text{MPa}, \tau_x = 10\text{MPa}$$

由式(13.4)得

$$\sigma_{\min}^{\max} = \frac{\sigma_x + \sigma_y}{2} \pm \sqrt{\left(\frac{\sigma_x - \sigma_y}{2}\right)^2 + \tau_x^2}$$

$$= \frac{-10 + (-20)}{2} \pm \sqrt{\left(\frac{-10 - (-20)}{2}\right)^2 + 10^2}$$

$$= -3.82\text{MPa} = -26.18\text{MPa}$$

三个主应力按代数值排序为

$$\sigma_1 = 0, \sigma_2 = -3.82\text{MPa}, \sigma_3 = -26.18\text{MPa}$$

用式(13.5)检验

$$\sigma_{\max} + \sigma_{\min} = -3.82 + (-26.18) = -30\text{MPa}$$

$$\sigma_x + \sigma_y = -10 + (-20) = -30\text{MPa}$$

所以 $\sigma_{\max} + \sigma_{\min} = \sigma_x + \sigma_y$,计算结果正确。

(2)求主平面

由式(13.3)得

$$\tan 2\alpha_0 = -\frac{2\tau_a}{\sigma_x - \sigma_y} = -2$$

故

$$2\alpha_0 = -63°26', \alpha_0 = -31°43'$$

$$\alpha_0' = \alpha_0 + 90° = -31°43' + 90° = 58°17'$$

第三对主平面平行于纸面。

主平面、主应力及其两者之间的对应关系如图13.14b)所示。

(3)用应力圆校核计算结果

建立直角坐标系 $o\sigma\tau$,确定 $D_1(-10,10)$ 和 $D_2(-20,10)$ 两点,连接 D_1 和 D_2 交 σ 轴于 C 点,以 C 点为圆心,CD_1 为半径绘出应力圆,如图13.14c)所示。

应力圆上 A_1 和 A_2 两点横坐标即为两个主应力的数值,从图13.14中量取

$$\sigma_{\max} = -3.8\text{MPa}, \sigma_{\min} = -26.1\text{MPa}$$

于是三个应力为

$$\sigma_1 = 0, \sigma_2 = -3.8\text{MPa}, \sigma_3 = -26.1\text{MPa}$$

再量取 $\angle D_1CA_1$ 和 $\angle D_1CA_2$,得到主平面的方位角为

$$\alpha_0 = -32°, \alpha_0' = 58°$$

【例13.3】 如图13.15a)、b)所示悬臂梁,梁长 $l=2\text{m}$,$q=100\text{kN/m}$,梁由45a号工字钢制成。求危险截面上 a 点处的主应力。

【解题分析】 首先确定危险截面,求解悬臂梁在外荷载作用下的最大弯矩,其所在截面即为危险截面。然后求解此截面 a 点处的正应力和切应力,建立单元体,根据单元体主应力计算公式求解 a 点处的主应力。

【解】 (1)确定危险截面处的正应力和切应力

梁固定端 A 截面右侧截面为危险截面,其上有最大弯矩和最大剪力为

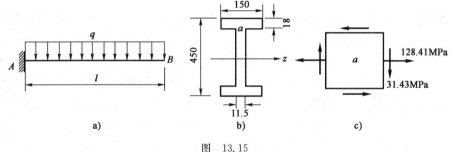

图 13.15

$$M_{max} = \frac{1}{2}ql^2 = \frac{1}{2} \times 100 \times 2^2 = 200 \text{kN} \cdot \text{m}$$
$$F_{s\,max} = ql = 100 \times 2 = 200 \text{kN}$$

查型钢规格表得
$$I_z = 32240 \text{cm}^4 = 322.4 \times 10^6 \text{mm}^4$$

由图 13.15b)计算 a 点以下面积对 z 轴的静矩为
$$S_z^* = 150 \times 18 \times \left(\frac{450}{2} - \frac{18}{2}\right) = 583.2 \times 10^3 \text{mm}^3$$

危险截面上 a 点处的正应力和切应力分别为
$$\sigma_x = \frac{My}{I_z} = \frac{200 \times 10^6 \times \left(\frac{450}{2} - 18\right)}{322.4 \times 10^6} = 128.41 \text{MPa}$$

$$\tau_x = \frac{F_s S_z^*}{I_z d} = \frac{200 \times 10^3 \times 583.2 \times 10^3}{322.4 \times 10^6 \times 11.5} = 31.43 \text{MPa}$$

(2)求主应力为
$$\sigma_{min}^{max} = \frac{\sigma_x + \sigma_y}{2} \pm \sqrt{\left(\frac{\sigma_x - \sigma_y}{2}\right)^2 + \tau_x^2}$$
$$= \frac{128.41 + 0}{2} \pm \sqrt{\left(\frac{128.41 - 0}{2}\right)^2 + 31.43^2}$$
$$= 135.69 \text{MPa}$$
$$= -7.28 \text{MPa}$$

故 a 点处的主应力为
$$\sigma_1 = 135.69 \text{MPa}, \sigma_2 = 0, \sigma_3 = -7.28 \text{MPa}$$

第三节 空间应力状态分析简介

空间应力状态单元体的各侧面上,通常既有正应力又有剪应力。可以证明,空间应力状态单元体也存在**主应力状态**,单元体的各侧面上剪应力等于零,三个正应力均为主应力,即 $\sigma_1 \geqslant \sigma_2 \geqslant \sigma_3$(见图 13.16)。空间应力状态又称**三向应力状态**;若三个主应力中有一个为零时,则称为平面应力状态(或称二向应力状态);若只有一个主应力不为零时,则称为单向应力状态。空间应力状态和平面应力状态统称为复杂应力状态。空间应力状态分析较之平面应力状态要复杂得多,本节只简单介绍当一点处的三个主应力 σ_1、σ_2、σ_3 为已知时,求该点处的最大正应力和最大切应力。

对于如图 13.16 所示主应力状态的单元体,首先分析分别与三个主平面垂直的各截面上的应力。如垂直于 σ_3 所在平面的各截面如图 13.17a)所示,其截面上的应力仅与 σ_1 和 σ_2 有关,而与 σ_3 无关,可简化为只受 σ_1 和 σ_2 作用的平面应力状态,其应力圆为图 13.17d)中以 C_1 为圆心的圆(为了简单,各应力圆只画出一半),此圆各点坐标表示垂直于 σ_3 所在平面各面上的应力,其切应力极值为 $\tau_{12}=(\sigma_1-\sigma_2)/2$。同理,垂直于 σ_1 所在平面的各截面如图 13.17b)所示,由图 13.17d)中以 C_2 为圆心的应力圆上的各点坐标表示,其切应力极值为 $\tau_{23}=(\sigma_2-\sigma_3)/2$。而垂直于 σ_2 所在平面的各截面如图 13.17c)所示,由图 13.17d)中以 C_3 为圆心的应力圆上的各点坐标表示,其剪应力极值为 $\tau_{13}=(\sigma_1-\sigma_3)/2$。

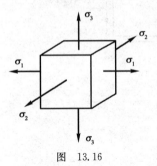

图 13.16

可以证明,单元体任一斜截面上的应力如图 13.17e)所示,与图 13.17d)中三个应力圆所夹的阴影面积(包括未画出的另一半应力圆)中某点 K 的坐标相对应。

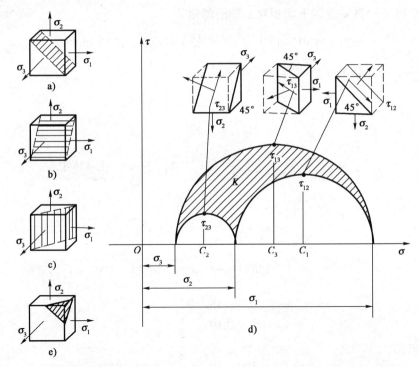

图 13.17

综上所述,对于一个空间应力状态的单元体,可以作出三个应力圆,如图 13.17d)所示,这三个应力圆称为**三向应力圆**,其中由 σ_1 和 σ_3 绘出的应力圆称为应力主圆。由三向应力圆可见,单元体中的最大正应力为 σ_1,最小正应力为 σ_3,即

$$\sigma_{\max} = \sigma_1, \sigma_{\min} = \sigma_3 \tag{13.6}$$

最大剪应力为

$$\tau_{\max} = \tau_{13} = \frac{\sigma_1 - \sigma_3}{2} \tag{13.7}$$

最大剪应力的作用平面与 σ_1 和 σ_3 的作用平面均成 45°角。而切应力的极值 $\tau_{13}=(\sigma_1-\sigma_3)/2$，只是由 σ_1 和 σ_3 构成的平面应力状态中的最大切应力。可见，一点处的最大正应力和最大剪应力均由该点处的应力主圆决定。

第四节　梁的主应力迹线、广义胡克定律

一　梁的主应力迹线

1. 梁内的主应力

设如图 13.18a)所示矩形截面梁 m-m 截面上的剪力 $F_S>0$，弯矩 $M>0$，可以求出 m-m 截面上五个点的正应力和剪应力，这五个点的单元体图示如图 13.18b)所示。其中 1、5 两点在梁的上下边缘处，单元体上只有正应力，而无切应力，该正应力即为主应力。3 点在中性轴上，其单元体上只有剪应力而无正应力，是平面应力状态中的纯剪切应力状态。而 2、4 两点处的单元体上既有正应力又有切应力，属一般的平面应力状态。可用解析法（或图解法）求出它们的主应力与主平面。m-m 截面五个点处主应力状态的单元体图如图 13.18c)所示。对于 2~4 这一类的点，由于忽略梁各层纤维间的挤压力，即 $\sigma_y=0$，由式(13.4)可得这些点的主应力为

$$\begin{cases}\sigma_1=\dfrac{\sigma}{2}+\dfrac{1}{2}\sqrt{\sigma^2+4\tau^2}\\ \sigma_3=\dfrac{\sigma}{2}-\dfrac{1}{2}\sqrt{\sigma^2+4\tau^2}\end{cases} \tag{13.8}$$

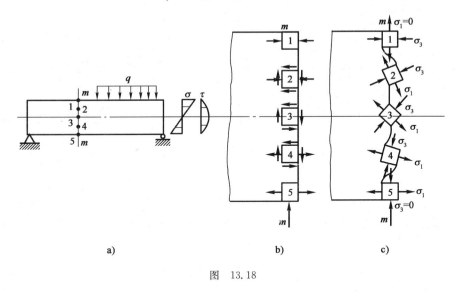

图　13.18

式中第二项的绝对值必大于第一项，即两个主应力中必有一个是主拉应力，另一个是主压应力，两者的方向互相垂直。

2. 主应力迹线的概念

纵观全梁，各点处均有由正交的主拉应力和主压应力构成的主应力状态，在全梁内形成主应力场。为了能直观地表示梁内各点主应力的方向，可以用两组互为正交的曲线描述主应力

场。其中一组曲线上每一点的切线方向是该点处主拉应力方向；而另一组曲线上每一点的切线方向是该点处主压应力方向。这两组曲线称为**主应力迹线**，前者为**主拉应力迹线**，后者为**主压应力迹线**。受均布荷载作用的简支梁的主应力迹线如图 13.19a)所示。实线为主拉应力迹线，虚线为主压应力迹线。

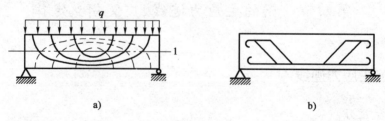

图 13.19

梁的主应力迹线在工程设计中是非常有用的，例如在钢筋混凝土梁的设计中，可以根据主拉应力的方向判断可能产生裂缝的方向，从而合理地布置钢筋。矩形截面钢筋混凝土梁中主要受力钢筋的布置如图 13.19b)所示。

二、广义胡克定律

在前面的学习中，已经得到了单向应力状态下的应力与应变的关系，即胡克定律：

$$\sigma = E\varepsilon \quad 或 \quad \varepsilon = \frac{\sigma}{E}$$

现在来研究复杂应力状态下的应力与应变关系。为了方便起见，取单元体三对面都是主拉应力的三向应力状态来研究，如图 13.20a)所示。

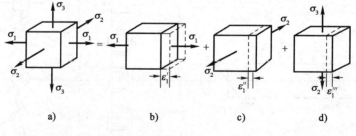

图 13.20

各向同性材料在弹性范围内发生小变形的条件下，在三个主应力作用下产生的同一方向的线应变可以应用叠加原理进行计算，如图 13.20 所示。在 σ_1 单独作用下，单元体沿 σ_1 方向的线应变为

$$\varepsilon_1' = \frac{\sigma_1}{E}$$

在 σ_2 和 σ_3 单独作用下，单元体沿 σ_1 方向的线应变分别为 ε_1'' 和 ε_1''' 来表示，且

$$\varepsilon_1'' = -\mu\frac{\sigma_2}{E}, \varepsilon_1''' = -\mu\frac{\sigma_3}{E}$$

因此，在三个主应力共同作用下，单元体沿 σ_1 方向的线应变，按叠加原理有

$$\varepsilon_1 = \varepsilon_1' + \varepsilon_1'' + \varepsilon_1''' = \frac{\sigma_1}{E} - \mu\frac{\sigma_2}{E} - \mu\frac{\sigma_3}{E} = \frac{1}{E}[\sigma_1 - \mu(\sigma_2 + \sigma_3)]$$

同理可求出沿 σ_2 和 σ_3 方向的线应变 ε_2 和 ε_3。最后得到应力与应变之间的如下关系：

$$\varepsilon_1 = \frac{1}{E}[\sigma_1 - \mu(\sigma_2 + \sigma_3)]$$

$$\varepsilon_2 = \frac{1}{E}[\sigma_2 - \mu(\sigma_1 + \sigma_3)] \quad (13.9)$$

$$\varepsilon_3 = \frac{1}{E}[\sigma_3 - \mu(\sigma_2 + \sigma_1)]$$

上式即为表示主应力和主应变之间关系的**广义胡克定律**。

注意：式中的 σ_1、σ_2、σ_3 均以代数值计算，求出的线应变 ε_1、ε_2、ε_3 也为代数值，若为正值则表示为拉应变，反之为压应变。线应变 ε_1、ε_2、ε_3 分别与主应力 σ_1、σ_2、σ_3 的方向一致，称为一点处的三个主应变。

因为 $\sigma_1 \geqslant \sigma_2 \geqslant \sigma_3$，所以三个主应变按照代数值大小排列有 $\varepsilon_1 \geqslant \varepsilon_2 \geqslant \varepsilon_3$。与主应力相似，**在受力构件内一点处的三个主应变中，ε_1、ε_3 分别为该点处沿各个方向线应变中的最大值和最小值**，即

$$\varepsilon_{\max} = \varepsilon_1, \varepsilon_{\min} = \varepsilon_3 \quad (13.10)$$

在一般情况下，从受力构件内一点处取出的单元体，其各个面既有正应力又有切应力。可以证明，对于各向同性材料在弹性范围内发生小变形的条件下，一点处的线应变仅与该点处的正应力有关，而切应变仅与切应力有关。因此，式(13.9)可以写成

$$\varepsilon_x = \frac{1}{E}[\sigma_x - \mu(\sigma_y + \sigma_z)]$$

$$\varepsilon_y = \frac{1}{E}[\sigma_y - \mu(\sigma_x + \sigma_z)] \quad (13.11)$$

$$\varepsilon_z = \frac{1}{E}[\sigma_z - \mu(\sigma_x + \sigma_y)]$$

上式称为正应力和线应变之间关系的**广义胡克定律**。

【**例 13.4**】 如图 13.21 所示，计算地压时，设地层由石灰石组成，其泊松比 $\mu = 0.2$，容重 $\gamma = 25\text{kN/m}^3$，试计算距离地面 400m 深处的地压应力。

【**解题分析**】 在地层深处土体中取出单元体，单元体处于三向压缩状态，可以利用压力计算公式计算出单元体上下表面的正应力，另外由于土体在横向上受到地层岩石圈的包围，所以在横向上不能发生膨胀，即无侧向线应变。

【**解**】 单元体的受力状态如图 13.21 所示。
$$\sigma_3 = -\gamma h = -25 \times 10^3 \times 400$$
$$= -10 \times 10^6 \text{Pa} = -10\text{MPa}$$
因为单元体侧向线应变为零，即
$$\varepsilon_1 = \varepsilon_2 = 0$$

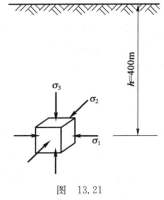

图 13.21

代入式(13.9)得
$$\varepsilon_1 = \frac{1}{E}[\sigma_1 - \mu(\sigma_2 + \sigma_3)] = 0$$
$$\varepsilon_2 = \frac{1}{E}[\sigma_2 - \mu(\sigma_1 + \sigma_3)] = 0$$

即
$$\sigma_1 - 0.2(\sigma_2 - 10) = 0$$
$$\sigma_2 - 0.2(\sigma_1 - 10) = 0$$

解得
$$\sigma_1 = \sigma_2 = -2.5\text{MPa}$$

所以该处三个方向的压应力分别为
$$\sigma_1 = \sigma_2 = -2.5\text{MPa}, \sigma_3 = -10\text{MPa}$$

第五节 强度理论及其简单应用

一 强度理论的概念

1. 问题的提出

强度计算要依据强度条件才能进行,当杆件受力比较简单时,例如轴向拉压或扭转,杆件的危险点处于单向应力状态或纯剪切应力状态,我们已经建立了强度条件。但是,对于受力比较复杂的构件,其危险点处往往同时存在正应力和切应力,处于复杂应力状态。实践表明,将两种应力分开来建立强度条件是错误的。这是因为材料的破坏是由这两种应力共同作用的结果,不能将它们的影响分开来考虑。但若仿照以前直接通过试验测定材料的极限应力来建立强度条件,是根本不可能的。因此,必须建立复杂应力状态下构件的强度条件。

2. 强度理论

在长期的生产实践中,人们不断地观察材料的破坏现象,研究影响材料破坏的因素,根据积累的资料和经验,假定某一因素或几个因素是材料破坏的主要原因,提出了一些关于材料破坏的假说,那些被实践证明在一定范围内成立的假说通常称为**强度理论**。

通过大量的观察和研究,人们发现,尽管材料的破坏现象比较复杂,但材料的破坏形式是有规律的,大体可分为两种类型:一种是**脆性断裂破坏**,例如,铸铁试件在拉伸(或扭转)时,未产生明显的塑性变形,就沿横截面(或 45°螺旋面)断裂。另一种是**塑性屈服破坏**,例如,低碳钢试件在拉伸(或扭转)时当应力达到屈服极限后,会产生明显的塑性变形而失去正常的工作能力。强度理论认为,不论材料处于何种应力状态,只要材料的破坏类型相同,材料的破坏就是由同一因素引起的。这样就可以将复杂应力状态与单向应力状态联系起来,利用轴向拉伸的试验结果,建立复杂应力状态下的强度条件。

3. 强度理论的分类

相应于材料破坏的两种类型,强度理论也分为两类,第一类是关于脆性断裂破坏的强度理论,常用的有**最大拉应力理论**和**最大拉应变理论**;第二类是关于塑性屈服破坏的强度理论,常用的有**最大切应力理论**和**形状改变比能理论**。这四个基本的强度理论按提出的先后次序,又分别称为**第一至第四强度理论**。

二 四个基本的强度理论

1. 第一强度理论——最大拉应力理论(1638年由伽利略提出)

这个理论认为:**引起材料发生脆性断裂破坏的主要因素是最大拉应力**。无论材料处于何种应力状态,只要构件内危险点处的最大拉应力达到材料在单向拉伸时发生脆性断裂的极限应力值,材料就会发生脆性断裂。破坏条件为

$$\sigma_1 = \sigma_b$$

将极限应力 σ_b 除以安全因数,得到许用应力 $[\sigma]$。因此,按这个理论建立的强度条件为

$$\sigma_1 \leqslant [\sigma] \tag{13.12}$$

这一理论只适用于砖、石、铸铁等脆性材料。该理论能很好地解释铸铁材料在拉伸、扭转或在二向、三向应力状态下所产生的破坏现象。但是,这个理论没有考虑其他两个主应力的影响,而且对于单向压缩、三向压缩等没有拉应力的应力状态,也无法应用。

2. 第二强度理论——最大拉应变理论(1682年由马略特提出)

这个理论认为:**引起材料发生脆性断裂破坏的主要因素是最大拉应变**。无论材料处于何种应力状态,只要构件内危险点处的最大拉应变 ε_1 达到材料在单向拉伸时发生脆性断裂的极限线应变,材料就会发生脆性断裂。破坏条件为

$$\varepsilon_1 = \varepsilon_b$$

设材料在破坏前服从胡克定律,则有 $\varepsilon_b = \sigma_b / E$,最大拉应变 ε_1 可以由广义胡克定律求得,故上式可写为

$$\frac{1}{E}[\sigma_1 - \mu(\sigma_2 + \sigma_3)] = \frac{\sigma_b}{E}$$

或

$$\sigma_1 - \mu(\sigma_2 + \sigma_3) = \sigma_b$$

考虑安全因数后,可得根据这一理论建立的强度条件,即

$$\sigma_1 - \mu(\sigma_2 + \sigma_3) \leqslant [\sigma] \tag{13.13}$$

尽管这一理论既考虑到主应力 σ_1,也考虑到另外两个主应力 σ_2 和 σ_3 对脆性材料破坏的影响,但该理论与许多实验结果不相吻合,因此目前已很少被采用。

3. 第三强度理论——最大切应力理论(1773年由库仑提出,1868年由特雷斯卡完善)

这个理论认为:**引起材料发生塑性屈服破坏的主要因素是最大切应力**。无论材料处于何种应力状态,只要构件内危险点处的最大切应力达到材料在单向拉伸时发生塑性屈服的极限切应力 τ_s,材料就会发生塑性屈服破坏。破坏条件为

$$\tau_{\max} = \tau_s$$

由单向拉伸试验可知,当横截面上的正应力达到 σ_s 时,与构件轴线成 $45°$ 的斜截面上的切应力达到极限值 $\tau_{\max} = \sigma_s / 2$。另外,在复杂应力状态下,一点处的最大切应力为

$$\tau_{\max} = \frac{1}{2}(\sigma_1 - \sigma_3)$$

因此,破坏条件为

$$\sigma_1 - \sigma_3 = \sigma_s$$

考虑安全因数后,可得根据这一理论建立的强度条件

$$\sigma_1 - \sigma_3 \leqslant [\sigma] \qquad (13.14)$$

该理论已被许多塑性材料的塑性屈服破坏的实验所证实,并且稍偏于安全。加之提供的算式较简单,因而得到广泛应用。

4. 第四强度理论——形状改变比能理论(1904 年由胡贝尔提出)

构件在外力作用下发生变形的同时,其内部也积储了能量,称为**变形能**。例如用手拧紧钟表的发条,发条在变形的同时积聚了能量,带动指针转动。构件单位体积内存储的变形能称为**比能**。比能可分为两部分,即**体积改变比能和形状改变比能**。

形状改变比能理论认为:**引起材料发生塑性屈服破坏的主要因素是形状改变比能**。无论材料处于何种应力状态,只要构件内危险点处的形状改变比能达到材料在单向拉伸时发生塑性屈服的极限形状改变比能,该点处的材料就会发生塑性屈服破坏。

可以证明,根据这一理论建立的强度条件为

$$\sqrt{\frac{1}{2}\left[(\sigma_1-\sigma_2)^2+(\sigma_2-\sigma_3)^2+(\sigma_3-\sigma_1)^2\right]} \leqslant [\sigma] \qquad (13.15)$$

该理论与许多塑性材料的塑性屈服实验结果相符。由于它考虑了三个主应力对屈服破坏的综合影响,所以比第三强度理论更接近实验结果,更为经济。

按照上述四个强度理论所建立的强度条件可统一写成如下的形式:

$$\sigma_r \leqslant [\sigma] \qquad (13.16)$$

式中:$[\sigma]$——材料的许用应力;

σ_r——主应力的某种组合。

这样,复杂应力状态下构件的强度条件与单向拉伸时杆件的强度条件在形式上完全相同,σ_r 在安全程度上与单向拉伸时的拉应力相当,故称之为相当应力。则四个强度理论的相当应力分别为

$$\begin{cases} \sigma_{r1} = \sigma_1 \\ \sigma_{r2} = \sigma_1 - \mu(\sigma_2 + \sigma_3) \\ \sigma_{r3} = \sigma_1 - \sigma_3 \\ \sigma_{r4} = \sqrt{\frac{1}{2}\left[(\sigma_1-\sigma_2)^2+(\sigma_2-\sigma_3)^2+(\sigma_3-\sigma_1)^2\right]} \end{cases} \qquad (13.17)$$

对于钢梁,若按最大切应力理论建立强度条件,则相当应力为

$$\sigma_{r3} = \sigma_1 - \sigma_3 = \sqrt{\sigma^2 + 4\tau^2} \qquad (13.18)$$

若按形状改变比能理论建立强度条件,则相当应力为

$$\sigma_{r4} = \sqrt{\frac{1}{2}\left[(\sigma_1-\sigma_2)^2+(\sigma_2-\sigma_3)^2+(\sigma_1-\sigma_3)^2\right]} = \sqrt{\sigma^2 + 3\tau^2} \qquad (13.19)$$

三 莫尔强度理论

莫尔强度理论是在最大切应力理论基础上发展起来的一个理论。该理论认为:**材料沿某一截面发生的剪切滑移破坏,主要是由于构件内某一个截面上的切应力达到了一定的限度,但还与该截面上的正应力有关**。因为剪切的结果必然会使材料沿剪切面发生相对滑动,而相对滑动的表面之间会产生摩擦力。此摩擦力的大小则取决于该面上的正应力。当

该截面上的正应力为压应力时,压应力越大则材料越不容易沿该截面滑动(破坏);反之,当该截面上的正应力为拉应力时,拉应力越大材料越容易沿该截面发生滑动(破坏)。因此,材料的破坏并不一定沿最大切应力作用面发生,而是沿切应力与正应力达到某种最不利组合的截面发生。

与前面所讨论的各种强度理论相比,莫尔强度理论并不是简单地假设材料的破坏是由某个因素达到了其极限值而引起的,而是以各种应力状态下材料的破坏实验结果为依据,建立起来的具有一定经验性的强度理论。它是从莫尔应力圆出发提出的一种判断材料破坏强度的图解方法。

1. 极限应力圆和强度极限曲线

由应力状态的知识可知,当受力构件内某一点处的三个主应力 σ_1、σ_2、σ_3 已知时,可绘出该点处的三向应力圆,其中由 σ_1、σ_3 绘制出的主应力圆控制了一点处的主应力和切应力的变化范围,且最大、最小主应力和最大切应力都在这个圆上。

材料破坏时的主应力圆称为**极限应力圆**。若把某一材料做成一组试样,在不同的主应力比值($\sigma_1:\sigma_2:\sigma_3$)下进行破坏实验,每一个试样可得一个极限应力圆。把每一个试样极限应力圆都画在同一坐标系中,这样就能得到圆心同在 σ 坐标轴上的一组极限应力圆。这些极限应力圆具有一条公共的包络线如图 13.22 所示,称为材料的**强度极限曲线**。莫尔强度理论认为,当构件内危险点处的主应力圆与其材料的强度极限曲线相切时,该点处的材料就会发生破坏;如果主应力圆在强度极限曲线内部,则该点处的材料不会破坏。为安全起见,考虑安全周数,将强度极限曲线向 σ 轴平移若干倍,得到强度许用曲线,如图 13.22 中虚线所示。若构件内危险点的主应力圆不超过强度许用曲线的范围,则构件的强度是足够的。

2. 强度条件

由上可知,在用莫尔强度理论判断构件是否安全之前,必须先确定构件材料的强度极限曲线。确定强度极限曲线需要做一系列的实验,这是一件繁重的工作。而且莫尔强度理论不像前面介绍的四个强度理论那样有简洁的强度条件表达式。因此,工程中常采用简化的方法来确定强度极限曲线,即只做单向拉伸和单向压缩实验,以所得到的两个极限应力圆的公切线作为强度极限曲线,如图 13.23 所示。莫尔强度理论经过上述简化后,可以得出它的强度条件表达式。

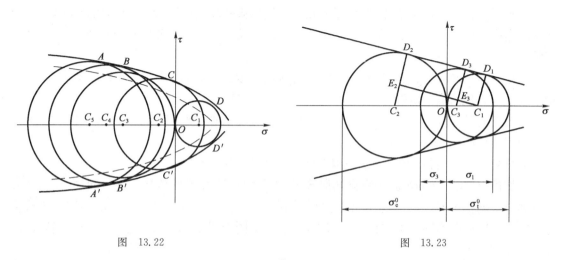

图 13.22　　　　　图 13.23

莫尔强度理论的强度条件为

$$\sigma_1 - \frac{[\sigma_t]}{[\sigma_c]}\sigma_3 \leqslant [\sigma_t] \tag{13.20}$$

式中：$[\sigma_t]$——材料的许用拉应力；

$[\sigma_c]$——材料的许用压应力（以绝对值计算）。

莫尔强度理论的相当应力为

$$\sigma_{rM} = \sigma_1 - \frac{[\sigma_t]}{[\sigma_c]}\sigma_3 \tag{13.21}$$

对于一般塑性材料，其$[\sigma_t]=[\sigma_c]$，上式即为

$$\sigma_1 - \sigma_3 \leqslant [\sigma]$$

这就是最大切应力强度理论。莫尔强度理论不但适用塑性材料，而且也适用于脆性材料，特别适用于抗拉压性能不同的低塑性材料，广泛用于土力学、岩石力学的强度计算。

四 强度理论的选用原则

前面介绍的几个强度理论都是对某种确定的破坏形式（断裂或屈服）才是适用的。在实际工程问题中，究竟选择哪一个强度理论较为合适，是一个比较复杂的问题，这里仅作简单介绍。

就一般情况而言，对于脆性材料，如混凝土、石料、铸铁等，通常发生脆性断裂破坏；对于塑性材料，如碳钢、铜、铝等，通常发生塑性屈服破坏。但应力状态对材料的破坏形式有很大影响。例如，低碳钢在单向拉伸时会发生明显的屈服现象，而用低碳钢制成的丝杆承受拉伸时，其螺纹根部由于应力集中处于三向拉伸的应力状态，而发生脆性断裂破坏，且断口平齐与铸铁拉伸试件的断口相仿。又如，淬火钢球压在铸铁板上时，铸铁板上会出现明显的塑性凹坑，这是因为接触点附近的铸铁材料处于三向压缩的应力状态，尽管铸铁是脆性材料，但在该种情况下也会发生塑性变形。

由以上分析，可得到如下选择强度理论的一般性原则：

1) 对于混凝土、石料、铸铁等脆性材料，通常发生脆性断裂破坏拉应力理论、最大拉应变理论或莫尔强度理论。

2) 对于碳钢、铜、铝等塑性材料，通常发生塑性屈服破坏，宜采用最大切应力理论或形状改变比能理论。最大切应力理论的算式简单，计算结果偏于安全；形状改变比能理论更符合实际。

3) 在三向拉伸应力状态下，不论是脆性材料还是塑性材料，通常发生脆性断裂破坏，宜采用最大拉应力理论或莫尔强度理论。

4) 在三向压缩应力状态下，不论塑性材料还是脆性材料，通常发生塑性屈服破坏，宜采用最大切应力理论或形状改变比能理论。

5) 目前土力学、岩石力学、地质力学大都采用莫尔强度理论。

应该指出，在不同的情况下究竟如何选用强度理论，这并不单纯是个力学问题，而与有关工程部门长期积累的经验，以及根据这些经验制定的一整套计算方法和规定的许用应力数值都有关系。所以在不同的工程技术部门中，对于在不同情况下如何选用强度理论的问题看法上并不完全一致。

五 强度理论应用举例

【例 13.5】 已知铸铁构件内危险点处的应力状态如图 13.24 所示。若铸铁的许用拉应力 $[\sigma_t]=30\text{MPa}$,试校核其强度。

【解题分析】 铸铁为脆性材料,在平面双向拉伸应力状态下,宜采用最大拉应力理论进行强度校核。强度理论的相当应力均以主应力表示,因此应先求出单元体的主应力。

【解】 (1) 求单元体的主应力

由单元体图知:$\sigma_x=21\text{MPa}, \sigma_y=8\text{MPa}, \tau_x=-11\text{MPa}$

$$\sigma_{\min}^{\max} = \frac{\sigma_x+\sigma_y}{2} \pm \sqrt{\left(\frac{\sigma_x-\sigma_y}{2}\right)^2+\tau_x^2}$$

$$= \frac{21+8}{2} \pm \sqrt{\left(\frac{21-8}{2}\right)^2+(-11)^2}$$

$$= \begin{array}{c} 27.28\text{MPa} \\ 1.72\text{MPa} \end{array}$$

所以单元体的主应力为 $\sigma_1=27.28\text{MPa}, \sigma_2=1.72\text{MPa}, \sigma_3=0$

(2) 强度校核

根据强度理论的选用原则,宜采用最大拉应力理论,即

$$\sigma_{r1} = \sigma_1 = 27.28\text{MPa} < [\sigma_t] = 30\text{MPa}$$

所以构件满足强度要求。

【例 13.6】 钢制构件,其危险点处的应力状态如图 13.25a) 所示,已知正应力 $\sigma=120\text{MPa}$,切应力 $\tau=40\text{MPa}$,材料的许用应力 $[\sigma]=160\text{MPa}$。试分别用第三、第四强度理论校核其强度。

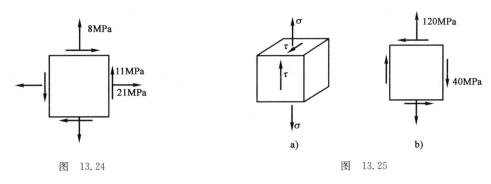

图 13.24　　　　　　　　　图 13.25

【解题分析】 在已知的单元体图中,左右平面无应力,故单元体可简化为平面应力状态,按平面应力状态求解,又由于在平面应力状态中,$\sigma_x=0$,故可按式(13.8)计算。

【解】 (1) 单元体的主应力

单元体受力可简化为如图 13.25b) 所示。利用式(13.8)可得

$$\sigma_3^1 = \frac{\sigma}{2} \pm \frac{1}{2}\sqrt{\sigma^2+4\tau^2} = \frac{120}{2} \pm \frac{1}{2}\sqrt{120^2+4\times 40^2} = \begin{array}{c} 132.11\text{MPa} \\ -12.11\text{MPa} \end{array}$$

$$\sigma_2 = 0$$

(2) 用第三强度理论校核

第三强度理论的相当应力为

$$\sigma_{r3} = \sigma_1 - \sigma_3 = 132.11 - (-12.11) = 144.22 \text{MPa} < [\sigma] = 160\text{MPa}$$

所以第三强度理论满足。

(3) 用第四强度理论校核

第四强度理论的相当应力为

$$\sigma_{r4} = \sqrt{\frac{1}{2}[(\sigma_1 - \sigma_2)^2 + (\sigma_2 - \sigma_3)^2 + (\sigma_1 - \sigma_3)^2]}$$

$$= \sqrt{\frac{1}{2}[(132.11 - 0)^2 + (0 + 12.11)^2 + (132.11 + 12.11)^2]}$$

$$= 138.56\text{MPa} < [\sigma] = 160\text{MPa}$$

所以第四强度理论也满足。

【例 13.7】 焊接工字形截面钢梁如图 13.26a)、c) 所示。已知梁的许用应力 $[\sigma] = 170\text{MPa}$,$[\tau] = 100\text{MPa}$,截面的惯性矩 $I_z = 88 \times 10^6 \text{mm}^4$,试对梁进行全面的强度校核。

【解题分析】 所谓全面的强度校核,是指正应力强度校核、切应力强度校核、主应力强度校核三个方面的强度计算。本例的工字钢截面梁为自行焊接而成,对翼缘与腹板交接处的危险点必须校核其主应力强度。欲进行强度校核,需先确定梁的危险截面和危险点,并计算相应的截面几何参数。

【解】 (1) 确定危险截面、危险点

绘制梁的剪力图和弯矩图,如图 13.26b) 所示。由图可见

$F_{Smax} = 200\text{kN}$,发生在 C 左、D 右截面上

$M_{max} = 80\text{kN} \cdot \text{m}$,发生在 CD 段截面上

所以,C、D 两截面为危险截面。

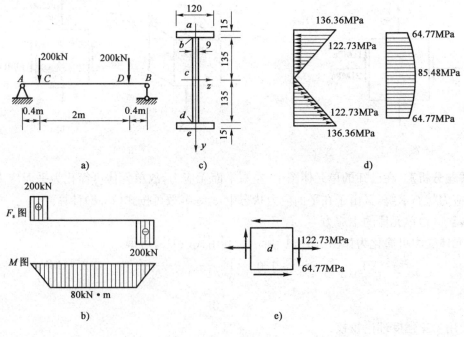

图 13.26

绘制危险截面上正应力和切应力的分布图,如图 13.26d)所示。由图可见:

正应力危险点——C、D 两截面的上下边缘处,如图 13.26c)所示的 a 点、e 点。

切应力危险点——C、D 两截面的中性轴处,如图 13.26c)所示的 c 点。

主应力危险点——C、D 两截面的腹板与上下翼缘交接处,如图 13.26c)所示的 b 点、d 点。

(2)校核正应力强度和切应力强度

① 截面的几何参数

$$S_{zc}^* = \sum A_i y_{ci} = 120 \times 15 \times \left(135 + \frac{15}{2}\right) + 135 \times 9 \times \frac{135}{2}$$

$$= 338.5 \times 10^3 \text{mm}^3$$

$$S_{zd}^* = \sum A_i y_{ci} = 120 \times 15 \times \left(135 + \frac{15}{2}\right)$$

$$= 256.5 \times 10^3 \text{mm}^3$$

② 校核梁的正应力强度和切应力强度

危险截面的最大正应力为

$$\sigma_{\max} = \sigma_e = \frac{M_{\max} y_e}{I_z} = \frac{80 \times 10^6 \times (135 + 15)}{88 \times 10^6}$$

$$= 136.36 \text{MPa} < [\sigma] = 170 \text{MPa}$$

所以梁的正应力强度足够。

危险截面的最大切应力为

$$\tau_{\max} = \tau_c = \frac{F_{s\max} S_{zc}^*}{I_z d} = \frac{200 \times 10^3 \times 338.5 \times 10^3}{88 \times 10^6 \times 9}$$

$$= 85.48 \text{MPa} < [\tau] = 100 \text{MPa}$$

所以梁的切应力强度足够。

③ 校核主应力强度

危险截面上腹板与翼板交界点 d 处的正应力和切应力分别为

$$\sigma_d = \frac{M_{\max} y_d}{I_z} = \frac{80 \times 10^6 \times 135}{88 \times 10^6} = 122.73 \text{MPa}$$

$$\tau_d = \frac{F_{s\max} S_{zd}^*}{I_z d} = \frac{200 \times 10^3 \times 256.5 \times 10^3}{88 \times 10^6 \times 9} = 64.77 \text{MPa}$$

在 d 点取出的单元体如图 13.26e)所示,利用式(13.18)和式(13.19)得

$$\sigma_{r3} = \sqrt{\sigma^2 + 4\tau^2} = \sqrt{122.73^2 + 4 \times 64.77^2} = 178.45 \text{MPa} > [\sigma] = 170 \text{MPa}$$

$$\sigma_{r4} = \sqrt{\sigma^2 + 3\tau^2} = \sqrt{122.73^2 + 3 \times 64.77^2} = 166.28 \text{MPa} < [\sigma] = 170 \text{MPa}$$

可见,交界点 d 处不满足第三强度理论的要求,而满足第四强度理论的要求。印证了前面所述第三强度理论偏于保守,而第四强度理论更加经济。

需要说明的是,本例的工字钢截面梁为自行焊接而成,对翼缘与腹板交接处的危险点必须校核其主应力强度。而对于符合国家标准的型钢,由于其腹板与翼缘交界处不仅有圆弧,而且翼缘内侧还有1∶6的斜度,因而增加了交界处的截面宽度,保证了在截面上、下边缘处的正应力和中性轴处的切应力都不超过许用应力的情况下,腹板与翼缘交界处附近各点一般不会发生强度不够的问题。所以标准型钢一般不必进行翼缘与腹板交界处的主应力强度校核。

◀ 小　　结 ▶

本章主要介绍了受力构件内一点处应力状态的概念,应力状态的分析、广义胡克定律和四个基本的强度理论以及莫尔强度理论。着重研究平面应力状态分析,给出主平面、主应力和最大切应力的计算公式及危险点处于复杂应力状态时构件的强度计算问题。其中应力状态的概念、平面应力状态的分析(解析法和图解法)、广义胡克定律和强度理论是本章的重点知识。具体内容概括如下:

1. 应力状态的概念

(1)受力构件内一点处各个不同方位截面上应力的大小和方向情况,称为一点处的应力状态。为了研究受力构件内一点处的应力状态,可围绕该点取出一个微小的正六面体,称为单元体,并分析单元体六个面上的应力。

(2)当围绕一点所取单元体的方位不同时,单元体各个面上的应力也不同。但总可以找到三对互相垂直的平面,在这些面上只有正应力而没有切应力,这些切应力为零的平面称为**主平面**,其上的正应力称为**主应力**。围绕一点按三个主平面取出的单元体称为**主应力单元体**。

2. 平面应力状态的分析

(1)解析法

求解 α 斜截面上的应力、主平面方位及主应力大小的计算公式如下:

$$\sigma_\alpha = \frac{\sigma_x + \sigma_y}{2} + \frac{\sigma_x - \sigma_y}{2}\cos 2\alpha - \tau_x \sin 2\alpha$$

$$\tau_\alpha = \frac{\sigma_x - \sigma_y}{2}\sin 2\alpha + \tau_x \cos 2\alpha$$

$$\tan 2\alpha_0 = -\frac{2\tau_x}{\sigma_x - \sigma_y}$$

$$\sigma_{\min}^{\max} = \frac{\sigma_x + \sigma_y}{2} \pm \sqrt{\left(\frac{\sigma_x - \sigma_y}{2}\right)^2 + \tau_x^2}$$

式中各量均为代数量,注意 σ_x、σ_y、τ_x 及 α 的正负号规定。主应力按代数值大小排序,即 $\sigma_1 > \sigma_2 > \sigma_3$。

(2)图解法(应力圆法)

①应力圆的绘制方法和步骤。

②单元体与相应应力圆之间的对应关系。

掌握图解法的关键,是正确理解单元体与相应应力圆之间的对应关系。应力圆上任一点的横、纵坐标,分别代表单元体相应截面上的正应力和切应力。应力圆上一个点,是单元体上的一个面。应力圆直径上的两个点,是单元体上相互垂直的两个面。也即是,点面对应,夹角2倍,转向相同。

3. 广义胡克定律

(1)表示主应力和主应变之间关系的广义胡克定律

$$\varepsilon_1 = \frac{1}{E}[\sigma_1 - \mu(\sigma_2 + \sigma_3)]$$

$$\varepsilon_2 = \frac{1}{E}[\sigma_2 - \mu(\sigma_1 + \sigma_3)]$$

$$\varepsilon_3 = \frac{1}{E}[\sigma_3 - \mu(\sigma_2 + \sigma_1)]$$

(2)表示正应力和线应变之间关系的广义胡克定律

$$\varepsilon_x = \frac{1}{E}[\sigma_x - \mu(\sigma_y + \sigma_z)]$$

$$\varepsilon_y = \frac{1}{E}[\sigma_y - \mu(\sigma_x + \sigma_z)]$$

$$\varepsilon_z = \frac{1}{E}[\sigma_z - \mu(\sigma_x + \sigma_y)]$$

4. 强度理论

(1)四个基本的强度理论

①最大拉应力理论:引起材料发生脆性断裂破坏的主要因素是最大拉应力。
②最大拉应变理论:引起材料发生脆性断裂破坏的主要因素是最大拉应变。
③最大切应力理论:引起材料发生塑性屈服破坏的主要因素是最大切应力。
④形状改变比能理论:引起材料发生塑性屈服破坏的主要因素是形状改变比能。

(2)强度理论的相当应力

$$\begin{cases} \sigma_{r1} = \sigma_1 \\ \sigma_{r2} = \sigma_1 - \mu(\sigma_2 + \sigma_3) \\ \sigma_{r3} = \sigma_1 - \sigma_3 \\ \sigma_{r4} = \sqrt{\frac{1}{2}[(\sigma_1-\sigma_2)^2 + (\sigma_2-\sigma_3)^2 + (\sigma_3-\sigma_1)^2]} \end{cases}$$

对于钢梁,由于 $\sigma_y = 0$,则

$$\sigma_{r3} = \sqrt{\sigma^2 + 4\tau^2}$$

$$\sigma_{r4} = \sqrt{\sigma^2 + 3\tau^2}$$

(3)莫尔强度理论

强度条件为

$$\sigma_1 - \frac{[\sigma_t]}{[\sigma_c]}\sigma_3 \leqslant [\sigma_t]$$

相当应力为

$$\sigma_{rM} = \sigma_1 - \frac{[\sigma_t]}{[\sigma_c]}\sigma_3$$

思考题

1. 何谓受力构件内一点处的应力状态？研究它有何意义？
2. 应力状态是如何分类的？
3. 何谓主平面和主应力？三个主应力排列顺序有何规定？
4. 如何绘制应力圆？应力圆与单元体有何种对应关系？应力圆有哪些用途？
5. 何谓梁的主应力迹线？它有何特点？它有什么用途？
6. 如何理解在平面应力状态时，$\sigma_3=0$，但 $\varepsilon_3\neq 0$？
7. 何谓强度理论？为什么要提出强度理论？
8. 材料破坏的形式有哪些？试举例说明。
9. 四个基本的强度理论和莫尔强度理论的内容是什么？它们各自的适用范围如何？
10. 什么是相当应力？其含义是什么？
11. 试用第二强度理论解释混凝土立方体试块压缩破坏的特征。
12. 将沸水倒入厚玻璃杯中，玻璃杯内外壁的受力情况如何？若因此而发生破裂，试问破裂是从内壁开始还是从外壁开始？为什么？
13. 试分析单向压缩混凝土圆柱与在钢管内灌注混凝土并凝固后，在其上端施加均匀压力的钢管混凝土圆柱，哪种情况下的强度大？为什么？

习题

13-1 矩形截面梁某截面上的弯矩 $M=10\text{kN}\cdot\text{m}$，剪力 $F_s=120\text{kN}$，截面尺寸如图 13.27 所示。则：1)试绘制出截面上 1~4 各点应力状态的单元体图；2)求解 1~4 各点处的主应力。

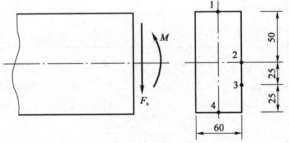

图 13.27

13-2 已知单元体的应力状态如图 13.28 所示，试用解析法或应力圆法求解指定斜截面上的应力值，并标在单元体上。（单位：MPa）

13-3 已知单元体的应力状态如图 13.29 所示，试用解析法或应力圆法求：1)主应力大小和主平面方位角 α_0；2)在单元格图上绘出主平面位置及主应力方向（图中应力单位：MPa）。

13-4 已知简支梁如图 13.30 所示，跨长 1m，跨中点 C 处受大小为 150kN 的集中力作用。梁由 20b 工字钢制成，求危险截面上腹板与上翼缘交界点处的主应力及其方向。

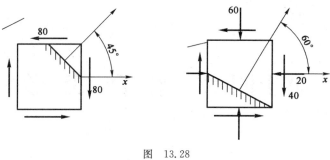

图 13.28

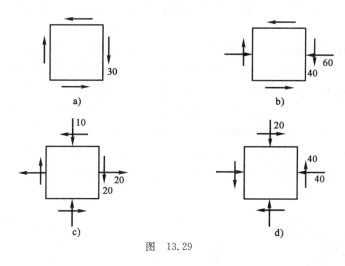

图 13.29

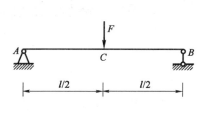
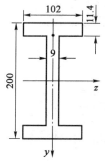

图 13.30

13-5 试按第四强度理论对如图 13.31 所示焊接工字形截面钢梁进行全面强度校核，已知 $F=550\text{kN}, q=40\text{kN}, a=1\text{m}, l=8\text{m}$，材料的许用应力$[\sigma]=160\text{MPa}$。

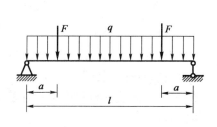
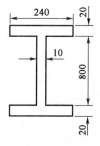

图 13.31

第十四章 组 合 变 形

第一节 组合变形的概念及其分析方法

前面讨论了杆件在荷载作用下产生的四种基本变形：轴向拉伸(压缩)、剪切、扭转和平面弯曲。但在实际工程中许多杆件受荷载作用后，往往同时产生两种或两种以上的基本变形，这种情况称为**组合变形**。例如如图 14.1a)所示屋架上的檩条，在横向力 q 作用下，分别在 y、z 两个垂直方向产生平面弯曲变形，称为斜弯曲；如图 14.1b)所示挡土墙，除因自重引起的压缩变形外，还由于土壤水平压力的作用而引起弯曲变形，因而挡土墙产生压缩与弯曲的组合变形；如图 14.1c)所示厂房排架柱，在不沿柱轴线的纵向力 F_1、F_2 作用下，产生偏心压缩；如图 14.1d)所示平台梁在扶梯梁荷载作用下，产生弯曲与扭转的组合变形。

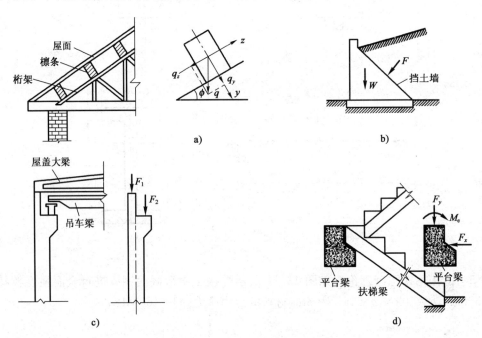

图 14.1

对于小变形且材料符合胡克定律的组合变形杆件，虽然同时产生几种基本变形，但每一种基本变形都各自独立，互不影响，因此可以应用叠加原理。其强度和刚度计算的步骤如下：

1)将杆件承受的荷载进行分解或简化，使每一种荷载各自只产生一种基本变形。
2)分别计算每一种基本变形下的应力和变形。
3)利用叠加原理，将每一种基本变形下的应力进行叠加，计算杆件危险点处的应力，即可进行强度计算；将每一种基本变形下的变形进行叠加，计算杆件的最大变形，即可进行刚度计算。

本章着重研究工程中常见的拉伸(压缩)与弯曲、斜弯曲、偏心压缩(拉伸)以及弯曲与扭转组合变形的应力和强度计算。

第二节　拉伸(压缩)与弯曲的组合变形

如果杆件除了在通过其轴线的纵向平面内受到横向外力的作用外,还受到轴向外力的作用,则杆件将发生拉伸(压缩)与弯曲的组合变形。

现以受横向力 F_1 和轴向力 F_2 作用的矩形截面悬臂梁为例,如图 14.2a)、b)所示,说明杆件在轴向拉伸(压缩)与弯曲组合变形时的强度计算问题,并通过对这种简单组合变形的研究,给出解决组合变形问题的一般思路和方法。

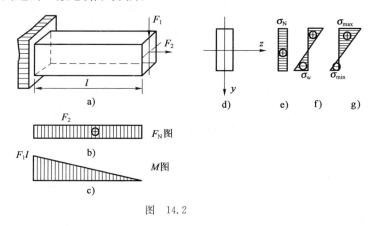

图 14.2

1. 内力分析

拉伸(压缩)与弯曲的组合变形杆件,其内力一般存在轴力 F_N、弯矩 M 和剪力 F_s,通常情况下,剪力对强度的影响较小,可以忽略不计,只需绘制出杆件的 F_N 图和 M 图,如图 14.2b)、c)所示。

2. 应力分析

轴力 F_N 引起的正应力在横截面上均匀分布,如图 14.2e)所示,其值为

$$\sigma_N = \frac{F_N}{A}$$

式中:A——横截面面积。

F_N、σ_N 均以拉为正、压为负。

弯矩 M 引起的正应力在横截面上呈线性分布,如图 14.2f)所示,其值为

$$\sigma_W = \pm \frac{M}{I_z} y$$

式中的 M、y 均以绝对值代入,正应力 σ_W 的符号可通过观察变形判断;以拉应力为正,压应力为负。

横截面上距中性轴为 y 处的总正应力为两项应力的叠加,其值为

$$\sigma = \sigma_N + \sigma_W = \pm \frac{F_N}{A} \pm \frac{M}{I_z} y$$

横截面上的最大(最小)正应力为

$$\sigma_{\min}^{\max} = \pm \frac{F_N}{A} \pm \frac{M}{W_z} \tag{14.1}$$

若设 $\sigma_{Wmax} > \sigma_N$,则横截面上的正应力分布如图 14.2g)所示。

3. 强度条件

梁的最大正应力和最小正应力将发生在最大弯矩所在截面(即危险截面)上距中性轴最远的边缘各点处。因为这些点均处于单向应力状态,所以拉伸(压缩)与弯曲组合变形杆件的强度条件可表示为

$$\sigma_{\max} = \left| \pm \frac{F_N}{A} \pm \frac{M_{\max}}{W_z} \right|_{\max} \leqslant [\sigma] \tag{14.2}$$

若材料的抗拉、抗压强度不同,则需分别对抗拉、抗压强度进行计算。

应当指出的是,上述计算中假定杆的弯曲刚度较大,引起的挠度 w 较小,因而由轴力 F_N 乘以挠度 w 所得附加弯矩 $F_N w$ 的影响可不加考虑。如杆的弯曲刚度较小,则必须考虑附加弯矩。

【例 14.1】 一台简易起重机如图 14.3a)所示,横梁 AB 长 $l=3m$,用 20b 号工字钢制成,电动滑车可沿 AB 移动,滑车与重物共重 $W=50kN$,拉杆 BC 与梁轴线成 30°角。梁 AB 的许用应力 $[\sigma]=170MPa$。当滑车移动到梁 AB 的中点时,试校核梁的强度。

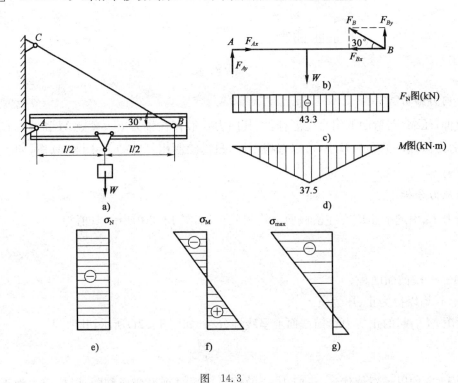

图 14.3

【解题分析】 校核 AB 梁的强度,首先应对梁进行受力分析。确定梁的受力使其产生哪些基本变形,确定每一种变形的危险截面和危险点。然后根据每种基本变形在截面上的应力分布规律,用叠加法计算梁的最大应力,即可进行强度计算。

【解】 (1)外力分析

分析梁 AB 的受力,如图 14.3b)所示。列出平衡方程

$$\sum M_A = 0 \quad (F_B \sin 30°)l - W\frac{l}{2} = 0$$

得
$$F_B = 50 \text{kN}$$

$$\sum x = 0 \quad F_{Ax} - F_B \cos 30° = 0$$

得
$$F_{Ax} = 43.30 \text{kN}$$

可见梁 AB 在外力 W 作用下发生轴向压缩和弯曲的组合变形。

(2) 内力计算

绘制出梁的轴力图和弯矩图,如图 14.3c)、d)所示。由图可知,危险截面为梁的跨中 D 截面,其上的轴力和弯矩分别为

$$F_N = 43.30 \text{kN}$$

$$M_{max} = \frac{Wl}{4} = \frac{50 \times 3}{4} = 37.50 \text{kN·m}$$

(3) 校核梁的强度

危险截面上压缩产生的应力为整个截面受压,弯曲产生的应力为截面中性轴以下受拉、以上受压,分布情况分别如图 14.3e)、f)所示。叠加后梁的最大正应力为压应力,发生在危险截面的上边缘各点处,如图 14.3g)所示。

由型钢规格表查得 20b 号工字钢的横截面面积 $A = 39.5 \times 10^2 \text{mm}^2$,弯曲截面系数 $W_z = 250 \times 10^3 \text{mm}^3$,代入式(14.1)得

$$\sigma_{max} = \left| -\frac{F_N}{A} - \frac{M_{max}}{W_z} \right|$$

$$= \left| -\frac{43.3 \times 10^3}{39.5 \times 10^2} - \frac{37.5 \times 10^6}{250 \times 10^3} \right|$$

$$= |-10.96 - 150.00|$$

$$= 160.96 \text{MPa} < [\sigma] = 170 \text{MPa}$$

所以该横梁强度足够。

【例 14.2】 在上例中,横梁 AB 采用工字钢,若其他条件不变,试选择工字钢的型号。

【解题分析】 式(14.1)中包含 A 和 W 两个未知量。从上例看出,由弯曲引起的正应力远比由压缩引起的正应力大,故在设计截面时,可先按弯曲正应力强度条件选择工字钢型号,然后再同时考虑由弯曲和轴向压缩(或拉伸)引起的正应力,校核最大正应力是否满足强度条件,若不能满足强度条件,再另行选择。

【解】 (1) 按弯曲正应力强度条件设计截面

由弯曲正应力强度条件得

$$W_z \geq \frac{M_{max}}{[\sigma]} = \frac{37.5 \times 10^6}{170} = 220.58 \times 10^3 \text{mm}^3 = 220.58 \text{cm}^3$$

查型钢规格表,取 20a 号工字钢,其弯曲截面系数 $W_z = 237 \times 10^3 \text{mm}^3$,横截面面积 $A = 35.5 \times 10^2 \text{mm}^2$。

(2) 校核强度

梁的最大正应力为

$$\sigma_{max} = \left| -\frac{F_N}{A} - \frac{M_{max}}{W_z} \right|$$

$$= \left| -\frac{43.3 \times 10^3}{35.5 \times 10^2} - \frac{37.5 \times 10^6}{237 \times 10^3} \right|$$

$$= |-12.27 - 158.23|$$

$$= 170.50 \text{MPa} > [\sigma] = 170 \text{MPa}$$

由于单向应力状态的强度条件偏于安全,工程中当 $\frac{\sigma_{max} - [\sigma]}{[\sigma]} \times 100\% < 5\%$ 时,可以认为强度满足要求。本例中:

$$\frac{\sigma_{max} - [\sigma]}{[\sigma]} \times 100\% = \frac{170.50 - 170}{170} \times 100\% = 0.29\% < 5\%$$

故可选用20a号工字钢也能满足强度要求。

【例 14.3】 某一桥墩如图 14.4a)所示,已知上部结构传递给桥墩的轴向压力 $F_1 = 1900\text{kN}$,墩身自重 $F_2 = 350\text{kN}$,基础自重 $F_3 = 1450\text{kN}$,车辆的水平制动力 $F_4 = 300\text{kN}$。试绘制出基础底部截面上的正应力分布图。

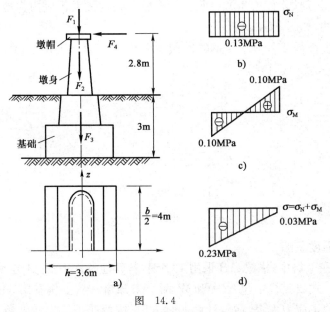

图 14.4

【解题分析】 绘制基础底部截面上的正应力分布图,需对基础底部的受力进行分析。基础底面的受力为 F_1、F_2、F_3 作用的压力和 F_4 作用的弯曲组合。先分别考虑每种荷载单独作用下基础底部截面上的正应力分布图,再应用叠加原理,即可绘制出压、弯组合作用下基础底部截面上的正应力分布图。

【解】 (1)内力分析

基础底部截面上的轴力和弯矩为

$$F_N = -(F_1 + F_2 + F_3) = -(1900 + 350 + 1450) = -3700\text{kN}$$

$$M_z = F_4(2.8\text{m} + 3\text{m}) = 300 \times 5.8 = 1740\text{kN} \cdot \text{m}$$

(2)应力分析

由轴力 F_N 在基础截面引起的正应力为压应力,分布规律如图 14.4b)所示。其值为

$$\sigma_N = \frac{F_N}{A} = \frac{3700 \times 10^3}{3.6 \times 10^3 \times 8 \times 10^3} = -0.13 \text{MPa}$$

由弯矩 M_z 在基础左边缘引起的正应力为压应力,在基础右边缘引起的正应力为拉应力,分布规律如图 14.4c)所示,其值为

$$\sigma_W = \mp \frac{M_z}{W_z} = \mp \frac{1740 \times 10^6 \times 6}{3.6^2 \times 10^6 \times 8 \times 10^3} = \mp 0.10 \text{MPa}$$

应用叠加原理,可得在基础左、右边缘处的应力分别为

$$\sigma = \sigma_N + \sigma_W = \frac{F_N}{A} \mp \frac{M_z}{W_z} = -0.13 \mp 0.10 = \begin{matrix} -0.23\text{MPa} \\ -0.03\text{MPa} \end{matrix}$$

所以基础截面上正应力的分布规律如图 14.4d)所示。

第三节 斜 弯 曲

一 斜弯曲梁的应力和强度计算

在第六章讨论了梁的平面弯曲,例如如图 14.5a)所示的矩形截面梁,外力 F 的作用线与截面的纵向对称轴重合,梁弯曲后挠曲线位于外力 F 所在的纵向对称平面内,这类弯曲称为平面弯曲。本节研究的斜弯曲与平面弯曲不同,例如如图 14.5b)所示同样的矩形截面梁,外力 F 虽然也通过截面的形心,但作用线不与截面的对称轴重合,此时,梁弯曲后挠曲线不再位于外力 F 所在的纵向平面内,这类弯曲称为**斜弯曲**。本节主要研究斜弯曲时的应力和强度计算。

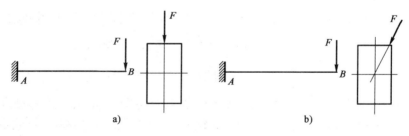

图 14.5

现以矩形截面悬臂梁为例,分析斜弯曲时的应力和强度问题。如图 14.6a)所示,梁的自由端处作用一个垂直于梁轴线并通过截面形心的集中力 F,F 与对称轴 y 的夹角为 φ。

由于力 F 不在纵向对称面内,梁将产生斜弯曲变形。为了便于计算,将倾角为 φ 的力 F 向截面的形心主惯性轴 y、z 轴分解,分解后的两个力均在梁的对称平面内,如图 14.6a)所示。F_y 将使梁在 oxy 纵向对称面内发生平面弯曲,z 轴为中性轴;F_z 将使梁在 oxz 纵向对称面内发生平面弯曲,y 轴为中性轴。而每一个平面弯曲都是一种基本变形。这样通过荷载的分解,将斜弯曲分解成了两个互相垂直的平面弯曲。运用第七章所学知识,分别计算两个平面弯曲时横截面上的应力,利用叠加原理即可得到斜弯曲时相应横截面上的应力。

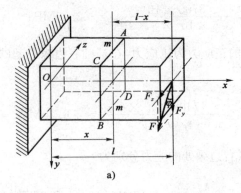

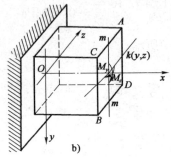 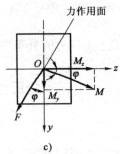

图 14.6

1. 内力分析

首先将荷载 F 沿截面的两个对称轴 y、z 分解为两个分量，即

$$F_y = F\cos\varphi, F_z = F\sin\varphi$$

平面弯曲时，梁的横截面上存在着剪力和弯矩两种内力，由于剪力的影响很小，可以忽略不计，只讨论弯矩的作用。

F_y 和 F_z 在距固定端为 x 处横截面 m-m 上引起的弯矩如图 14.6b)所示，分别为

$$M_z = F_y(l-x) = F(l-x)\cos\varphi = M\cos\varphi$$

$$M_y = F_z(l-x) = F(l-x)\sin\varphi = M\sin\varphi$$

式中：M——力 F 引起的 m-m 截面上的总弯矩，其与分弯矩 M_z、M_y 的关系也可以用矢量表示，如图 14.6c)所示。图中 M_z、M_y 的矢量方向，由右手螺旋法则确定。

2. 应力分析

现在来求如图 14.6b)所示横截面 m-m 上任一点 $K(y,z)$ 处的应力。

利用弯曲正应力公式，求得由 M_z 和 M_y 和引起的 K 点处的正应力分别为

$$\sigma' = \pm \frac{M_z}{I_z} \cdot y, \sigma'' = \pm \frac{M_y}{I_y} \cdot z$$

根据叠加原理，K 点处的正应力 σ 等于 σ' 与 σ'' 的代数和，即

$$\sigma = \sigma' + \sigma'' = \frac{M_z}{I_z} \cdot y + \frac{M_y}{I_y} \cdot z = M\left(\frac{y\cos\varphi}{I_z} + \frac{z\sin\varphi}{I_y}\right) \tag{14.3}$$

式中：M——截面上的总弯矩；

y——K点到z轴的距离；

z——K点到y轴的距离；

式中的M_z、M_y、y和z均以绝对值代入，求得σ'或σ''的正负，则根据梁的变形来判断，拉应力为正，压应力为负。例如如图14.7a)、b)所示，K点在z轴以上、y轴以右，由M_z引起的正应力σ'为正，由M_y引起的正应力σ''也为正。

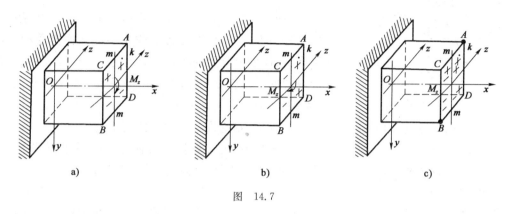

图 14.7

3.强度计算

为了进行强度计算，需要确定梁的危险截面和危险点。对于如图14.6a)所示的悬臂梁，固定端截面的弯矩值最大，为危险截面。由M_z产生的最大拉应力发生在该截面的AC边上，由M_y产生的最大拉应力发生在该截面的AD边上，由叠加原理可知，最大拉应力发生在AC边和AD边的交点A处。同理可以判断，最大压应力发生在BD边和BC边的交点B处。A、B两点就是危险点，如图14.7c)所示。

若梁的材料抗拉、抗压性能相同，则可建立斜弯曲梁的强度条件下，即

$$\sigma_{\max} = \pm \frac{M_{z\max}}{W_z} \pm \frac{M_{y\max}}{W_y} \leqslant [\sigma] \tag{14.4}$$

应当注意的是，如果材料的抗拉、抗压强度不同，则需分别对抗拉、抗压强度进行计算。

上述强度条件可以解决工程实际中的三类问题，强度校核、设计截面尺寸和确定许用荷载。但是在设计截面尺寸时，会出现弯矩截面系数W_z和W_y两个未知量。此时，可采用**试算法**：即先假设一个W_z/W_y的比值，然后由式14.4计算出W_z(或W_y)值，并进一步确定杆件所需的截面形状和尺寸，再按式(14.4)计算进行强度校核，这样逐次渐进得出最后的合理尺寸。对于矩形截面，因为$W_z/W_y=h/b$，所以在设计截面时，先假设一个h与b的比值(一般取1.2~2)，对于工字钢截面，从型钢表可知W_z/W_y的比值在5~15之间，可在此范围内假设一个比值(一般先取8~10)。

二 斜弯曲梁的挠度和刚度计算

斜弯曲梁的挠度也可看做是两个平面弯曲的挠度叠加。例如要计算如图14.6a)所示悬臂梁自由端的挠度，可先计算出在分荷载F_y和F_z作用下在自由端引起的挠度w_y和w_z

$$w_y = \frac{F_y l^3}{3EI_z} = \frac{F\cos\varphi l^3}{3EI_z}, w_z = \frac{F_z l^3}{3EI_y} = \frac{F\sin\varphi l^3}{3EI_y}$$

自由端的总挠度为上述两个分挠度的矢量和，如图 14.8 所示，其大小为

$$w = \sqrt{w_y^2 + w_z^2} \tag{14.5}$$

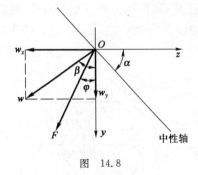

总挠度的方向可由 w 与 y 轴夹角的正切来表示，即

$$\tan\beta = \frac{w_z}{w_y} = \frac{\sin\varphi I_z}{\cos\varphi I_y} = \frac{I_z}{I_y}\tan\varphi \tag{14.6}$$

一般情况下，$I_y \neq I_z$，由式 14.6 知 $\beta \neq \varphi$，故总挠度方向与外力方向不一致，即**外力作用平面与挠度曲线平面不重合**，这正是斜弯曲的特点。只有当 $I_z = I_y$（截面为正方形或圆形）时，有 $\beta = \varphi$，外力作用平面与挠曲线平面重合，梁将发生平面弯曲。可见，对这类截面形状的梁来说，无论横向外力作用在通过形心的哪一个纵向平面内，都将发生平面弯曲而不发生斜弯曲。

图 14.8

求出斜弯曲梁的最大挠度后，其刚度条件和刚度计算就与以前相同，此处不再赘述。

以上讨论虽然是以如图 14.6a）所示悬臂梁为例，但其原理同样适用于其他支承形式的梁和荷载情况。

【例 14.4】 跨度为 $l=4$m 的简支梁，用 32a 号工字钢制成。作用在梁跨中点的集中力 $F=33$kN，其与横截面竖向对称轴 y 的夹角 $\varphi=15°$，如图 14.9a）、b）所示。已知钢梁的弹性模量 $E=2\times10^5$MPa，许用应力 $[\sigma]=170$MPa，梁的许用挠跨比 $[w/l]=1/200$，试校核此梁的强度和刚度。

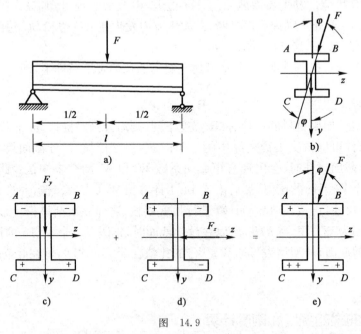

图 14.9

【解题分析】 求解组合变形问题的基本思路，是将组合变形分解为基本变形。本例由于力 F 不与 y 轴或 z 轴重合，梁将产生斜弯曲组合变形。将力 F 沿两个对称轴 y 和 z 分解，使其分解成为两个互相垂直的平面弯曲，分别求出两个分弯矩 M_y 和 M_z。然后利用叠加原理，即可求解斜弯曲问题。

【解】 (1)外力分析和内力分析

将力 F 沿两个对称轴 y 和 z 分解，可得

$$F_y = F\cos\varphi \qquad F_z = F\sin\varphi$$

由 F_y 引起的最大弯矩发生在梁的跨中截面，其值为

$$M_{z\max} = \frac{F_y l}{4} = \frac{F\cos\varphi \cdot l}{4} = \frac{33 \times \cos15° \times 4}{4} = 31.88 \text{kN} \cdot \text{m}$$

由 F_z 引起的最大弯矩发生在梁的跨中截面，其值为

$$M_{y\max} = \frac{F_z l}{4} = \frac{F\sin\varphi \cdot l}{4} = \frac{33 \times \sin15° \times 4}{4} = 8.55 \text{kN} \cdot \text{m}$$

(2)应力分析和强度校核

由图 14.9c)、d)可知，力 F 分解后，F_y 使截面产生绕 z 轴的弯曲，截面上侧受压，下侧受拉；F_z 使截面产生绕 y 轴的弯曲，截面左侧受拉，右侧受压。叠加后由图 14.9e)可知，工字钢截面上，角点 C 和 B 处是最大正应力所在的点。

因为钢的抗拉和抗压强度相同，所以只取其中 C 点进行强度校核。由型钢规格表查得，32a 号工字钢的弯曲截面系数为

$$W_z = 692.2 \times 10^3 \text{mm}^3, W_y = 70.758 \times 10^3 \text{mm}^3$$

将上数据代入式(14.4)，得危险点 C 处的正应力为

$$\sigma_{\max} = \frac{M_{z\max}}{W_z} + \frac{M_{y\max}}{W_y}$$

$$= \frac{31.88 \times 10^6}{692.2 \times 10^3} + \frac{8.55 \times 10^6}{70.758 \times 10^3}$$

$$= 166.88 \text{MPa} < [\sigma] = 170 \text{MPa}$$

可见此梁满足强度要求。

(3)刚度校核

由型钢规格表查得，32a 号工字钢的惯性矩为

$$I_z = 11075.5 \times 10^4 \text{mm}^4, I_y = 459.93 \times 10^4 \text{mm}^4$$

由表 12.1 可知，梁跨中截面沿 y 轴正向的挠度为

$$w_{y\max} = \frac{F_y l^3}{48EI_z} = \frac{F\cos\varphi \cdot l^3}{48EI_z}$$

$$= \frac{33 \times 10^3 \times \cos15° \times (4 \times 10^3)^3}{48 \times 2 \times 10^5 \times 11075.5 \times 10^4}$$

$$= 1.92 \text{mm}$$

梁跨中截面沿 z 轴负向的挠度为

$$w_{z\max} = \frac{F_z l^3}{48EI_y} = \frac{F\sin\varphi l^3}{48EI_y}$$

$$= \frac{33 \times 10^3 \times \sin 15° \times (4 \times 10^3)^3}{48 \times 2 \times 10^5 \times 459.93 \times 10^4}$$

$$= 12.38 \text{mm}$$

由式(14.5)得梁的最大挠度为

$$w_{\max} = \sqrt{w_{y\max}^2 + w_{z\max}^2} = \sqrt{1.92^2 + 12.38^2} = 12.53 \text{mm}$$

因为

$$\frac{w_{\max}}{l} = \frac{12.53}{4 \times 10^3} = 0.00313 < \left[\frac{w}{l}\right] = \frac{1}{200} = 0.005$$

可见此梁也满足刚度要求。

讨论：在此例题中，若力 F 作用线与 y 轴重合，即 $\varphi=0$，此时梁的弯曲为平面弯曲。则梁的最大正应力为 $\sigma_{\max}=33\times 10^6\text{N}\cdot\text{mm}/692.2\times 10^3\text{mm}^3=47.67\text{MPa}$，仅为斜弯曲时最大正应力 $\sigma_{\max}=166.88\text{MPa}$ 的 28.6%；梁的最大挠度 $w_{\max}=w_{y\max}=33\times 10^3\text{N}\times 4^3\times 10^9/48\times 200\times 10^3 \times 11075.5\times 10^4 \text{mm}^4=1.986\text{mm}$，仅为斜弯曲时最大挠度的 15.9%。由此可知，对于工字钢截面梁，当外力偏离 y 轴一个很小的角度时，就会使最大正应力和最大挠度增加很多。其原因是由于工字钢截面的 I_y 远小于 I_z。**因此，对于截面的 I_y 与 I_z 相差很大的梁，应该使外力尽可能作用在梁的纵向对称面 xy 内，以防止因斜弯曲而产生过大的应力和变形。**

第四节　偏心压缩(拉伸)

在第二章中，我们讨论过轴向拉伸(压缩)。所谓的轴向拉伸(压缩)，是指外力的作用线与杆件轴线重合的情况，如图 14.10a)所示。而一般工业厂房的柱子，如图 14.10b)所示，其所受的总压力 $F = F_1 + F_2$ 的作用线与柱子的轴线平行，但并不重合。这种受力情况称为偏心压缩。偏心压力的作用点到截面形心的距离 e 称为**偏心距**。偏心压缩(拉伸)可以分解为轴向压缩(拉伸)和弯曲两种基本变形，所以也是一种组合变形。下面讨论这类问题的强度计算。

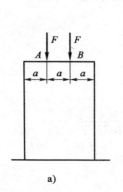
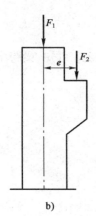

图　14.10

一 单向偏心压缩(拉伸)时的正应力计算

平行于杆件轴线的压(拉)力作用于截面的一个形心主轴(对称轴 y)上,称为单项偏心压缩(拉伸),如图 14.11a)所示。现以如图 14.11a)所示矩形截面柱为例讨论单项偏心压缩(拉伸)时的正应力计算。

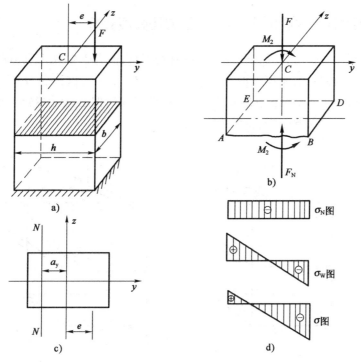

图 14.11

1. 荷载简化与内力分析

首先将偏心力 F 向截面的形心简化,得到一个与轴线重合的压力 F 和一个力偶矩 M_e,如图 14.11b)所示。此时,力 F 使柱产生轴向压缩,而力偶矩 M_e 使柱产生绕 z 轴的平面弯曲,从而可知,**单向偏心压缩就是轴向压缩与平面弯曲的组合**。由截面法可求得任意横截面上的内力为

$$F_N = F \qquad M_z = M_e = Fe$$

显然,各横截面上的内力相同。

2. 应力分析

由于柱子为等截面直杆,且各个横截面上的轴力 F_N 和弯矩 M_z 都是相同的,所以各个横截面上的应力也相同。因此,任意横截面上的任一点的正应力,可以看成是由轴力 F_N 引起的正应力 $\sigma_N = F_N/A$ 和由弯矩 M_z 引起的正应力 $\sigma_M = \pm M_z y/I_z$ 的叠加,其应力分布规律的叠加如图 14.9d)所示。其计算公式为

$$\sigma = \sigma_N + \sigma_M = \pm \frac{F_N}{A} \pm \frac{M_z y}{I_z} \tag{14.7}$$

式中各量均以绝对值代入,σ_N 与 σ_M 的正负号可根据变形确定,仍然是拉应力取正号,压应

力取负号。截面的最大正应力和最小正应力分别发生在截面的左、右两个边缘上,其计算公式为

$$\sigma_{\min}^{\max} = \pm \frac{F_N}{A} \pm \frac{M_z}{W_z} \tag{14.8}$$

二、双向偏心压缩(拉伸)时的正应力和强度计算

设矩形截面柱所受压力 F 的作用线与柱轴线平行,但 F 的作用点不在横截面的任一形心主轴上,距离 y 轴为 e_z,距离 z 轴为 e_y,如图 14.12a)所示。这种受力情况称为双向偏心压缩。下面以如图 14.12a)所示矩形截面柱为例,研究双向偏心压缩(拉伸)时的正应力计算。研究的方法步骤与单项偏心压缩时相同。

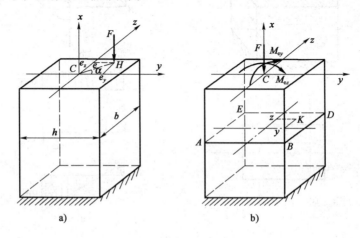

图 14.12

1. 荷载简化

将偏心压力 F 向截面的形心 C 简化,得到一个通过轴线的压力 F 和两个弯曲力偶矩 $M_{ey} = Fe_z$、$M_{ez} = Fe_y$,如图 14.12b)所示。可见,**双向偏心压缩实质上是轴向压缩和两个互相垂直的平面弯曲(即斜弯曲)的组合变形。**

2. 内力分析

由截面法可求得任意截面上的内力为

$$F_N = -F, \quad M_y = M_{ey} = Fe_z, \quad M_z = M_{ez} = Fe_y$$

3. 应力分析

由内力分析可知,柱子各截面上的内力相同,它又是等直杆,所以各截面上的应力也相同。由轴力 F_N、弯距 M_y 和 M_z 引起的截面上任一点的应力分别为

$$\sigma_N = \pm \frac{F_N}{A}, \quad \sigma_{My} = \pm \frac{M_y}{I_y}z, \quad \sigma_{Mz} = \pm \frac{M_z}{I_z}y$$

根据叠加原理,可得到柱任一横截面上任一点的正应力为

$$\sigma = \pm \frac{F_N}{A} \pm \frac{M_y}{I_y}z \pm \frac{M_z}{I_z}y \tag{14.9}$$

式中各量均以绝对值代入,正负号仍然是根据变形判定。各项应力在截面上的分布情况分别如图 14.13a)、b)、c)所示。

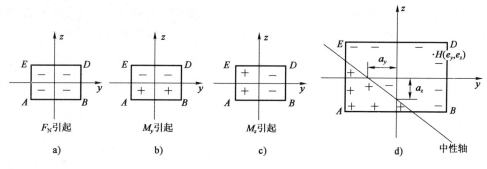

图 14.13

横截面上任一点 $H(y,z)$ 处的正应力为

$$\sigma = -\frac{F}{A} - \frac{Fe_z}{I_y}z - \frac{Fe_y}{I_z} = -\frac{F}{A}\left(1 + \frac{Ae_z z}{I_y} + \frac{Ae_y y}{I_z}\right)$$

引进惯性半径的定义

$$i_y = \sqrt{\frac{I_y}{A}},\ i_z = \sqrt{\frac{I_z}{A}}$$

则有

$$\sigma = -\frac{F}{A}\left(1 + \frac{e_z}{i_y^2}z + \frac{e_y}{i_z^2}y\right) \tag{14.10}$$

4. 中性轴的位置

为了进行强度计算,需求出横截面上的最大正应力,为此先来确定中性轴的位置。设中性轴上任一点的坐标为 y_0、z_0,利用式(14.10)得

令正应力 $\sigma = 0$

$$1 + \frac{e_z z_0}{i_y^2} + \frac{e_y y_0}{i_z^2} = 0 \tag{14.11}$$

中性轴有以下特点:

(1)由式(14.11)可知,中性轴是一直线方程,坐标 y_0、z_0 不可能同时为零,故中性轴为不通过横截面形心的直线,如图 14.13d)所示。

(2)将 $y_0 = 0$ 和 $z_0 = 0$ 分别代入式(14.11),可得到中性轴在坐标轴 y 和 z 上的截距为

$$\left.\begin{array}{l} a_y = -\dfrac{i_z^2}{e_y} \\ a_z = -\dfrac{i_y^2}{e_z} \end{array}\right\} \tag{14.12}$$

由上式可知,截距 a_y 和偏心距 e_y,截距 a_z 和偏心距 e_z 的正负号相反,说明中性轴与偏心压力 F 的作用点分别处于截面形心的相对两边,如图 14.13d)所示。**中性轴把截面分成拉应力和压应力两个区域。**

(3)由式(14.12)可以看出,e_y、e_z 越小,a_y、a_z 就越大,即偏心压力 F 的作用点越向截面形心靠近,中性轴就越离开截面形心。当中性轴与截面周边相切或在截面以外时,整个截面上只产生压应力而不出现拉应力。

5. 最大正应力

中性轴位置确定以后,距中性轴最远的点就是最大正应力所在的危险点。对矩形、工字形等截面,其最大正应力发生在截面的角点处,如图 14.13d)所示,最大拉应力发生在 A 点处,最大压应力发生在 D 点处。利用式(14.9),对于双向偏心压缩(拉伸)可得

$$\left.\begin{array}{l}\sigma_{\text{tmax}} = \mp \dfrac{F}{A} + \dfrac{M_y}{W_y} + \dfrac{M_z}{W_z} \\ \sigma_{\text{cmax}} = \mp \dfrac{F}{A} - \dfrac{M_y}{W_y} - \dfrac{M_z}{W_z}\end{array}\right\} \tag{14.13}$$

6. 强度计算

偏心受压杆的强度条件为

$$\sigma_{\max} = \left| -\dfrac{F}{A} - \dfrac{M_y}{W_y} - \dfrac{M_z}{W_z} \right| \leqslant [\sigma] \tag{14.14}$$

若材料的抗拉、抗压能力不同,则需分别对抗拉、抗压强度进行计算。

【**例 14.5**】 最大起吊重量 $F_1 = 80\text{kN}$ 的起重机,安装在混凝土基础上,如图 14.14 所示。起重机支架的轴线通过基础的中心,平衡锤重 $F_2 = 50\text{kN}$。起重机自重 $F_3 = 180\text{kN}$(不包含 F_1 和 F_2),偏心距 $e = 0.6\text{m}$,且 F_1、F_2、F_3 的作用线都通过基础底面的 y 轴。已知混凝土的容重 $\gamma = 22\text{kN/m}^3$,混凝土基础的高 $H = 2.4\text{m}$,基础截面的尺寸 $b = 3\text{m}$。

求:1)基础截面的尺寸 h 应为多少时才能使基础截面上不产生拉应力。

2)若地基的许用压应力 $[\sigma_c] = 0.2\text{MPa}$,用所选的 h 值,校核地基的强度。

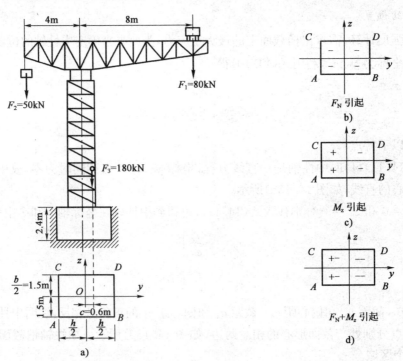

图 14.14

【**解题分析**】 首先分析外力,确定组合变形的性质。因为 F_1、F_2、F_3 的作用线都通过基础底面的 y 轴,而不通过基础的截面形心 O,故为单向偏心压缩。将各力向基础截面中心简

化,得到轴向压力 F_N 及对 z 轴的力矩 M_z。F_N 使基础底面全部受压,如图 14.14b)所示;M_z 使基础底面左侧受拉,右侧受压,最大拉应力发生在 AC 边上,如图 14.14c)所示;要使基础截面上不产生拉应力,就要求 M_z 作用产生的受拉侧的最大拉应力,在与轴向压力 F_N 产生的压应力叠加后的总应力要小于或等于零。

【解】 (1)求截面尺寸 h

基础底部截面上的轴力和弯矩分别为

$$F_N = -F = -(F_1 + F_2 + F_3 + \gamma A H)$$
$$= -(80 + 50 + 180 + 22 \times 3h \times 2.4)$$
$$= -(310 + 158.4h) \text{kN}$$

$$M_z = F_1 e_1 + F_2 e_2 + F_3 e_3$$
$$= (80 \times 8 - 50 \times 4 + 180 \times 0.6)$$
$$= 548 \text{kN} \cdot \text{m}$$

根据式(14.8),要使基础截面上不产生拉应力,必须满足

$$\sigma_{tmax} = -\frac{F}{A} + \frac{M_z}{W_z} \leqslant 0,$$

将 $A = 3h$、$W_z = \dfrac{3h^2}{6}$ 及有关数据代入,可得

$$\sigma_{tmax} = -\frac{F_N}{A} + \frac{M_z}{W_z} = -\frac{(310 + 158.4h) \times 10^3}{3h^2} + \frac{548 \times 10^3}{\dfrac{3h^2}{6}} \leqslant 0$$

由此解得 $h \geqslant 3.68\text{m}$,取 $h = 3.7\text{m}$。

(2)校核地基的强度

基础底面上的最大压应力,发生在基础底面的右侧 BD 边上,由式(14.8)得

$$\sigma_{cmax} = \left| -\frac{F}{A} - \frac{M_z}{W_z} \right|$$
$$= \left| -\frac{(310 + 158.4 \times 3.7) \times 10^3}{3 \times 10^3 \times 3.7 \times 10^3} - \frac{548 \times 10^6}{\dfrac{3 \times 10^3 \times (3.7 \times 10^3)^2}{6}} \right|$$
$$= 0.16 \text{MPa} < [\sigma_C] = 0.2 \text{MPa}$$

可见地基的强度足够。

三 截面核心

前面曾经指出,当偏心压力 F 的作用点向截面形心靠近时,杆的横截面上应力全部为压应力而不出现拉应力。土建工程中大量使用的砖、石、混凝土等材料,其抗压能力远比抗拉能力高。对于这些材料制成的构件在偏心压力作用下,不希望在截面上出现拉应力。这就要求偏心压力的作用点至截面形心的距离不可太大。**当荷载作用在截面形心周围的一个区域内时,杆件整个横截面上只产生压应力而不出现拉应力,这个荷载作用的区域就称为截面核心。**

常见的矩形、圆形、工字形、槽形截面核心如图 14.15 所示,各种形状截面的截面核心可从有关设计手册中查得。

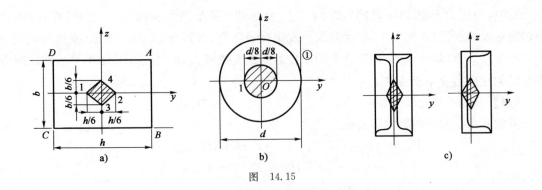

图 14.15

第五节　弯曲与扭转组合变形简介

如图 14.16a)所示处于水平位置的直角曲扭，A 端固定，AB 段为等截面圆杆，自由端 C 受铅垂向下的集中荷载 F 的作用，AB 杆将发生弯曲与扭转组合变形。下面以此弯扭组合为例，说明杆件在弯曲与扭转组合变形时的应力和强度计算问题。

1. 外力简化

将作用于 C 端的集中荷载 F 向 AB 杆的截面 B 的形心简化，得到力 F 和一个作用于截面 B 内的力偶，其力偶矩 $M_e = Fa$，如图 14.16b)所示。力 F 将使杆产生平面弯曲，力偶矩 M_e 将使杆产生扭转，所以 AB 杆产生弯曲与扭转组合变形。

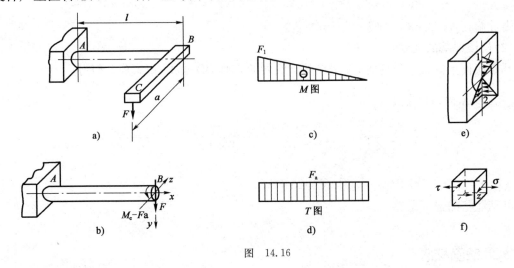

图 14.16

2. 内力分析

绘制出 AB 杆的弯矩图和扭矩图，分别如图 14.16c)、d)所示。由图可见，A 截面是危险截面，该截面上的弯矩和扭矩(均取绝对值)分别为

$$M = Fl, \quad T = Fa$$

3. 应力分析

为确定危险截面上的危险点，可绘出 A 截面上的正应力和切应力的分布图，如图 14.16e)所示。由图可见，截面上两种基本变形产生的应力分别为 σ 与 τ，危险点为复杂应力状态，应采

用应力状态分析。对主应力进行计算。周边上的 1、2 两点有最大应力组合，故 1、2 两点为危险点。取 1 点研究，其单元体应力图如图 14.16f)所示，该点弯曲正应力和扭转切应力均达到最大值，其值分别为

$$\sigma = \pm \frac{M}{W_z}, \tau = \frac{T}{W_P}$$

由第九章应力状态分析式(13.8)知 1 点的主应力为

$$\sigma_1 = \frac{\sigma}{2} + \frac{1}{2}\sqrt{\sigma^2 + 4\tau^2}$$

$$\sigma_3 = \frac{\sigma}{2} - \frac{1}{2}\sqrt{\sigma^2 + 4\tau^2}$$

$$\sigma_2 = 0$$

4. 强度计算

若杆由抗拉、压强度相等的塑性材料制成，则在危险点 1、2 中，只要校核一点的强度即可。下面校核 1 点的强度。点 1 处于平面应力状态，需用强度理论建立强度条件。须用强度理论建立强度条件。由式(13.18)、式(13.19)得

$$\sigma_{r3} = \sqrt{\sigma^2 + 4\tau^2} \leqslant [\sigma]$$

$$\sigma_{r4} = \sqrt{\sigma^2 + 3\tau^2} \leqslant [\sigma]$$

对于圆截面杆，将 $\sigma = \frac{M}{W_z}$、$\tau = \frac{T}{W_P}$ 代入上两式，并注意到 $W_P = 2W_z$，可得

$$\sigma_{r3} = \frac{\sqrt{M^2 + T^2}}{W_z} \leqslant [\sigma] \tag{14.15}$$

$$\sigma_{r4} = \frac{\sqrt{M^2 + 0.75T^2}}{W_z} \leqslant [\sigma] \tag{14.16}$$

应当注意的是，式(14.15)和式(14.16)只适用于塑性材料制成的弯扭组合变形的圆截面杆。若圆杆的弯曲是在互相垂直的 xy 和 xz 两个平面内发生，则弯矩 M 应为两个平面内弯矩的矢量和，其大小为 $M = \sqrt{M_y^2 + M_z^2}$。对于其他截面形状的弯扭组合变形杆，只能利用式(13.18)和式(13.19)进行强度计算。

◁ 小　结 ▷

本章主要讨论杆件在组合变形下的应力和强度计算。计算应力采用的基本方法是叠加法，即首先将组合变形分解为有关的基本变形，分别计算在各基本变形下的应力，最后再进行叠加。本章没有更多的新内容，主要是将前面各章介绍过的拉、压、弯、扭各基本变形以及应力状态，强度理论的知识做了进一步的具体运用。

1. 组合变形的分解及应力计算

解决组合变形问题最关键的一步，是将复杂的组合变形分解为基本变形。下面对讨论过的几类组合变形作以简要归纳。

(1)拉伸(压缩)与弯曲的组合变形

分解为轴向拉伸(压缩)与平面弯曲(由弯曲引起的剪力较小,可忽略不计)。横截面上的应力叠加为

$$\sigma_{\min}^{\max} = \pm \frac{F_N}{A} \pm \frac{M}{W_z}$$

(2)斜弯曲

分解为两个相互垂直的平面弯曲。横截面上的应力叠加为:

$$\sigma_{\max} = \pm \frac{M_{Z\max}}{W_z} \pm \frac{M_{y\max}}{W_y}$$

(3)偏心压缩(拉伸)

①单向偏心压缩(拉伸)——分解为轴向压缩(拉伸)与一个平面弯曲

横截面上的应力叠加为

$$\sigma_{\min}^{\max} = \pm \frac{F_N}{A} \pm \frac{M}{W_z}$$

②双向偏心压缩(拉伸)——分解为轴向压缩(拉伸)与两个相互垂直的平面弯曲

横截面上的应力叠加为

$$\left. \begin{array}{l} \sigma_{t\max} = \mp \dfrac{F}{A} + \dfrac{M_y}{W_y} + \dfrac{M_z}{W_z} \\ \sigma_{c\max} = \mp \dfrac{F}{A} - \dfrac{M_y}{W_y} - \dfrac{M_z}{W_z} \end{array} \right\}$$

从分解后的基本变形、截面应力计算来看,偏心压缩(拉伸)和拉伸(压缩)与弯曲组合本质上属于同一种类型。

(4)扭转与弯曲的组合变形

分解为扭转与平面弯曲。横截面上的应力分别为

$$\sigma = \pm \frac{M}{W_z} \qquad \tau = \frac{T}{W_P}$$

危险点为复杂应力状态,而应采用应力状态分析。对主应力进行计算。危险点的主应力为

$$\sigma_1 = \frac{\sigma}{2} + \frac{1}{2}\sqrt{\sigma^2 + 4\tau^2}$$

$$\sigma_3 = \frac{\sigma}{2} - \frac{1}{2}\sqrt{\sigma^2 + 4\tau^2}$$

$$\sigma_2 = 0$$

2.截面应力正负号的判别

在截面应力的计算过程中,相关公式中的各量均以绝对值代入,而应力的正负则由杆件的变形来判别。仍然是拉应力为正,压应力为负。

3. 强度计算的一般步骤

(1)将组合变形分解为基本变形,绘制出杆件在基本变形下的内力图,从而找出危险截面。

(2)分析危险截面上危险点的位置,用叠加法计算危险点的应力。(注意:各应力的正负号用直观法根据变形判定)

(3)对危险点进行强度计算(若危险点为复杂应力状态,应考虑强度理论)。

思考题

1. 试判别如图 14.17 所示曲杆 $ABCD$ 上杆 AB、BC、CD 将产生何种变形?

2. 矩形截面直杆上对称地作用着两个力 F,如图 14.18 所示,杆件将发生什么变形?若去掉其中一个力后,杆件又将发生什么变形?

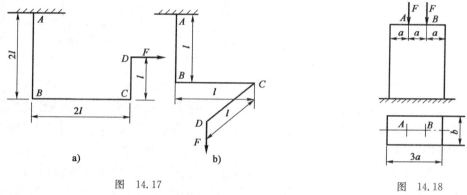

图 14.17   图 14.18

3. 简述用叠加原理解决组合变形强度问题的步骤。

4. 拉(压)弯组合杆件危险点的位置如何确定?建立强度条件时为什么不必利用强度理论?

5. 斜弯曲梁的挠曲线平面与荷载作用平面是否重合?

6. 什么叫截面核心?它在工程中有何用途?

7. 矩形截面杆上受力 F 作用,如图 14.19 所示,试指出各杆内最大正应力所在的位置。

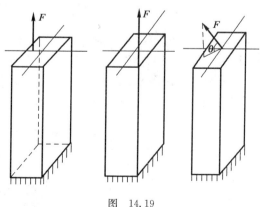

图 14.19

8. 圆截面杆发生弯扭组合变形,在建立强度条件时,为什么要用强度理论?

习题

14-1 如图 14.20 所示起重机的最大吊重 $F=8$kN,AB 杆为工字钢,材料的许用应力$[\sigma]=$110MPa,试选择工字钢的型号。

14-2 如图 14.21,某水塔水箱盛满水连同基础共重 $W=200$kN,离地面 $H=15$m 处受水平风力 $F=60$kN 的作用。已知圆形基础的直径 $d=6$m,埋深 $h=3$m,地基为红黏土,其许应力$[\sigma]=0.15$MPa,试校核基础底部地基土的强度。

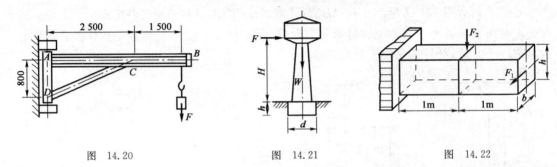

图 14.20 　　　　　图 14.21 　　　　　图 14.22

14-3 如图 14.22 所示矩形截面的悬臂木梁,承受 $F_1=0.8$kN,$F_2=1.6$kN 的作用。已知材料的许用应力$[\sigma]=10$MPa,弹性模量 $E=10\times10^3$MPa。求:1)截面尺寸 b、h(设 $h/b=2$)。2)自由端的总挠度。

14-4 如图 14.23 所示矩形截面的木檩条,已知 $b\times h=0.11$m$\times0.16$m,跨长 $L=4$m,承受均布荷载作用,$q=1.6$kN·m,木条为杉木,许用应力$[\sigma]=12$MPa,$E=9\times10^3$MPa,许用挠度为 1/200,试校核木檩条的强度和刚度。

14-5 如图 14.24 所示矩形截面厂房立柱,受压力 $F_1=95$kN、$F_2=50$kN 的作用,F_2 与轴线的偏心距 $e=180$mm,截面宽 $b=180$mm,如要求柱截面上不出现拉应力,则截面长度 h 应为多少?此时最大压应力应为多大?

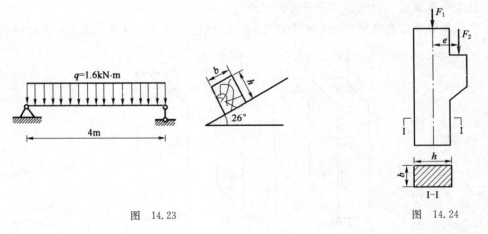

图 14.23 　　　　　　　　图 14.24

第十五章 压杆稳定

第一节 压杆稳定的概念

在前面讨论受压直杆的强度问题时,认为只要满足杆受压时的强度条件,就能保证压杆的正常工作。然而在事实上,这个结论只适用于短粗压杆。细长压杆在轴向压力作用下,其破坏的形式却呈现出与强度问题截然不同的现象。例如,一根长 300mm 的钢制直杆,其横截面的宽度和厚度分别为 20mm 和 1mm,材料的抗压许用应力等于 140MPa,如果按照其抗压强度计算,其抗压承载力应为 2.8kN。但是实际上,在压力尚不到 40N 时,杆件就发生了明显的弯曲变形,丧失了其在直线形状下保持平衡的能力从而导致破坏。在工程史上,曾发生过不少类似长杆的突然弯曲破坏导致整个结构毁坏的事故。其中最有名的是 1907 年北美魁北克圣劳伦斯河上的大铁桥,因桁架中的一根受压杆突然弯曲,引起整座大桥的坍塌。显然这不属于强度性质的问题,而属于下面即将讨论的压杆稳定的范畴。

为了说明问题,取如图 15.1a)所示的等直细长杆,在其上端施加轴向压力 F,使杆在直线形状下处于平衡,此时,如果给杆以微小的侧向干扰力,使杆发生微小的弯曲,然后撤去干扰力,则当杆承受的轴向压力数值不同时,其结果也截然不同。当杆承受的轴向压力数值 F 小于某一数值 F_{cr} 时,在撤去干扰力以后,杆能自动恢复到原有的直线平衡状态而保持平衡,如图 15.1a)、b)所示,这种原有的直线平衡状态称为**稳定的平衡**;当杆承受的轴向压力数值 F 逐渐增大到(甚至超过)某一数值 F_{cr} 时,即使撤去干扰力,杆仍然处于微弯形状,不能自动恢复到原有的直线平衡状态,如图 15.1c)、d)所示,则原有的直线平衡状态为**不稳定的平衡**。如果力 F 继续增大,则杆继续弯曲,产生显著的变形,甚至发生突然破坏。

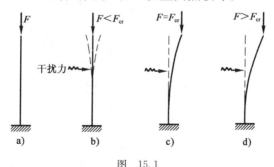

图 15.1

上述现象表明,在轴向压力 F 由小逐渐增大的过程中,压杆由稳定的平衡转变为不稳定的平衡,这种现象称为压杆**丧失稳定性**或者压杆**失稳**。显然压杆是否失稳取决于轴向压力的数值,压杆由直线形状的稳定的平衡过渡到不稳定的平衡,具有临界的性质,此时所对应的轴向压力,称为压杆的**临界压力**或**临界力**,用 F_{cr} 表示。当压杆所受的轴向压力 F 小于 F_{cr} 时,杆件就能够保持稳定的平衡,这种性能称为压杆具有**稳定性**;而当压杆所受的轴向压力 F 等于

或者大于 F_{cr} 时，杆件就不能保持稳定的平衡而失稳。

压杆经常被应用于各种工程实际中，例如内燃机的连杆和液压装置的活塞杆，此时必须考虑其稳定性，以免引起压杆失稳破坏。工程中的柱、桁架中的压杆、薄壳结构及薄壁容器等，有压力存在时，都可能发生失稳。

第二节　细长压杆的临界压力

一　细长压杆临界力计算公式——欧拉公式

从上面的讨论可知，压杆在临界力作用下，其直线形状的平衡将由稳定的平衡转变为不稳定的平衡，此时，即使撤去侧向干扰力，压杆仍然将保持在微弯状态下的平衡。当然，如果压力超过这个临界力，弯曲变形将明显增大。所以，上面使压杆在微弯状态下保持平衡的最小的轴向压力，即为压杆的临界压力。显然，为了保证压杆能够安全地工作，应使压杆承受的压力小于压杆的临界力。因此，确定压杆的临界力是研究压杆稳定问题的关键。下面介绍不同约束条件下压杆临界力的计算公式。

1. 两端铰支细长压杆的临界力计算公式——欧拉公式

设两端铰支长度为 l 的细长杆，在轴向压力 F 的作用下保持微弯平衡状态，如图 15.2 所示。并假设压杆失稳时只发生平面弯曲变形，这样通过建立并求解压杆挠曲线的近似微分方程就可以确定临界力。

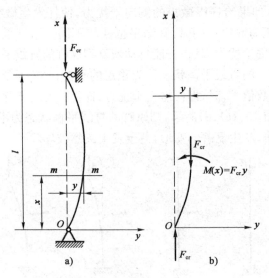

图 15.2

根据前面讨论结果，杆件小变形时挠曲线近似微分方程为

$$EI\frac{d^2 y}{dx^2} = -M(x) \tag{15.1}$$

在如图 15.2 所示的坐标系中，坐标 x 处 $m-m$ 横截面上的弯矩为

$$M(x) = F_{cr} y \tag{15.2}$$

将式(15.2)代入式(15.1)得

$$EI\frac{d^2y}{dx^2}=-F_{cr}y \tag{15.3}$$

若令

$$k^2=\frac{F_{cr}}{EI} \tag{15.4}$$

式(15.3)可写成

$$\frac{d^2y}{dx^2}+k^2y=0 \tag{15.5}$$

此微分方程的通解为

$$y=A\sin kx+B\cos kx \tag{15.6}$$

上式中的 A 和 B 为待定常数,可由压杆的边界条件确定。边界条件为

在 $x=0$ 处,$y=0$

在 $x=l$ 处,$y=0$

将第一个边界条件代入式(15.6)得

$$B=0$$

于是,式(15.6)改写为

$$y=A\sin kx \tag{15.7}$$

上式表示挠曲线为一正弦曲线,若将第二个边界条件代入式(15.7)则

$$A\sin kl=0$$

可得

$$A=0 \text{ 或 } \sin kl=0$$

若 $A=0$,则由式(15.7)可知,$y=0$,表示压杆未发生弯曲,这与杆件产生微弯曲的前提矛盾,因此必有

$$\sin kl=0$$

可得

$$kl=n\pi \quad \text{或} \quad k=\frac{n\pi}{l} \quad (n=0,1,2\cdots) \tag{15.8}$$

将式(15.8)代入式(15.4),可得

$$F_{cr}=\frac{n^2\pi^2 EI}{l^2} \quad (n=0,1,2\cdots) \tag{15.9}$$

上式表明,当压杆处于微弯平衡状态时,在理论上压力 F 是多值的。由于临界力应是压杆在微弯形状下保持平衡的最小轴向压力,所以在上式中取 F 的最小值。但若取 $n=0$,则压力 $F=0$,表明杆上并无压力,这不符合上面所讨论的情况。因此,取 $n=1$,可得临界力为

$$F_{cr}=\frac{\pi^2 EI}{l^2} \tag{15.10}$$

上式即为两端铰支细长杆的临界压力计算公式,称为**欧拉公式**。

从欧拉公式可以看出,细长压杆的临界力 F_{cr} 与压杆的弯曲刚度 EI 成正比,而与杆长 l 的平方成反比。

应当指出的是,若杆两端为球铰支座,则它对端截面任何方向的转角均没有限制,此时式(15.10)中的 I 应为横截面的**最小惯性矩**。在临界力作用下,即

$$k = \frac{\pi}{l}$$

由式(15.7)可得

$$y = A\sin\frac{\pi x}{l}$$

即两端铰支压杆在临界力作用下的挠曲线为半波正弦曲线,A 为杆中点的挠度,可为任意的微小位移。

2. 其他约束情况下细长压杆的临界力

杆端为其他约束的细长压杆,其临界力计算公式可参考前面的方法导出,也可以采用类比的方法得到。经验表明,具有相同挠曲线形状的压杆,其临界力计算公式也相同。于是,可将两端铰支约束压杆的挠曲线形状取为基本情况,而将其他杆端约束条件下压杆的挠曲线形状与之进行对比,从而得到相应杆端约束条件下压杆临界力的计算公式。为此,可将欧拉公式写成统一的形式,即

$$F_{cr} = \frac{\pi^2 EI}{(\mu l)^2} \tag{15.11}$$

式中 μl 称为**折算长度**,表示将杆端约束条件不同的压杆计算长度 l 折算成两端铰支压杆的长度,μ 称为**长度系数**。几种不同杆端约束情况下的长度系数 μ 值列于表 15.1。

四种典型细长压杆的临界力 表 15.1

杆端弯矩	两端铰支	一端铰支 一端固定	两端固定	一端固定 一端自由
失稳时挠曲线 的形状	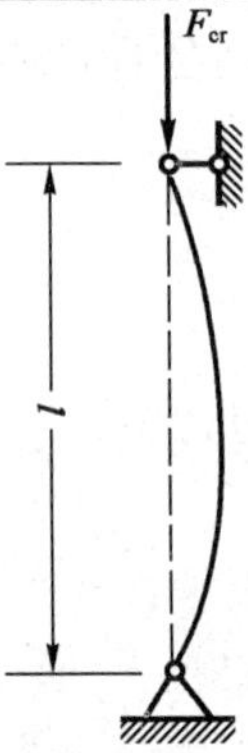 l	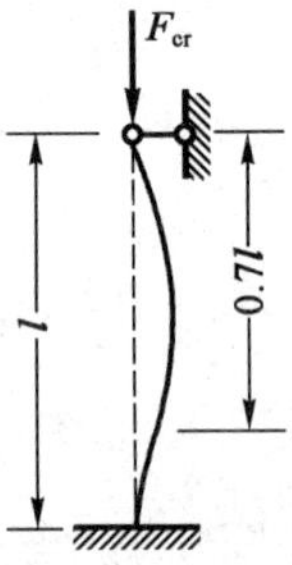 $0.7l$	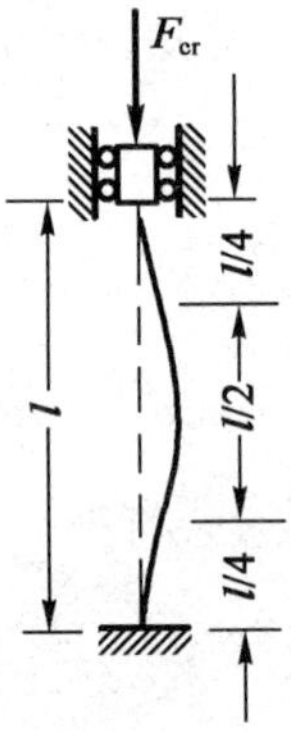 $l/4$, $l/2$, $l/4$	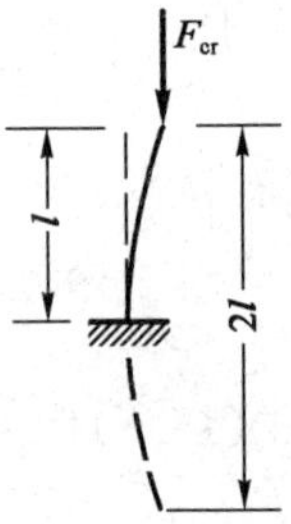 $2l$
临界力	$F_{cr} = \dfrac{\pi^2 EI}{l^2}$	$F_{cr} = \dfrac{\pi^2 EI}{(0.7l)^2}$	$F_{cr} = \dfrac{\pi^2 EI}{(0.5l)^2}$	$F_{cr} = \dfrac{\pi^2 EI}{(2l)^2}$
长度系数	$\mu = 1$	$\mu = 0.7$	$\mu = 0.5$	$\mu = 2$

从表 15.1 可以看出,两端铰支时,压杆在临界力作用下的挠曲线为半波正弦曲线;而一端固定、另一端铰支,计算长度为 l 的压杆的挠曲线,其部分挠曲线(0.7l)与长为 l 的两端铰支的压杆的挠曲线的形状相同,因此,在这种约束条件下,折算长度为 0.7l。其他约束条件下的长度系数和折算长度可以依此类推。

【例 15.1】 如图 15.3 所示**细长**压杆,两端约束为球形铰支,截面形状为矩形,横截面尺寸为 80mm×140mm,材料的弹性模量 $E=10$GPa。试分别计算 $l=3$m、$l=5$m、$l=7$m 时压杆的临界力。

【解题分析】 临界力为使压杆发生失稳所需要的最小压力,求解临界力,应首先判断压杆的失稳方向。压杆两端约束为球形铰支,表示两端在各个方向的约束都相同,均为铰支。长度系数应取 $\mu=1$。截面形状为矩形,由图可知 $I_z<I_y$,即压杆将绕 z 轴失稳,所以应由 $I_{\min}=I_z$ 求解 F_{cr}。

【解】 (1)计算截面最小惯性矩

$$I_{\min}=I_z=\frac{hb^3}{12}=\frac{140\times 80^3}{12}=597.3\times 10^4 \text{mm}^4$$

(2)分别计算 $l=3\text{m}$、$l=5\text{m}$、$l=7\text{m}$ 时的临界力

$$F_{cr1}=\frac{\pi^2 EI_{\min}}{(\mu l)^2}=\frac{\pi^2\times 10\times 10^3\times 597.3\times 10^4}{(1\times 3\times 10^3)^2}$$
$$=65435\text{N}=65.44\text{kN}$$

$$F_{cr2}=\frac{\pi^2 EI_{\min}}{(\mu l)^2}=\frac{\pi^2\times 10\times 10^3\times 597.3\times 10^4}{(1\times 5\times 10^3)^2}$$
$$=23557\text{N}=23.56\text{kN}$$

$$F_{cr3}=\frac{\pi^2 EI_{\min}}{(\mu l)^2}=\frac{\pi^2\times 10\times 10^3\times 597.3\times 10^4}{(1\times 7\times 10^3)^2}$$
$$=12019\text{N}=12.02\text{kN}$$

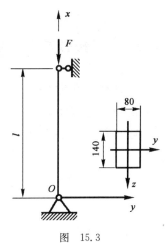

图 15.3

从以上计算可以看出,压杆的截面面积 A 和刚度 EI 相同,但长度 l 不同时,它们的临界力相差很大。这说明压杆的强度问题完全不同于杆件的轴向拉、压强度问题。

【例 15.2】 如图 15.4 所示细长压杆,上端约束为球形铰支,下端约束情况如图 15.4a)所示。压杆在 xoy 平面内可视为两端铰支,如图 15.4b)所示;在 xoz 平面内可视为一端铰支、一端固定如图 15.4c)所示。杆长 $l=4\text{m}$,截面形状为圆形,直径 $d=120\text{mm}$,材料的弹性模量 $E=200\text{GPa}$。试计算该压杆的临界力。

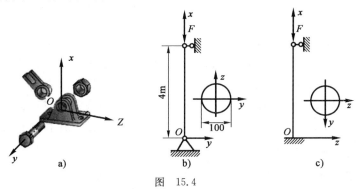

图 15.4

【解题分析】 由欧拉公式可知,影响临界力的因素有 E、I、μ、l。本例压杆的 E、I、l 均相同,但不同方向的杆端约束不同,即 μ 不同。由已知条件,在 xoy 平面内为两端铰支,$\mu=1$;在 xoz 平面内为一端铰支、一端固定,$\mu=0.7$;压杆将在约束条件较弱的 xoy 平面内失稳。所以临界力 F_{cr} 应由 $\mu=1$ 求解。

【解】 (1)计算截面惯性矩

$$I_y=I_z=\frac{\pi d^4}{64}=\frac{\pi\times(120)^4}{64}=1017.36\times 10^4 \text{mm}^4$$

(2)计算临界力

$$F_{cr} = \frac{\pi^2 EI}{(\mu l)^2} = \frac{\pi^2 \times 200 \times 10^3 \times 1017.36 \times 10^4}{(1 \times 4 \times 10^3)^2}$$
$$= 626.92 \times 10^3 \text{N} = 626.92 \text{kN}$$

二 欧拉公式的适用范围

1. 临界应力和柔度

前面导出了计算压杆临界力的欧拉公式,当压杆在临界力 F_{cr} 作用下处于直线状态的平衡时,其横截面上的压应力等于临界力 F_{cr} 除以横截面面积 A,称为临界应力,用 σ_{cr} 表示,即

$$\sigma_{cr} = \frac{F_{cr}}{A}$$

将式(15.11)代入上式得

$$\sigma_{cr} = \frac{\pi^2 EI}{(\mu l)^2 A}$$

引入惯性半径的概念,即

$$I = i^2 A, \text{ 或 } i = \sqrt{\frac{I}{A}}$$

代入上式,临界应力可写为

$$\sigma_{cr} = \frac{\pi^2 E i^2}{(\mu l)^2} = \frac{\pi^2 E}{\left(\frac{\mu l}{i}\right)^2}$$

令

$$\lambda = \frac{\mu l}{i} \tag{15.12}$$

$$\sigma_{cr} = \frac{\pi^2 E}{\lambda^2} \tag{15.13}$$

式(15.13)为计算压杆临界应力的欧拉公式,式中 λ 称为压杆的**柔度**(或称长细比)。柔度 λ 是一个无量纲的量,其大小与压杆的长度系数 μ、杆长 l 及惯性半径 i 有关。由于压杆的长度系数 μ 决定于压杆的支承情况,惯性半径 i 决定于截面的形状与尺寸,所以从物理意义上看,柔度 λ 综合地反映了压杆的长度、截面的形状与尺寸以及支承情况对临界力的影响。从式(15.13)还可以看出,如果压杆的柔度值越大,则其临界应力越小,压杆就越容易失稳。

2. 欧拉公式的适用范围

欧拉公式是根据挠曲线近似微分方程导出的,而应用此微分方程时,材料必须服从胡克定理。因此,欧拉公式的适用范围应当是压杆的临界应力 σ_{cr} 不超过材料的比例极限 σ_p,即

$$\sigma_{cr} = \frac{\pi^2 E}{\lambda^2} \leqslant \sigma_p$$

则有

$$\lambda \geqslant \pi\sqrt{\frac{E}{\sigma_p}}$$

若设 λ_p 为压杆的临界应力达到材料的比例极限时的柔度值,即

$$\lambda_P = \pi\sqrt{\frac{E}{\sigma_p}} \tag{15.14}$$

则欧拉公式的适用范围为

$$\lambda \geqslant \lambda_p \tag{15.15}$$

上式表明,当压杆的柔度不小于 λ_p 时,才可以应用欧拉公式计算临界力或临界应力。这类压杆称为**大柔度杆**或**细长杆**,欧拉公式只适用于较细长的大柔度杆。从式(15.14)可知,λ_p 的值取决于材料性质,不同的材料都有自己的 E 值和 σ_p 值,所以不同材料制成的压杆,其 λ_p 也不同。例如 Q235 钢,$\sigma_p=200\text{MPa}$,$E=200\text{GPa}$,由式(15.14)即可求得,$\lambda_p=100$。

三 中长杆的临界力计算——经验公式、临界应力总图

1. 中长杆的临界力计算——经验公式

上面指出,欧拉公式只适用于较细长的大柔度杆,即临界应力不超过材料的比例极限(处于弹性稳定状态)。当临界应力超过比例极限时,材料处于弹塑性阶段,此类压杆的稳定属于弹塑性稳定(非弹性稳定)问题,此时欧拉公式不再适用。对这类压杆各国大都采用经验公式计算临界力或临界应力,经验公式是在试验和实践资料的基础上,经过分析、归纳而得到的。各国采用的经验公式多以本国的试验为依据,因此计算不尽相同。我国比较常用的经验公式有直线公式和抛物线公式等,本书只介绍直线公式,其表达式为

$$\sigma_{cr} = a - b\lambda \tag{15.16}$$

式中 a 和 b 是与材料有关的常数,其单位为 MPa。一些常用材料的 a、b 值可见表 15.2。

几种常用材料的 a、b 值　　　　表 15.2

材　料	a(MPa)	b(MPa)	λ'_p	λ'_p
Q235 钢	304	1.12	100	62
硅钢	577	3.74	100	60
铬钼钢	980	5.29	55	0
硬铝	372	2.14	50	0
铸铁	331.9	1.453	—	—
松木	39.2	0.199	59	0

应当指出的是,式(15.16)也有其适用范围,它要求临界应力不超过材料的受压极限应力。这是因为当临界应力达到材料的受压极限应力时,压杆已因为强度不足而破坏。因此,对于由塑性材料制成的压杆,其临界应力不允许超过材料的屈服应力 σ_s,即

$$\sigma_{cr} = a - b\lambda \leqslant \sigma_s$$

或

$$\lambda \geqslant \frac{a-\sigma_s}{b}$$

令

$$\lambda'_p = \frac{a-\sigma_s}{b} \tag{15.17}$$

得

$$\lambda \geqslant \lambda'_p$$

式中 λ'_p 表示当临界应力等于材料的屈服点应力时压杆的柔度值。与 λ_p 相同,它也是一个与材料的性质有关的常数。因此,直线经验公式的适用范围为

$$\lambda'_p < \lambda < \lambda_p \tag{15.18}$$

计算时,一般把柔度值介于 λ'_p 与 λ_p 之间的压杆称为**中长杆**或**中柔度杆**,而把柔度小于 λ'_p 的压杆称为**短粗杆**或**小柔度杆**。对于柔度小于 λ'_p 的短粗杆或小柔度杆,其破坏则是因为材料的抗压强度不足而造成的,如果将这类压杆也按照稳定问题进行处理,则对塑性材料制成的压杆来说,可取临界应力 $\sigma_{cr} = \sigma_s$。

2. 临界应力总图

由上述可知,根据 λ 所处的范围,可以把压杆分为三类,即细长杆($\lambda \geqslant \lambda_p$),中长杆($\lambda_s \leqslant \lambda \leqslant \lambda_p$)和短粗杆($\lambda \leqslant \lambda_s$)。实际压杆的柔度值不同,临界应力的计算公式将不同。为了直观的表达这一点,可以绘出临界应力随柔度的变化曲线,如图 15.5 所示。这种图线称为压杆的临界应力总图。

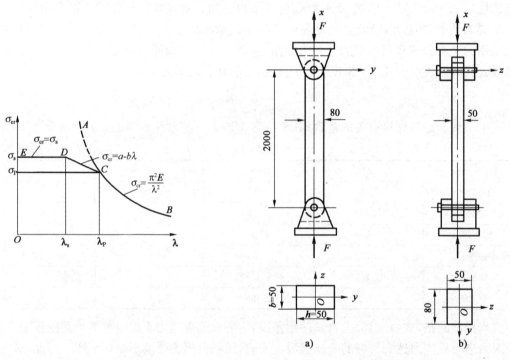

图 15.5   图 15.6(尺寸单位:mm)

【**例 15.3**】 如图 15.6 所示压杆的截面为矩形,$h=82\text{mm}$,$b=50\text{mm}$,杆长 $l=2\text{m}$,材料为 Q235 钢,$\sigma_s=235\text{MPa}$,$\sigma_p=200\text{MPa}$,$E=200\text{GPa}$。在图 15.6a)平面内,杆端约束为两端铰支;在图 15.6b)平面内,杆端约束为两端固定。求此压杆的临界应力。

【**解题分析**】 求解稳定问题,首先要判断压杆的失稳平面。因为压杆在各个纵向平面内的杆端约束和弯曲刚度都不同,故需计算压杆在两个形心主惯性平面内的柔度值。压杆将在柔度较大的平面内失稳。其次,还要确定压杆的类型,注意欧拉公式、经验公式的使用范围,压杆的柔度值不同,临界应力的计算公式将不同。

【解】（1）判断压杆的失稳平面

压杆在 xoy 平面内，杆端约束为两端铰支，$\mu=1$。惯性半径为

$$i_z=\sqrt{\frac{I_z}{A}}=\sqrt{\frac{\frac{bh^3}{12}}{A}}=\frac{h}{\sqrt{12}}=\frac{82\text{mm}}{\sqrt{12}}=23.67\text{mm}$$

由式(15.12)，柔度为

$$\lambda_z=\frac{\mu l}{i_z}=\frac{1\times 2\times 10^3}{23.67}=84.50$$

压杆在 xoz 平面内，杆端约束为两端固定，$\mu=0.5$。惯性半径为

$$i_y=\sqrt{\frac{I_y}{A}}=\sqrt{\frac{\frac{hb^3}{12}}{A}}=\frac{b}{\sqrt{12}}=\frac{50}{\sqrt{12}}=14.43\text{mm}$$

由式(15.12)，柔度为

$$\lambda_y=\frac{\mu l}{i_y}=\frac{0.5\times 2\times 10^3}{14.43}=69.30$$

由于 $\lambda_z>\lambda_y$，故压杆将在 xoy 平面内失稳。

(2)确定压杆类型的临界应力

由式(15.14)，可得

$$\lambda_\text{P}=\pi\sqrt{\frac{E}{\sigma_\text{P}}}=\pi\sqrt{\frac{200\times 10^3}{200}}=99.30>\lambda_z=84.50$$

查表15.2可知：$a=304\text{MPa}$，$b=1.12\text{MPa}$，又由式(15.17)得

$$\lambda'_\text{p}=\frac{a-\sigma_\text{s}}{b}=\frac{304-235}{1.12}=61.61<\lambda_z=84.50$$

因为 $\lambda'_\text{p}<\lambda_z<\lambda_\text{p}$，压杆在 xoy 平面内为中柔度杆。

(3)计算压杆的临界应力

根据上述计算结果，应采用经验公式计算其临界应力。利用式(15.16)可得

$$\sigma_\text{cr}=a-b\lambda_z=209.36\text{MPa}$$

第三节　压杆的稳定计算

工程上通常采用安全因数法或稳定因数法进行压杆的稳定计算。

一　安全因数法

为了保证压杆能够安全的工作而不失稳，并具有一定的安全储备，压杆的稳定条件可表示为

$$n_\text{st}=\frac{F_\text{cr}}{F}=\frac{\sigma_\text{cr}}{\sigma}\geqslant[n_\text{st}] \tag{15.19}$$

式中：n_st——压杆的稳定安全因数；

F——压杆的工作载荷；

F_{cr}——压杆的临界载荷;

$[n_{st}]$——压杆的许用稳定安全因数。

许用稳定安全因数$[n_{st}]$的取值除了要考虑在确定强度安全因数时的因素外,还要考虑实际压杆不可避免存在初曲率和载荷偏心等不利因素的影响。这些因素会使压杆的临界力显著减小,并且压杆的柔度越大,影响越显著。但是,这些因素对于杆件强度的影响不是很显著。所以,许用稳定安全因数的取值一般要大于强度安全因数。例如,钢压杆的强度安全因数n的取值一般在1.4~1.7之间,而许用稳定安全因数$[n_{st}]$的取值一般在1.8~3.0之间,甚至更大。许用稳定安全因数$[n_{st}]$的具体取值可从有关设计手册中查到。**在机械、动力、冶金等工业部门,由于载荷情况复杂,一般都采用安全因数法进行稳定计算。**

二 稳定因数法

压杆的稳定条件有时用应力的形式表达为

$$\sigma = \frac{F}{A} \leqslant [\sigma]_{st} \tag{15.20}$$

式中:F——压杆的工作载荷;

A——压杆的横截面面积;

$[\sigma]_{st}$——稳定许用应力,$[\sigma]_{st} = \dfrac{\sigma_{cr}}{n_{st}}$,它总是小于强度许用应力$[\sigma]$。

于是式(15.20)又可表达为

$$\sigma = \frac{F}{A} \leqslant \varphi[\sigma] \tag{15.21}$$

其中φ称为稳定因数,它由下式确定:

$$\varphi = \frac{[\sigma]_{st}}{[\sigma]} = \frac{\sigma_{cr}}{n_{st}} \cdot \frac{n}{\sigma_u} = \frac{\sigma_{cr}}{\sigma_u} \cdot \frac{n}{n_{st}} < 1$$

式中,σ_u为强度计算中的危险应力,一般情况下,$\sigma_{cr} < \sigma_u$,且$n < n_{st}$,故φ为小于1的因数,φ也是柔度λ的函数。表15.3所列为几种常用工程材料的$\varphi - \lambda$对应数值。对于柔度为表中两相邻λ值之间的φ,可由直线内插法求得。由于考虑了杆件的初曲率和载荷偏心的影响,即使对于粗短杆,仍应在许用应力中考虑稳定因数φ。**在土建工程中,一般按稳定因数法进行稳定计算。**

还应指出的是,在压杆计算中,有时会遇到压杆局部有截面被削弱的情况,如杆上有开孔、切槽等。由于压杆的临界载荷是从研究整个压杆的弯曲变形来决定的,局部截面的削弱对整体变形影响较小,故稳定计算中仍用原有的截面几何量。但强度计算是根据危险点的应力进行的,故必须对削弱了的截面进行强度校核。即按第二章式(6.14)进行强度校核,即

$$\sigma_{max} = \frac{F_{Nmax}}{A} \leqslant [\sigma]$$

注意,式中的A是横截面的净面积。

压杆的稳定系数　　　　　　　　　　　　　　　表 15.3

$\lambda=\dfrac{\mu l}{i}$	φ			
	3 号钢	16 锰钢	铸　铁	木　材
0	1.000	1.000	1.00	1.00
10	0.995	0.993	0.97	0.99
20	0.981	0.973	0.91	0.97
30	0.958	0.940	0.81	0.93
40	0.927	0.895	0.69	0.87
50	0.888	0.840	0.57	0.80
60	0.842	0.776	0.44	0.71
70	0.789	0.705	0.34	0.60
80	0.731	0.627	0.26	0.48
90	0.669	0.546	0.20	0.38
100	0.604	0.462	0.16	0.31
110	0.536	0.384		0.26
120	0.466	0.325		0.22
130	0.401	0.279		0.18
140	0.349	0.242		0.16
150	0.306	0.213		0.14
160	0.272	0.188		0.12
170	0.243	0.168		0.11
180	0.218	0.151		0.10
190	0.197	0.136		0.09
200	0.180	0.124		0.08

【**例 15.4**】 在如图 15.7 所示木屋桁架中,AB 杆承受的轴向压力为 $F=33\text{kN}$,杆长 $l=4\text{m}$。横截面为边长 $a=120\text{mm}$ 的正方形,材料是木材,许用应力 $[\sigma]=10\text{MPa}$。若只考虑在桁架平面内的失稳,试校核 AB 杆的稳定性。

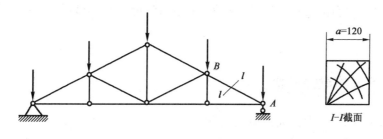

图　15.7

【**解题分析**】 在土建工程中,一般按稳定因数法进行稳定计算。而稳定因数法的关键是确定稳定因数 φ,φ 又是柔度 λ 的函数。所以应首先计算压杆的柔度 λ。

【**解**】 (1) 计算压杆的柔度 λ

正方形截面的惯性半径为

$$i = \sqrt{\frac{I}{A}} = \sqrt{\frac{\frac{a^4}{12}}{a^2}} = \frac{a}{\sqrt{12}} = \frac{120}{\sqrt{12}} = 34.64 \text{mm}$$

由于在桁架平面内 AB 杆两端为铰支,故 $\mu=1$。所以 AB 杆的柔度为

$$\lambda = \frac{\mu l}{i} = \frac{1 \times 4 \times 10^3}{34.64} = 115$$

(2)确定稳定因数 φ

查表 15.3,由直线内插法可求得 $\varphi = 0.24$

(3)校核 AB 杆的稳定性

AB 杆的工作应力为

$$\sigma = \frac{F}{A} = \frac{33 \times 10^3}{120^2} = 2.29 \text{MPa} < \varphi[\sigma] = 2.40 \text{MPa}$$

满足稳定条件,所以 AB 杆在桁架平面内是稳定的。

第四节 提高压杆稳定性的措施

要提高压杆的稳定性,关键在于提高压杆的临界力或临界应力。而压杆的临界力和临界应力,与压杆的长度、横截面形状、尺寸、支承条件以及压杆所用材料等有关。因此,可以从以下几个方面考虑:

一 合理选择材料

欧拉公式告诉我们,大柔度杆的临界应力,与材料的弹性模量 E 成正比。所以选择弹性模量较高的材料,就可以提高大柔度杆的临界应力,也就提高了其稳定性。但是,对于钢材而言,各种钢的弹性模量大致相同,所以选用高强度钢并不能明显提高大柔度杆的稳定性。而中、小柔度杆的临界应力则与材料的强度有关,采用高强度钢材,可以提高这类压杆抵抗失稳的能力。

二 选择合理的截面形状

欧拉公式告诉我们,增大截面的惯性矩,可以增大截面的惯性半径,降低压杆的柔度,从而可以提高压杆的稳定性。在压杆的横截面面积相同的条件下,应尽可能使材料远离截面形心轴,以取得较大的轴惯性矩,从这个角度出发,空心截面要比实心截面合理,如图 15.8b)所示的布置方式,相比如图 15.8a)所示的布置方式,在压杆的横截面面积相同的条件下可以取得较大的惯性矩或惯性半径。

另外,由于压杆总是在柔度较大(临界力较小)的纵向平面内首先失稳,所以应注意尽可能使压杆在各个纵向平面内的柔度都相同,以充分发挥压杆的稳定承载力。

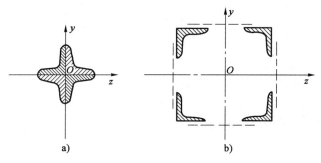

图 15.8

三 改善约束条件、减小压杆长度

根据欧拉公式可知,压杆的临界力与其计算长度的平方成反比,而压杆的计算长度又与其约束条件有关。因此,改善约束条件,可以减小压杆的长度系数和计算长度,从而增大临界力。在相同条件下,从表15.1可知,自由支座最不利,铰支座次之,固定支座最有利。

小 结

杆件的破坏不仅会由于强度不够而引起,由于稳定性的丧失同样会导致结构的失效,所以在设计杆件体系(尤其是受压杆件)时,除了要进行强度方面的考虑,还必须进行稳定计算以满足其稳定条件。稳定性的概念、临界力与临界应力的计算、稳定性的计算是本章应该着重掌握的知识。

1. 稳定性的概念

压杆在轴向压力 F 由小逐渐增大的过程中,由稳定的平衡转变为不稳定的平衡,这种现象称为压杆**丧失稳定性**或者压杆**失稳**。压杆由直线形状的稳定的平衡过渡到不稳定的平衡时,所对应的轴向压力,称为压杆的**临界压力**或**临界力**,用 F_{cr} 表示。当压杆所受的轴向压力 F 小于 F_{cr} 时,杆件就能够保持稳定的平衡,这种性能称为压杆具有**稳定性**。

2. 细长压杆临界力计算公式——欧拉公式

(1) 欧拉公式的统一形式

$$F_{cr} = \frac{\pi^2 EI}{(\mu l)^2}$$

长度系数 μ 的取值见表15.4。

长度系数 μ 的取值   表15.4

两端铰支	一端铰支 一端固定	两端固定	一端固定 一端自由
$\mu=1$	$\mu=0.7$	$\mu=0.5$	$\mu=2$

(2) 临近应力和柔度

压杆的临界力 F_{cr} 除以横截面面积 A,称为**临界应力**,用 σ_{cr} 表示,即

$$\sigma_{cr} = \frac{F_{cr}}{A}$$

也可写为

$$\sigma_{cr} = \frac{\pi^2 E}{\lambda^2}$$

式中：λ——压杆的**柔度**(或称长细比)

$$\lambda = \frac{\mu l}{i}$$

(3)欧拉公式的适用范围

$$\lambda \geqslant \pi\sqrt{\frac{E}{\sigma_P}}$$

3. 压杆的稳定计算

(1)安全因数法

压杆的稳定条件可表示为

$$n = \frac{F_{cr}}{F} \geqslant n_{st}$$

(2)稳定因数法

$$\sigma = \frac{F}{A} \leqslant [\sigma]_{st} \quad 或 \quad \sigma = \frac{F}{A} \leqslant \varphi[\sigma]$$

式中：φ——稳定因数。

4. 提高压杆稳定性的措施

要提高压杆的稳定性，关键在于提高压杆的临界力或临界应力，可以从以下几个方面考虑：

(1)合理选择材料。
(2)选择合理的截面形状。
(3)改善约束条件、减小压杆长度。

思考题

1. 以压杆为例，说明什么是稳定平衡和不稳定平衡？什么叫失稳？
2. 何谓压杆的临界力和临界应力？
3. 什么叫柔度？它与哪些因素有关？柔度的大小对稳定性有何影响？
4. 压杆是如何分类的？如何界定细长杆、中长杆及短粗杆？
5. 若在计算中、小柔度压杆的临界力时，使用了欧拉公式；或在计算大柔度压杆的临界力时，使用了经验公式，则后果将会怎样？试用临界应力总图加以说明。
6. 如何判断压杆的失稳平面？

7. 什么叫稳定因数 φ？它随什么因素而变化？用稳定因数法对压杆进行稳定计算时，是否需要区分细长杆和中长杆？为什么？

习题

15-1　如图 15.9 所示两端铰支的细长压杆，材料的弹性模量 $E=200\text{GPa}$，试用欧拉公式计算其临界力 F_{cr}。1) 圆形截面 $d=32\text{mm}$，和矩形截面 $h=2b=40\text{mm}$，截面面积相同，杆长 $l=1\text{m}$。2) 28a 工字钢和 $200\times125\times18$ 不等边角钢，截面面积相同，杆长 $l=5\text{m}$。比较计算结果，说明截面形状对临界力的影响。

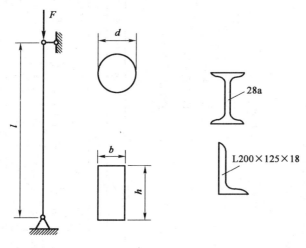

图　15.9

15-2　细长钢压杆的直径 $d=25\text{mm}$，杆长 $l=1000\text{mm}$，材料的弹性模量 $E=2\times10^5\text{MPa}$，试用欧拉公式分别计算：1) 两端铰支。2) 两端固定。3) 一端铰支，一端固定时该压杆的临界力 F_{cr}。比较计算结果，说明杆端约束对临界力的影响。

附录 型钢规格表

热轧等边角钢（GB 9787—88）

符号意义：

b ——边宽度；
d ——边厚度；
r ——内圆弧半径；
r_1 ——边端内圆弧半径；

I ——惯性矩；
i ——惯性半径；
W ——截面系数；
z_0 ——重心距离

表 1

角钢号数	尺寸 (mm)			截面面积 (cm²)	理论质量 (kg/m)	外表面积 (m²/m)	参 考 数 值											
							x-x			x_0-x_0			y_0-y_0			x_1-x_1	z_0
	b	d	r				I_x (cm⁴)	i_x (cm)	W_x (cm³)	I_{x0} (cm⁴)	i_{x0} (cm)	W_{x0} (cm³)	I_{y0} (cm⁴)	i_{y0} (cm)	W_{y0} (cm³)	I_{x1} (cm⁴)	(cm)
2	20	3	3.5	1.132	0.889	0.078	0.40	0.59	0.29	0.63	0.75	0.45	0.17	0.39	0.20	0.81	0.60
		4		1.459	1.145	0.077	0.50	0.58	0.36	0.78	0.73	0.55	0.22	0.38	0.24	1.09	0.64
2.5	25	3		1.432	1.124	0.098	0.82	0.76	0.46	1.29	0.95	0.73	0.34	0.49	0.33	1.57	0.73
		4		1.859	1.459	0.097	1.03	0.74	0.59	1.62	0.93	0.92	0.43	0.48	0.40	2.11	0.76
3.0	30	3	4.5	1.749	1.373	0.117	1.46	0.91	0.68	2.31	1.15	1.09	0.61	0.59	0.51	2.71	0.85
		4		2.276	1.786	0.117	1.84	0.90	0.87	2.92	1.13	1.37	0.77	0.58	0.62	3.63	0.89
3.6	36	3	4.5	2.109	1.656	0.141	2.58	1.11	0.99	4.09	1.39	1.61	1.07	0.71	0.76	4.68	1.00
		4		2.756	2.163	0.141	3.29	1.09	1.28	5.22	1.38	2.05	1.37	0.70	0.93	6.25	1.04
		5		3.382	2.654	0.141	3.95	1.08	1.56	6.24	1.36	2.45	1.65	0.70	1.09	7.84	1.07

续上表

角钢号数	尺寸 (mm) b	d	r	截面面积 (cm²)	理论质量 (kg/m)	外表面积 (m²/m)	参考数值										
							$x-x$			x_0-x_0			y_0-y_0			x_1-x_1	z_0
							I_x (cm⁴)	i_x (cm)	W_x (cm³)	I_{x0} (cm⁴)	i_{x0} (cm)	W_{x0} (cm³)	I_{y0} (cm⁴)	i_{y0} (cm)	W_{y0} (cm³)	I_{x1} (cm⁴)	(cm)
4.0	40	3	5	2.359	1.852	0.157	3.59	1.23	1.23	5.69	1.55	2.01	1.49	0.79	0.96	6.41	1.09
		4		3.086	2.422	0.157	4.60	1.22	1.60	7.29	1.54	2.58	1.91	0.79	1.19	8.56	1.13
		5		3.791	2.976	0.156	5.53	1.21	1.96	8.76	1.52	3.01	2.30	0.78	1.39	10.74	1.17
4.5	45	3	5	2.659	2.088	0.177	5.17	1.40	1.58	8.20	1.76	2.58	2.14	0.90	1.24	9.12	1.22
		4		3.486	2.736	0.177	6.65	1.38	2.05	10.56	1.74	3.32	2.75	0.89	1.54	12.18	1.26
		5		4.292	3.369	0.176	8.04	1.37	2.51	12.74	1.72	4.00	3.33	0.88	1.81	15.25	1.30
		6		5.076	3.985	0.176	9.33	1.36	2.95	14.76	1.70	4.64	3.89	0.88	2.06	18.36	1.33
5	50	3	5.5	2.971	2.332	0.197	7.18	1.55	1.96	11.37	1.96	3.22	2.98	1.00	1.57	12.50	1.34
		4		3.897	3.059	0.197	9.26	1.54	2.56	14.70	1.94	4.16	3.82	0.99	1.96	16.60	1.38
		5		4.803	3.770	0.196	11.21	1.53	3.13	17.79	1.92	5.03	4.64	0.98	2.31	20.90	1.42
		6		5.688	4.465	0.196	13.05	1.52	3.68	20.68	1.91	5.85	5.42	0.98	2.63	25.14	1.46
5.6	56	3	6	3.343	2.624	0.221	10.19	1.75	2.48	16.14	1.96	4.08	4.24	1.13	2.02	17.56	1.48
		4		4.390	3.446	0.220	13.18	1.73	3.24	20.92	1.94	5.28	5.46	1.11	2.52	23.43	1.53
5.6	56	5	6	5.415	4.251	0.220	16.02	1.72	3.97	25.42	1.92	6.42	6.61	1.10	2.98	29.33	1.57
		8	7	8.367	6.568	0.219	23.63	1.68	6.03	37.37	1.88	9.44	9.89	1.09	4.16	47.24	1.68
6.3	63	4	7	4.978	3.907	0.248	19.03	1.96	4.13	30.17	2.20	6.78	7.89	1.26	3.29	33.35	1.70
		5		6.143	4.822	0.248	23.17	1.94	5.08	36.77	2.18	8.25	9.57	1.25	3.90	41.73	1.74
		6		7.288	5.721	0.247	27.12	1.93	6.00	43.03	2.17	9.66	11.20	1.24	4.46	50.14	1.78
		8		9.515	7.469	0.247	34.46	1.90	7.75	54.56	2.11	2.25	14.33	1.23	5.47	67.11	1.85
		10		11.657	9.151	0.246	41.09	1.88	9.39	64.85	2.36	14.56	17.33	1.22	6.36	84.31	1.93

续上表

角钢号数	尺寸 (mm) b	d	r	截面面积 (cm²)	理论质量 (kg/m)	外表面积 (m²/m)	参考数值 x-x I_x (cm⁴)	i_x (cm)	W_x (cm³)	x_0-x_0 I_{x0} (cm⁴)	i_{x0} (cm)	W_{x0} (cm³)	y_0-y_0 I_{y0} (cm⁴)	i_{y0} (cm)	W_{y0} (cm³)	x_1-x_1 I_{x1} (cm⁴)	z_0 (cm)
7	70	4	8	5.570	4.372	0.275	26.39	2.18	5.14	41.80	2.74	8.44	10.99	1.40	4.17	45.74	1.86
		5		6.875	5.397	0.275	32.21	2.16	6.32	51.08	2.73	10.32	13.34	1.39	4.95	57.21	1.91
		6		8.160	6.406	0.275	37.77	2.15	7.48	59.93	2.71	12.11	15.61	1.38	5.67	68.73	1.95
		7		9.424	7.398	0.275	43.09	2.14	8.59	68.35	2.69	13.81	17.82	1.38	6.34	80.29	1.99
		8		10.667	8.373	0.274	48.17	2.12	9.68	76.37	2.68	15.43	19.98	1.37	6.98	91.92	2.03
7.5	75	5	9	7.367	5.818	0.295	39.97	2.33	7.32	63.30	2.92	11.94	16.63	1.50	5.77	70.56	2.04
		6		8.797	6.905	0.294	46.95	2.31	8.64	74.38	2.90	14.02	19.51	1.49	6.67	84.55	2.07
		7		10.160	7.976	0.294	53.57	2.30	9.93	84.96	2.89	16.02	22.18	1.48	7.44	98.71	2.11
		8		11.503	9.030	0.294	59.96	2.28	11.20	95.07	2.88	17.93	24.86	1.47	8.19	112.97	2.15
		10		14.126	11.089	0.293	71.98	2.26	13.64	113.92	2.84	21.48	30.05	1.46	9.56	141.71	2.22
8	80	5	9	7.912	6.211	0.315	48.79	2.48	8.34	77.33	3.13	13.67	20.25	1.60	6.66	85.36	2.15
		6		9.397	7.376	0.314	57.35	2.47	9.87	90.98	3.11	16.08	23.72	1.59	7.65	102.50	2.19
		7		10.860	8.525	0.314	65.58	2.46	11.37	104.07	3.10	18.40	27.09	1.58	8.58	119.70	2.23
		8		12.303	9.658	0.314	73.49	2.44	12.83	116.60	3.08	20.61	30.39	1.57	9.46	136.97	2.27
		10		15.126	11.874	0.313	88.43	2.42	15.64	140.09	3.04	24.76	36.77	1.56	11.08	171.74	2.35
9	90	6	10	10.637	8.350	0.354	82.77	2.79	12.61	131.26	3.51	20.63	34.28	1.80	9.95	145.87	2.44
		7		12.301	9.656	0.354	94.83	2.78	14.54	150.47	3.50	23.64	39.18	1.78	11.19	170.30	2.48
		8		13.944	10.946	0.353	106.47	2.76	16.42	168.97	3.48	26.55	43.97	1.78	12.35	194.80	2.52
		10		17.167	13.476	0.353	128.58	2.74	20.07	203.90	3.45	32.04	53.26	1.76	14.52	244.07	2.59
		12		20.306	15.940	0.352	149.22	2.71	23.57	236.21	3.41	37.12	62.22	1.75	16.49	293.76	2.67

续上表

角钢号数	尺寸 (mm)				截面面积 (cm^2)	理论质量 (kg/m)	外表面积 (m^2/m)	参 考 数 值										z_0 (cm)
								$x-x$			x_0-x_0			y_0-y_0			x_1-x_1	
	b	d		r				I_x (cm^4)	i_x (cm)	W_x (cm^3)	I_{x0} (cm^4)	i_{x0} (cm)	W_{x0} (cm^3)	I_{y0} (cm^4)	i_{y0} (cm)	W_{y0} (cm^3)	I_{x1} (cm^4)	
10	100	6		12	11.932	9.366	0.393	114.95	3.01	15.68	181.98	3.90	25.74	47.92	2.00	12.69	200.07	2.67
		7			13.796	10.830	0.393	131.86	3.09	18.10	208.97	3.89	29.55	54.74	1.99	14.26	233.54	2.71
		8			15.638	12.276	0.393	148.24	3.08	20.47	235.07	3.88	33.24	61.41	1.98	15.57	267.09	2.76
		10			19.261	15.120	0.392	179.51	3.05	25.06	284.68	3.84	40.26	74.35	1.96	18.54	334.48	2.84
		12			22.800	17.898	0.391	208.90	3.03	29.48	330.95	3.81	46.80	86.84	1.95	21.08	402.34	2.91
		14			26.256	20.611	0.391	236.53	3.00	33.73	374.06	3.77	52.90	99.00	1.94	23.44	470.75	2.99
		16			29.627	23.257	0.390	262.53	2.98	37.82	414.16	3.74	58.57	110.89	1.94	25.63	539.80	3.06
11	110	7		12	15.196	11.928	0.433	177.16	3.41	22.05	280.94	4.30	36.12	73.38	2.20	17.51	310.64	2.96
		8			17.238	13.532	0.433	199.46	3.40	24.95	316.49	4.28	40.69	82.42	2.19	19.39	355.20	3.01
		10			21.261	16.690	0.432	242.19	3.38	30.60	384.39	4.25	49.42	99.98	2.17	22.91	444.65	3.09
		12			25.200	19.782	0.431	282.55	3.35	36.05	448.17	4.22	57.62	116.93	2.15	26.15	534.60	3.16
		14			29.056	22.809	0.431	320.71	3.32	41.31	508.01	4.18	65.31	133.40	2.14	29.14	625.16	3.24
12.5	125	8		14	19.750	15.504	0.492	297.03	3.88	32.52	470.89	4.88	53.28	123.16	2.50	25.86	521.01	3.37
		10			24.373	19.133	0.491	361.67	3.85	39.97	573.89	4.85	64.93	149.46	2.48	30.62	651.93	3.45
		12			28.912	22.696	0.491	423.16	3.83	41.17	671.44	4.82	75.96	174.88	2.46	35.03	783.42	3.53
		14			33.367	26.193	0.490	481.65	3.80	54.16	763.73	4.78	86.41	199.57	2.45	39.13	915.61	3.61
14	140	10		14	27.373	21.488	0.551	514.65	4.34	50.58	817.27	5.46	82.56	212.04	2.78	39.20	915.11	3.82
		12			32.512	25.522	0.551	603.68	4.31	59.80	958.79	5.43	96.85	248.57	2.76	45.02	1099.28	3.90
		14			37.567	29.490	0.550	688.81	4.28	68.75	1093.56	5.40	110.47	284.06	2.75	50.45	1284.22	3.98
		16			42.539	33.393	0.549	770.24	4.26	77.46	1221.81	5.36	123.42	318.67	2.74	55.55	1470.07	4.06

续上表

角钢号数	尺寸 (mm) b	d	r	截面面积 (cm^2)	理论质量 (kg/m)	外表面积 (m^2/m)	I_x (cm^4)	i_x (cm)	W_x (cm^3)	I_{x0} (cm^4)	i_{x0} (cm)	W_{x0} (cm^3)	I_{y0} (cm^4)	i_{y0} (cm)	W_{y0} (cm^3)	I_{x1} (cm^4)	z_0 (cm)
16	160	10	16	31.502	24.729	0.630	779.53	4.98	66.70	1237.30	6.27	109.36	321.76	3.20	52.76	1365.33	4.31
		12		37.441	29.391	0.630	916.58	4.95	78.98	1455.68	6.24	128.67	377.49	3.18	60.74	1639.57	4.39
		14		43.296	33.987	0.629	1048.36	4.92	90.95	1665.02	6.20	147.17	431.70	3.16	68.244	1914.68	4.47
		16		49.067	38.518	0.629	1175.08	4.89	102.63	1865.57	6.17	164.89	484.59	3.14	75.31	2190.82	4.55
18	180	12	16	42.241	33.159	0.710	1321.35	5.59	100.82	2100.10	7.05	165.00	542.61	3.58	78.41	2332.80	4.89
		14		48.896	38.388	0.709	1514.48	5.56	116.25	2407.42	7.02	189.14	625.53	3.56	88.38	2723.48	4.97
		16		55.467	43.542	0.709	1700.99	5.54	131.13	2703.37	6.98	212.40	698.60	3.55	97.83	3115.29	5.05
		18		61.955	48.634	0.708	1875.12	5.50	145.64	2988.24	6.94	234.78	762.01	3.51	105.14	3502.43	5.13
20	200	14	18	54.642	42.894	0.788	2103.55	6.20	144.70	3343.26	7.82	236.40	863.83	3.98	111.82	3734.10	5.46
		16		62.013	48.680	0.788	2366.15	6.18	163.65	3760.89	7.79	265.93	971.41	3.96	123.96	4270.39	5.54
		18		69.301	54.401	0.787	2620.64	6.15	182.22	4164.54	7.75	294.48	1076.74	3.94	135.52	4808.13	5.62
		20		76.505	60.056	0.787	2867.30	6.12	200.42	4554.55	7.72	322.06	1180.04	3.93	146.55	5347.51	5.69
		24		90.661	71.168	0.785	2338.25	6.07	236.17	5294.97	7.64	374.41	1381.53	3.90	166.55	6457.16	5.87

注：截面图中的 $r_1=d/3$ 及表中 r 值表用于孔形设计，不作交货条件。

热轧不等边角钢 (GB 9788—88)

表2

符号意义:
- B——长边宽度;
- d——厚度;
- i——回转半径;
- r_1——边端内圆弧半径;
- x_0——重心距离
- b——短边宽度;
- r——内圆弧半径;
- I——截面二次轴矩;
- W——截面系数;
- y_0——重心距离

角钢号数	尺寸 (mm)				截面面积 (cm²)	理论质量 (kg/m)	外表面积 (m²/m)	x-x				y-y				x_1-x_1		y_1-y_1		u-u				tan
	B	b	d	r				I_x (cm⁴)	i_x (cm)	W_x (cm³)		I_y (cm⁴)	i_y (cm)	W_y (cm³)		I_{x1} (cm⁴)	y_0 (cm)	I_{y1} (cm⁴)	x_0 (cm)	I_u (cm⁴)	i_u (cm)	W_u (cm³)		
2.5/1.6	25	16	3	3.5	1.162	0.912	0.080	0.70	0.78	0.43		0.22	0.44	0.19		1.56	0.86	0.43	0.42	0.14	0.34	0.16		0.392
			4		1.499	1.176	0.079	0.88	0.77	0.55		0.27	0.43	0.24		2.09	0.90	0.59	0.46	0.17	0.34	0.20		0.381
3.2/2	32	20	3		1.492	1.171	0.102	1.53	1.01	0.72		0.46	0.55	0.30		3.27	1.08	0.82	0.49	0.28	0.43	0.25		0.382
			4		1.939	1.522	0.101	1.93	1.00	0.93		0.57	0.54	0.39		4.37	1.12	1.12	0.53	0.35	0.42	0.32		0.374
4/2.5	40	25	3	4	1.890	1.484	0.127	3.08	1.28	1.15		0.93	0.70	0.49		6.39	1.32	1.59	0.59	0.56	0.54	0.40		0.386
			4		2.467	1.936	0.127	3.93	1.26	1.49		1.18	0.69	0.63		8.53	1.37	2.14	0.63	0.71	0.54	0.52		0.381
4.5/2.8	45	28	3	5	2.149	1.687	0.143	4.45	1.44	1.47		1.34	0.79	0.62		9.10	1.47	2.23	0.64	0.80	0.61	0.51		0.383
			4		2.806	2.203	0.143	5.69	1.42	1.91		1.70	0.78	0.80		12.13	1.51	3.00	0.68	1.02	0.60	0.66		0.380
5/3.2	50	32	3	5.5	2.431	1.908	0.161	6.24	1.60	1.84		2.02	0.91	0.82		12.49	1.60	3.31	0.73	1.20	0.70	0.68		0.404
			4		3.177	2.494	0.160	8.02	1.59	2.39		2.58	0.90	1.06		16.65	1.65	4.45	0.77	1.53	0.69	0.87		0.402

续上表

角钢号数	尺寸 (mm)				截面面积 (cm²)	理论质量 (kg/m)	外表面积 (m²/m)	参考数值														
								$x-x$			$y-y$			x_1-x_1		y_1-y_1		$u-u$				
	B	b	d	r				I_x (cm⁴)	i_x (cm)	W_x (cm³)	I_y (cm⁴)	i_y (cm)	W_y (cm³)	I_{x1} (cm⁴)	y_0 (cm)	I_{y1} (cm⁴)	x_0 (cm)	I_u (cm⁴)	i_u (cm)	W_u (cm³)	tan
5.6/3.6	56	36	3	6	2.743	2.153	0.181	8.88	1.80	2.32	2.92	1.03	1.05	17.54	1.78	4.70	0.80	1.73	0.79	0.87	0.408
			4		3.590	2.818	0.180	11.45	1.79	3.03	3.76	1.02	1.37	23.39	1.82	6.33	0.85	2.23	0.79	1.13	0.408
			5		4.415	3.466	0.180	13.86	1.77	3.71	4.49	1.01	1.65	29.25	1.87	7.94	0.88	2.67	0.78	1.36	0.404
6.3/4	63	40	4	7	4.058	3.185	0.202	16.49	2.02	3.87	5.23	1.14	1.70	33.30	2.04	8.63	0.92	3.12	0.88	1.40	0.398
			5		4.993	3.920	0.202	20.02	2.00	4.74	6.31	1.12	2.71	41.63	2.08	10.86	0.95	3.76	0.87	1.71	0.396
			6		5.908	4.638	0.201	23.36	1.96	5.59	7.29	1.11	2.43	49.98	2.12	13.12	0.99	4.34	0.86	1.99	0.393
			7		6.802	5.339	0.201	26.53	1.98	6.40	8.24	1.10	2.78	58.07	2.15	15.47	1.03	4.97	0.86	2.29	0.389
7/4.5	70	45	4	7.5	4.547	3.570	0.226	23.17	2.26	4.86	7.55	1.29	2.17	45.92	2.24	12.26	1.02	4.40	0.98	1.77	0.410
			5		5.609	4.403	0.225	27.95	2.23	5.92	9.13	1.28	2.65	57.10	2.28	15.39	1.06	5.40	0.98	2.19	0.407
			6		6.647	5.218	0.225	32.54	2.21	6.95	10.62	1.26	3.12	68.35	2.32	18.58	1.09	6.35	0.98	2.59	0.404
			7		7.657	6.011	0.225	37.22	2.20	8.03	12.01	1.25	3.57	79.99	2.36	21.84	1.13	7.16	0.97	2.94	0.402
(7.5/5)	75	50	5	8	6.125	4.808	0.245	34.86	2.39	6.83	12.61	1.44	3.30	70.00	2.40	21.04	1.17	7.41	1.10	2.74	0.435
			6		7.260	5.699	0.245	41.12	2.38	8.12	14.70	1.42	3.88	84.30	2.44	25.37	1.21	8.54	1.08	3.19	0.435
			8		9.467	7.431	0.244	52.39	2.35	10.52	18.53	1.40	4.99	112.50	2.52	34.23	1.29	10.87	1.07	4.10	0.429
			10		11.590	9.098	0.244	62.71	2.33	12.79	21.96	1.38	6.04	140.80	2.60	43.43	1.36	13.10	1.06	4.99	0.423
8/5	80	50	5	8	6.375	5.005	0.255	41.96	2.56	7.78	12.82	1.42	3.32	85.21	2.60	21.06	1.14	7.66	1.10	2.74	0.388
			6		7.560	5.935	0.255	49.49	2.56	9.25	14.95	1.41	3.91	102.53	2.65	25.41	1.18	8.85	1.08	3.20	0.387
			7		8.724	6.848	0.255	56.16	2.54	10.58	16.96	1.39	4.48	119.33	2.69	29.83	1.21	10.18	1.08	3.70	0.384
			8		9.867	7.745	0.254	62.83	2.52	11.92	18.85	1.38	5.03	136.41	2.73	34.32	1.25	11.38	1.07	4.16	0.381

续上表

角钢号数	尺寸(mm)				截面面积(cm²)	理论质量(kg/m)	外表面积(m²/m)	参 考 数 值													
								$x-x$			$y-y$			x_1-x_1		y_1-y_1		$u-u$			
	B	b	d	r				I_x (cm⁴)	i_x (cm)	W_x (cm³)	I_y (cm⁴)	i_y (cm)	W_y (cm³)	I_{x1} (cm⁴)	y_0 (cm)	I_{y1} (cm⁴)	x_0 (cm)	I_u (cm⁴)	i_u (cm)	W_u (cm³)	$\tan$
9/5.6	90	56	5	9	7.212	5.661	0.287	60.45	2.90	9.92	18.32	1.59	4.21	121.32	2.91	29.53	1.25	10.98	1.23	3.49	0.385
			6		8.557	6.717	0.286	71.03	2.88	11.74	21.42	1.58	4.96	145.59	2.95	35.58	1.29	12.90	1.23	4.18	0.384
			7		9.880	7.756	0.286	81.01	2.86	13.49	24.36	1.57	5.70	169.66	3.00	41.71	1.33	14.67	1.22	4.72	0.382
			8		11.183	8.779	0.286	91.03	2.85	15.27	27.15	1.56	6.41	194.17	3.04	47.93	1.36	16.34	1.21	5.29	0.380
10/6.3	100	63	6	10	9.617	7.550	0.320	99.06	3.21	14.64	30.94	1.79	6.35	199.71	3.24	50.50	1.43	18.42	1.38	5.25	0.394
			7		11.111	8.722	0.320	113.45	3.20	16.88	35.26	1.78	7.29	233.00	3.28	59.14	1.47	21.00	1.38	6.02	0.393
			8		12.584	9.878	0.319	127.37	3.18	19.08	39.39	1.77	8.21	266.32	3.32	67.88	1.50	23.50	1.37	6.78	0.391
			10		15.467	12.142	0.319	153.81	3.15	23.32	47.12	1.74	9.98	333.06	3.40	85.73	1.58	28.33	1.35	8.24	0.387
10/8	100	80	6	10	10.637	8.350	0.354	107.04	3.17	15.19	61.24	2.40	10.16	199.83	2.95	102.68	1.97	31.65	1.72	8.37	0.627
			7		12.301	9.656	0.354	122.73	3.16	17.52	70.08	2.39	11.71	233.20	3.00	119.98	2.01	36.17	1.72	9.60	0.626
			8		13.944	10.946	0.353	137.92	3.14	19.81	78.58	2.37	13.21	266.61	3.04	137.37	2.05	40.58	1.71	10.80	0.625
			10		17.167	13.476	0.353	166.87	3.12	24.24	94.65	2.35	16.12	333.63	3.12	172.48	2.13	49.10	1.69	13.12	0.622
11/7	110	70	6	10	10.637	8.350	0.354	133.37	3.54	17.85	42.92	2.01	7.90	265.78	3.53	69.08	1.57	25.36	1.54	6.53	0.403
			7		12.301	9.656	0.354	153.00	3.53	20.60	49.01	2.00	9.09	310.07	3.57	80.82	1.61	28.95	1.53	7.50	0.402
			8		13.944	10.946	0.353	172.04	3.51	23.30	54.87	1.98	10.25	354.39	3.62	92.70	1.65	32.45	1.53	8.45	0.401
			10		17.167	13.476	0.353	208.39	3.48	28.54	65.88	1.96	12.48	443.13	3.70	116.83	1.72	39.20	1.51	10.29	0.397
12.5/8	125	80	7	11	14.096	11.066	0.403	227.98	4.02	26.86	74.42	2.30	12.01	454.99	4.01	120.32	1.80	43.81	1.76	9.92	0.408
			8		15.989	12.551	0.403	256.77	4.01	30.41	83.49	2.28	13.56	519.99	4.06	137.85	1.84	49.15	1.75	11.18	0.407
			10		19.712	15.474	0.402	312.04	3.98	37.33	100.67	2.26	16.56	650.09	4.14	173.40	1.92	59.45	1.74	13.64	0.404
			12		23.351	18.330	0.402	364.41	3.95	44.01	116.67	2.24	19.43	780.39	4.22	209.67	2.00	69.35	1.72	16.01	0.400

续上表

角钢号数	尺寸 (mm) B	b	d	r	截面面积 (cm²)	理论质量 (kg/m)	外表面积 (m²/m)	参 考 数 值 x-x I_x (cm⁴)	i_x (cm)	W_x (cm³)	y-y I_y (cm⁴)	i_y (cm)	W_y (cm³)	x_1-x_1 I_{x1} (cm⁴)	y_0 (cm)	y_1-y_1 I_{y1} (cm⁴)	x_0 (cm)	u-u I_u (cm⁴)	i_u (cm)	W_u (cm³)	tan
14/9	140	90	8	12	18.038	14.160	0.453	365.64	4.50	38.48	120.69	2.59	17.34	730.53	4.50	195.79	2.04	70.83	1.98	14.31	0.411
			10		22.261	17.475	0.452	445.50	4.47	47.31	146.03	2.56	21.22	913.20	4.58	245.92	2.12	85.82	1.96	17.48	0.409
			12		26.400	20.724	0.451	521.59	4.44	55.87	169.79	2.54	24.95	1096.09	4.66	296.89	2.19	100.21	1.95	20.54	0.406
			14		30.456	23.908	0.451	594.10	4.42	64.18	192.10	2.51	28.54	1279.26	4.74	348.82	2.27	114.13	1.94	23.52	0.403
16/10	160	100	10	13	25.315	19.872	0.512	668.69	5.14	62.13	205.03	2.85	26.56	1362.89	5.24	336.59	2.28	121.74	2.19	21.92	0.390
			12		30.054	23.592	0.511	784.91	5.11	73.49	239.06	2.82	31.28	1635.56	5.32	405.94	2.36	142.33	2.17	25.79	0.388
			14		34.709	27.247	0.510	896.30	5.08	84.56	271.20	2.80	35.83	1908.50	5.40	476.42	2.43	162.23	2.16	29.56	0.385
			16		39.281	30.835	0.510	1003.04	5.05	95.33	301.60	2.77	40.24	2181.79	5.48	548.22	2.51	182.57	2.16	33.44	0.382
18/11	180	110	10	14	28.373	22.273	0.571	956.25	5.80	78.96	278.11	3.13	32.49	1940.40	5.89	447.22	2.44	166.50	2.42	26.88	0.376
			12		33.712	26.464	0.571	1124.72	5.78	93.53	325.03	3.10	38.32	2328.38	5.98	538.94	2.52	194.87	2.40	31.66	0.374
			14		38.967	30.589	0.570	1286.91	5.75	107.76	369.55	3.08	43.97	2716.60	6.06	631.95	2.59	222.30	2.39	36.32	0.372
			16		44.139	34.649	0.569	1443.06	5.72	121.64	411.85	3.06	49.44	3105.15	6.14	726.46	2.67	248.94	2.38	40.87	0.369
20/12.5	200	125	12	14	37.912	29.761	0.641	1570.90	6.44	116.73	483.16	3.57	49.99	3193.85	6.54	787.74	2.83	285.79	2.74	41.23	0.392
			14		43.867	34.436	0.640	1800.97	6.41	134.65	550.83	3.54	57.44	3726.17	5.02	922.47	2.91	326.58	2.73	47.34	0.390
			16		49.739	39.045	0.639	2023.35	6.38	152.18	615.44	3.52	64.69	4258.86	6.70	1058.86	2.99	366.21	2.71	53.32	0.388
			18		55.526	43.588	0.639	2238.30	6.35	169.33	677.19	3.49	71.74	4792.00	6.78	1197.13	3.06	404.83	2.70	59.18	0.385

注: 1. 括号内型号不推荐使用;
2. 截面图中的 $r_1 = d/3$ 及表中 r 值的数据用于孔型设计, 不作交货条件。

热轧工字钢（GB 706—88）

表3

符号意义：
h——高度；
b——腿宽度；
d——腰厚度；
t——平均腿厚度；
r——内圆弧半径；
r_1——腿端圆弧半径；
I——截面二次轴矩；
W——截面系数；
i——回转半径；
S——半截面的静矩

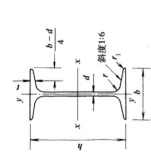

型号	尺 寸 (mm)						截面面积 (cm²)	理论质量 (kg/m)	参 考 数 值							
									x—x				y—y			
	h	b	d	t	r	r_1			I_x (cm⁴)	W_x (cm³)	i_x (cm)	I_x/S_x (cm)	I_y (cm⁴)	W_y (cm³)	i_y (cm)
10	100	68	4.5	7.6	6.5	3.3	14.3	11.2	245	49	4.14	8.59	33	9.72	1.52
12.6	126	74	5	8.4	7	3.5	18.1	14.2	488.43	77.529	5.195	10.85	46.906	12.677	1.609
14	140	80	5.5	9.1	7.5	3.8	21.5	16.9	712	102	5.76	12	64.4	16.1	1.73
16	160	88	6	9.9	8	4	26.1	20.5	1130	141	6.58	13.8	93.1	21.2	1.89
18	180	94	6.5	10.7	8.5	4.3	30.6	24.1	1660	185	7.36	15.4	122	26	2
20a	200	100	7	11.4	9	4.5	35.5	27.9	2370	237	8.15	17.2	158	31.5	2.12
20b	200	102	9	11.4	9	4.5	39.5	31.1	2500	250	7.96	16.9	169	33.1	2.06
22a	220	110	7.5	12.3	9.5	4.8	42	33	34000	309	8.99	18.9	225	40.9	2.31
22b	220	112	9.5	12.3	9.5	4.8	46.4	36.4	3570	325	8.78	18.7	239	42.7	2.27
25a	250	116	8	13	10	5	48.5	38.1	5023.54	401.88	10.18	21.58	280.046	48.283	2.403
25b	250	118	10	13	10	5	53.5	42	5283.96	422.72	9.938	21.27	309.297	52.423	2.404
28a	280	122	8.5	13.7	10.5	5.3	55.45	43.4	7114.14	508.15	11.32	24.62	345.051	56.565	2.495
28b	280	124	10.5	13.7	10.5	5.3	61.05	47.9	7480	534.29	11.08	24.24	379.496	61.209	2.493

附录 型钢规格表

续上表

型号	尺寸 (mm)						截面面积 (cm²)	理论质量 (kg/m)	参考数值						
									x-x				y-y		
	h	b	d	t	r	r_1			I_x (cm⁴)	W_x (cm³)	i_x (cm)	I_x/S_x (cm)	I_y (cm⁴)	W_y (cm³)	i_y (cm)
32a	320	130	9.5	15	11.5	5.8	67.05	52.7	11075.5	692.2	12.84	27.46	459.93	70.758	2.619
32b	320	132	11.5	15	11.5	5.8	73.45	57.7	11621.4	726.33	12.58	27.09	501.53	75.989	2.614
32c	320	134	13.5	15	11.5	5.8	79.95	62.8	12167.5	760.47	12.34	26.77	543.81	81.166	2.608
36a	360	136	10	15.8	12	6	76.3	59.9	15760	875	14.4	30.7	552	81.2	2.69
36b	360	138	12	15.8	12	6	83.5	65.6	16530	919	14.1	30.3	582	84.3	2.64
36c	360	140	14	15.8	12	6	90.7	71.2	17310	962	13.8	29.9	612	87.4	2.6
40a	400	142	10.5	16.5	12.5	6.3	86.1	67.6	21720	1090	25.9	34.1	660	93.2	2.77
40b	400	144	12.5	16.5	12.5	6.3	94.1	73.8	22780	1140	15.6	33.6	692	96.2	5.71
40c	400	146	14.5	16.5	12.5	6.3	102	80.1	23850	1190	15.2	33.2	727	99.6	2.65
45a	450	150	11.5	18	13.5	6.8	102	80.4	32240	1430	17.7	38.6	855	114	2.89
45b	450	152	13.5	18	13.5	6.8	111	87.4	33760	1500	17.4	38	894	118	2.84
45c	450	154	15.5	18	13.5	6.8	120	94.5	35280	1570	17.1	37.6	938	122	2.79
50a	500	158	12	20	14	7	119	93.6	46470	1860	19.7	42.8	1120	142	3.07
50b	500	160	14	20	14	7	129	101	48560	1940	19.4	42.4	1170	146	3.01
50c	500	162	16	20	14	7	139	109	50640	2080	19	41.8	1220	151	2.96
56a	560	166	12.5	21	14.5	7.3	135.25	106.2	65585.6	2342.31	22.02	47.73	1370.16	165.08	3.182
56b	560	168	14.5	21	14.5	7.3	146.45	115	68512.5	2446.69	21.63	47.17	1486.75	174.25	3.162
56c	560	170	16.5	21	14.5	7.3	157.85	123.9	71439.4	2551.41	21.27	46.66	1558.39	183.34	3.158
63a	630	176	13	22	15	7.5	154.9	121.6	93916.2	2981.47	24.62	54.17	1700.55	193.24	3.314
63b	630	178	15	22	15	7.5	167.5	131.5	98083.6	3163.38	24.2	53.51	1812.07	203.6	3.289
63c	630	180	17	22	15	7.5	180.1	141	102251.1	3298.42	23.82	52.92	1924.91	213.88	3.268

注：截面图和表中标注的圆弧半径 r、r_1 的数据用于孔型设计，不作交货条件。

热轧槽钢 (GB 707—88)

表 4

符号意义：

- h ——高度；
- b ——腿宽度；
- d ——腰厚度；
- t ——平均腿厚度；
- r ——内圆弧半径；
- r_1 ——腿端圆弧半径；
- I ——截面二次轴矩；
- W ——截面系数；
- i ——回转半径；
- z_0 —— y-y 轴与 y_1-y_1 距离

型号	尺寸 (mm)						截面面积 (cm²)	理论质量 (kg/m)	参 考 数 值							
	h	b	d	t	r	r_1			x-x			y-y			y_1-y_1	z_0 (cm)
									W_x (cm³)	I_x (cm⁴)	i_x (cm)	W_y (cm³)	I_y (cm⁴)	i_y (cm)	I_{y1} (cm⁴)	
5	50	37	4.5	7	7	3.5	6.93	5.44	10.4	26	194	3.55	8.3	1.1	20.9	1.35
6.3	63	40	4.8	7.5	7.5	3.75	8.444	6.63	16.123	50.786	2.453	4.50	11.872	1.185	28.38	1.36
8	80	43	5	8	8	4	10.24	8.04	25.3	101.3	3.15	5.79	16.6	1.27	37.4	1.43
10	100	48	5.3	8.5	8.5	4.25	12.74	10	39.7	198.3	3.95	7.8	25.6	1.41	54.9	1.52
12.6	126	53	5.5	9	9	4.5	15.69	12.37	62.137	391.466	4.953	10.242	37.99	1.567	77.09	1.59
14a	140	58	6	9.5	9.5	4.75	18.51	14.53	80.5	563.7	5.52	13.01	53.2	1.7	107.1	1.71
14b	140	60	8	9.5	9.5	4.75	21.31	16.73	87.1	609.4	5.35	14.12	61.1	1.69	120.6	1.67
16a	160	63	6.5	10	10	5	21.95	17.23	108.3	866.2	6.28	16.3	73.3	1.83	144.1	1.8
16	160	65	8.5	10	10	5	25.15	19.74	116.8	934.5	6.1	17.55	83.4	1.82	160.8	1.75
18a	180	68	7	10.5	10.5	5.25	25.69	20.17	141.4	1272.7	7.04	20.03	98.6	1.96	189.7	1.88
18	180	70	9	10.5	10.5	5.25	29.29	22.99	152.2	1369.9	6.84	21.52	111	1.95	210.1	1.84

续上表

型号	尺寸 (mm)						截面面积 (cm²)	理论质量 (kg/m)	参考数值							
									x-x			y-y			y_1-y_1	z_0 (cm)
	h	b	d	t	r	r_1			W_x (cm³)	I_x (cm⁴)	i_x (cm)	W_y (cm³)	I_y (cm⁴)	i_y (cm)	i_{y1} (cm⁴)	
20a	200	73	7	11	11	5.5	28.83	22.63	178	1780.4	7.86	24.2	128	2.11	244	2.01
20	200	75	9	11	11	5.5	32.83	25.77	191.4	1913.7	7.64	25.88	143.6	2.09	268.4	1.95
22a	220	77	7	11.5	11.5	5.75	31.84	24.99	217.6	2393.9	8.67	28.17	157.8	2.23	298.2	2.1
22	220	79	9	11.5	11.5	5.75	36.24	28.45	233.8	2571.4	8.42	30.05	176.4	2.21	326.3	2.03
25a	250	78	7	12	12	6	34.91	27.47	269.597	3369.62	9.823	30.607	175.529	2.243	322.256	2.065
25b	250	80	9	12	12	6	39.91	31.39	282.402	3530.04	9.405	32.657	196.421	2.218	353.187	1.982
25c	250	82	11	12	12	6	44.91	35.32	295.236	3690.45	9.065	35.926	218.415	2.206	384.133	1.921
28a	280	82	7.5	12.5	12.5	6.25	40.02	31.42	340.328	4764.59	10.91	35.718	217.989	2.333	387.566	2.097
28b	280	84	9.5	12.5	12.5	6.25	45.62	35.81	366.46	5130.45	10.6	37.929	242.144	2.304	427.589	2.016
28c	280	86	11.5	12.5	12.5	6.25	51.22	40.21	392.594	5496.32	10.35	40.301	267.602	2.286	426.597	1.951
32a	320	88	8	14	14	7	48.7	38.22	474.879	7598.06	12.49	46.473	304.787	2.502	552.31	2.242
32b	320	90	10	14	14	7	55.1	43.25	509.012	8144.2	12.15	49.157	336.332	2.471	592.933	2.158
32c	320	92	12	14	14	7	61.5	48.28	543.145	8690.33	11.88	52.642	374.175	2.467	643.299	2.092
36a	360	96	9	16	16	8	60.89	47.8	659.7	11874.2	13.97	63.54	455	2.73	818.4	2.44
36b	360	98	11	16	16	8	68.09	53.45	702.9	12651.8	13.63	66.85	496.7	2.7	880.4	2.37
36c	360	100	13	16	16	8	75.29	50.1	746.1	13429.4	13.36	70.02	536.4	2.67	947.9	2.34
40a	400	100	10.5	18	18	9	75.05	58.91	878.9	17577.9	15.30	78.83	592	2.81	1067.7	2.49
40b	400	102	12.5	18	18	9	83.05	65.19	932.2	18644.5	14.98	82.52	640	2.78	1135.6	2.44
40c	400	104	14.5	18	18	9	91.05	71.47	985.6	19711.2	14.71	86.19	687.8	2.75	1220.7	2.42

注：截面图和表中标注的圆弧半径 r、r_1 的数据用于孔型设计，不作交货条件。

参 考 文 献

[1] 屈本宁. 工程力学. 北京：科学出版社，2003.
[2] 牛玉林. 工程力学. 武汉：华中理工大学出版社，1989.
[3] 吕学谟. 建筑力学. 上海：高等教育出版社，1992.
[4] 刘耀乙. 材料力学. 北京：北京理工大学出版社，2003.